Wolfram Koepf

DERIVE für den Mathematikunterricht

Aus dem Programm Didaktik der Mathematik

Der Mathematikunterricht in der Primarstufe
von G. Müller und E. Ch. Wittmann

Grundfragen des Mathematikunterrichts
von E. Ch. Wittmann

Entdeckendes Lernen im Mathematikunterricht
von H. Winter

Gotik und Graphik im Mathematikunterricht
von R. J. Neveling

DERIVE für den Mathematikunterricht
von W. Koepf

Didaktische Probleme der elementaren Algebra
von G. Malle

Vieweg

Wolfram Koepf

DERIVE für den Mathematikunterricht

Mit 80 Abbildungen

Adressen des Autors:
Dr. habil. Wolfram Koepf
Konrad-Zuse-Zentrum für Informationstechnik
Takustraße 7
14195 Berlin-Dahlem
email: koepf@zib.de

privat:
Seelingstraße 21
14059 Berlin

Softcover reprint of the hardcover 1st edition 1996

Der Verlag Vieweg ist ein Unternehmen der Bertelsmann Fachinformation GmbH.

Gedruckt auf säurefreiem Papier

ISBN 978-3-322-91585-6 ISBN 978-3-322-91584-9 (eBook)
DOI 10.1007/978-3-322-91584-9

Vorwort

Vor einigen Jahren habe ich anläßlich meiner Analysis-Vorlesungen am Fachbereich Mathematik der Freien Universität Berlin die beiden Bücher

> Koepf, W., Ben-Israel, A. und Gilbert, R. P.
> Mathematik mit DERIVE
> Vieweg, 1993
> ISBN 3-528-06549-4

> Koepf, W.
> Höhere Analysis mit DERIVE
> Vieweg, 1994
> ISBN 3-528-06594-X

verfaßt, in denen der übliche Kanon des Vorlesungszyklus Analysis behandelt wird, wie er an einer deutschen Hochschule im Rahmen der ersten beiden Semester des Lehramtsstudiums durchgenommen wird. Im Unterschied zu anderen Büchern dieser Art habe ich allerdings das Mathematikprogramm DERIVE als didaktisches Hilfsmittel eingesetzt.

In einer Rezension, die im Zentralblatt für Didaktik der Mathematik 26 (1994), 143-146, erschien, schrieb Dr. Leo Klingen über das erste dieser Bücher:

> Aus der Sicht des Rezensenten stellt das Buch mit dem umfangreichen begleitenden Übungsapparat eine ideale Wiederauffrischung der klassischen Anfängervorlesung für jeden Gymnasiallehrer dar, für den sie zu Beginn seines Studiums zum Pflichtpensum gehörte.

Da sich an deutschen Hochschulen eher die voll programmierfähigen Computeralgebrasysteme Maple und Mathematica etabliert haben, (aber auch diese Programme werden noch nicht besonders häufig eingesetzt,) stellte sich heraus, daß meine Bücher vor allem von Lehrern an Schulen gekauft wurden, die sich Gedanken über die Einbindung eines solchen Systems in ihren Unterricht machten.

Auf der anderen Seite aber waren meine Bücher ja nun nicht explizit für diesen Personenkreis geschrieben worden, geschweige denn für den direkten Einsatz im Schulunterricht.

Diesem Mangel soll das vorliegende Buch abhelfen. Bei der Auswahl der Themen wurde hauptsächlich an den Einsatz in der gymnasialen Oberstufe gedacht. Teile des Buchs können hierbei im Grundkurs eingesetzt werden, andere Teile wiederum bieten sich für den Leistungskurs an. Ich bin der Meinung, daß ein Programm wie DERIVE nicht zu früh im Schulunterricht verwendet werden sollte, weshalb ich mich auf diese Leistungsstufe konzentriert habe. Außerdem gibt es für den Einsatz in der Sekundarstufe I bereits einige andere Bücher, z. B. [2], [11], [12], [23], [24], [27]–[28], s. S. 177 ff.

Ich habe versucht, die Kapitel weitgehend unabhängig zu gestalten. Daher kann die Lehrerin oder der Lehrer ohne weiteres ein einzelnes Kapitel oder auch einen einzelnen Abschnitt herausgreifen und als Unterrichtseinheit verwenden. An wenigen Stellen werden zwar Querverweise auf andere Kapitel vorgenommen, allerdings hauptsächlich, um mathematische Querverbindungen zwischen den verschiedenen Themen herzustellen. Zum Verständnis ist es an diesen Stellen aber nicht erforderlich, das jeweilig zitierte Kapitel im Unterricht durchzunehmen.

Ich möchte an dieser Stelle die Auswahl der für dieses Buch ausgesuchten Themen begründen, denn nicht alle behandelten Teile stehen im Lehrplan der Oberstufe. Dies hat aber seine Gründe. Ganz generell bin ich der Überzeugung, daß der Einsatz von DERIVE den Mathematikunterricht der Zukunft verändern wird. Genauso, wie der Taschenrechner die Untersuchung anderer mathematischer Fragestellungen möglich (und notwendig) machte, liefert der Einsatz eines Mathematikprogramms wie DERIVE die Möglichkeit, u. U. „ganz nebenbei" (im Rahmen der sowieso anstehenden Wiederholung eines Unterrichtsgegenstands) ein Thema zu behandeln, das man zwar für wichtig (oder interessant) hält, zu dem aber sonst keine Zeit gewesen wäre.

Als Beispiel sei Kapitel 7 genannt, mit Hilfe dessen man das Thema Reihen im Rahmen der Wiederholung der Integrationstechniken behandeln kann. Angesichts der Stundentafelkürzungen der letzten Jahre kann dies durchaus ein interessanter Gesichtspunkt sein.

Ursprünglich hatte ich vor, ein Kapitel über analytische Fragestellungen mit mehreren Variablen aufzunehmen. Dies läßt sich mit DERIVE recht gut durchführen. Das momentane Curriculum der Oberstufe schließt aber eine Behandlung dieses Themenkreises aus Zeitgründen aus. Dies hat mich schließlich dazu bewogen, diesen Stoff durch ein Kapitel über Differentialgleichungen zu ersetzen. Dieses Kapitel gehört durchaus zum Schulstoff, und auch hierfür eignet sich DERIVE sehr gut. Was die angesprochenen Problemstellungen mit mehreren Variablen betrifft, kann ich an dieser Stelle nur auf das zu Beginn zitierte Buch *Höhere Analysis mit DERIVE* verweisen.

Schließlich ist die Themenauswahl selbstverständlich von DERIVEs Möglichkeiten und nicht zuletzt auch von meinen eigenen Vorlieben geprägt.

Ich gehe in der Folge etwas näher auf die Inhalte der einzelnen Kapitel ein.

1. **Geometrie:** Dieses Kapitel geht weit über den üblichen Unterrichtsstoff hinaus. Auf der anderen Seite kann man hier mit DERIVE besonders schöne und interessante Ergebnisse erzielen. Das Kapitel muß aber keineswegs als Einheit behandelt werden. Wer die Lösung von Gleichungssystemen wiederholen will, hat in Abschnitt 1.1 eine interessante Anwendung. Die graphische Darstellung und die Berechnung von Dreiecken wird in Abschnitt 1.2 behandelt. Geometrische Ungleichungen sind das Thema von Abschnitt 1.3, während sich Abschnitt 1.4 zur Wiederholung von Trigonometrie eignet. Dieser Abschnitt erfordert allerdings die Kenntnis von Determinanten. Schließlich wird die Berechnung von π durch die Approximation des Kreises durch gleichmäßige Vielecke mit ihren numerischen Fallen in Abschnitt 1.5 behandelt. Dieser

Abschnitt verbindet historische Elemente (Archimedes' Berechnung von π) mit der ganz modernen Fragestellung problemangepaßter Algorithmen.

2. **Kurven zweiter Ordnung:** In diesem Kapitel werden Ellipsen, Parabeln und Hyperbeln sowie ihre Darstellung durch algebraische Gleichungen zweiter Ordnung behandelt. DERIVE kann helfen, dieses Thema relativ zügig durchzunehmen. Physikdozenten der Universitäten stellen fest, daß die meisten ihrer Studenten in dieser Beziehung mangelhaft auf ihr Studium vorbereitet sind. Wenn es um die Planetenbewegung geht, braucht der Physikstudent aber das hier behandelte Wissen, insbesondere auch die Polarkoordinatendarstellung, die in Abschnitt 2.5 auf eine völlig neue Art (nämlich durch Faktorisierung) hergeleitet wird. Seine wissenschaftliche Bedeutung sollte Begründung genug sein, sich dieses interessanten Themas in der Schule anzunehmen. In Abschnitt 2.4 wird die Drehung von Koordinatensystemen behandelt. Das ist auch unabhängig von Quadriken von Interesse.

3. **Iterationsverfahren:** Dieses Kapitel behandelt typischen Schulstoff auf neue Weise. Sowohl das Newtonverfahren als auch das Bisektionsverfahren werden zur Nullstellenbestimmung verwendet. Ferner wird das allgemeine Iterationsverfahren behandelt. Bei allen Verfahren werden graphische Darstellungen zum besseren Verständnis herangezogen. In einer Unterrichtseinheit hat sich gezeigt, daß die graphische Darstellung des Iterationsverfahrens sich dazu eignet, Schülerinnen und Schülern bei der Bewertung der Güte der Konvergenz des Verfahrens behilflich zu sein. Chaotische Iterationen wie die logistische Iteration (s. S. 56) können mühelos von jedem Schüler mit DERIVE erzeugt und analysiert werden. Dies ist „in" und wird von den Schülern gerne aufgegriffen. Mathematikprogramme machen eine neue Disziplin möglich, das mathematische Entdecken mit dem Computer.

4. **Interpolationspolynome:** Die allgemeine Polynomapproximation wird in der Schule üblicherweise nicht behandelt. Meist begnügt man sich mit der Polynomapproximation durch quadratische (oder kubische) Funktionen. Dies ist im wesentlichen darin begründet, daß der allgemeine Fall zu umfänglichen Rechnungen führt, die kaum mehr mit der Hand zu bewältigen sind. Bei der Verwendung eines Computeralgebrasystems sticht dieses Argument aber nicht mehr: Die langwierigen (und langweiligen) Routinerechnungen überträgt man dem Computer. Dadurch können Einsichten über die Polynomapproximation gewonnen werden, welche sonst nicht erreichbar sind. In Abschnitt 4.3 wird die Sinusfunktion durch Polynome approximiert, was bei verschiedener Approximationsqualität zu ihrer näherungsweisen Berechnung verwendet werden kann. Natürlich können die Näherungen wieder graphisch untersucht werden. Abschnitt 4.4 zur Fehlerrechnung ist der Vollständigkeit halber (in kleinerer Schrift) aufgenommen worden, wird aber i. a. eher zu schwierig sein bzw. aus Zeitgründen weggelassen werden. In Abschnitt 4.5 wird schließlich ein Ausblick auf das Eulersche Sinusprodukt gegeben.

5. **Flächenberechnung:** Hier wird das Integrationsproblem der Bestimmung von Flächeninhalten behandelt. Während im Schulunterricht üblicherweise sehr schnell der Hauptsatz der Differential- und Integralrechnung zur Bestimmung von Flächeninhalten herangezogen wird, womit man das Flächenproblem allerdings gerade umgeht, benutze ich DERIVEs algebraische Fähigkeiten, um Flächeninhalte ganz im archimedischen Sinne mit Hilfe ihrer geometrischen Definition zu berechnen. Dies geht in vielen Fällen gut, genauso oft aber auch schief. Nachdem die Schülerinnen und Schüler dieses Scheitern erlebt haben, werden sie umso mehr den Stellenwert des Hauptsatzes der Differential- und Integralrechnung würdigen. Ferner runden numerische Approximationen (Trapez- und Simpsonregel) und ihre graphischen Darstellungen das Bild der Flächenberechnung ab. Als Anwendung der Integration werden in Abschnitt 5.5 Volumina und Oberflächen von Rotationskörpern berechnet.

6. **Partielle Integration:** Während DERIVE u. a. *alle* Integrale berechnen kann, die in der Integralsammlung von Bronstein und Semendjajew [4] geschlossen dargestellt sind, gilt dies nicht für solche Integrale, für die in dieser Sammlung nur eine Rekursionsformel gegeben ist. Im vorliegenden Kapitel zeige ich, wie DERIVE dabei behilflich sein kann, Rekursionsformeln für Integrale herzuleiten. Diese können dazu benutzt werden, den Wert bestimmter Integrale zu finden, die DERIVE nicht von alleine berechnen kann. In der Praxis treten bei konkreten Berechnungen wieder schlecht konditionierte Fragestellungen auf.

7. **Potenzreihen:** Während Potenzreihen nicht zum Standardkanon des Oberstufenunterrichts gehören, gilt dies für Integrationstechniken wie Substitution ganz bestimmt. Im vorliegenden Kapitel werden diese Integrationstechniken dazu verwendet, als Nebenprodukt die Arkustangens-, Logarithmus- und Exponentialreihe herzuleiten. In Anbetracht der Bedeutung von Potenzreihen beim Mathematikstudium stellt dies insbesondere für diejenigen Schülerinnen und Schüler, die Mathematik studieren wollen, eine wertvolle Ergänzung des Unterrichtsstoffs dar.

8. **Die Goldbachsche Vermutung:** Dieses Kapitel hat keinen Bezug zum Schulunterricht und ist auch nicht dazu gedacht, in das übliche Curriculum Aufnahme zu finden. Auf der anderen Seite kann der Einsatz von DERIVE das schulische Angebot an besonders begabte Schüler bereichern: Anhand eines einfach zu formulierenden mathematischen Sachverhalts, der dennoch höchst anspruchsvoll ist, können hochbegabte Schülerinnen und Schüler mit DERIVE mathematische Experimente durchführen, die Spaß machen und ihre mathematische Denkweise schulen.

9. **Lineare Gleichungssysteme und Matrizen:** In diesem Kapitel werden lineare Gleichungssysteme und Matrizen behandelt. Ein bedeutsamer Gesichtspunkt ist der der Kondition, welcher für die wissenschaftlichen Anwendungen außerordentlich wichtig ist. Anhand einfacher Beispiele wird dieser Begriff

sorgfältig erarbeitet. Danach wird die Kondition der Hilbertmatrix untersucht. Hierbei erweist sich der Einsatz von DERIVE mit der Möglichkeit exakten rationalen Rechnens als ausgesprochen wichtig.

10. **Einfache Differentialgleichungen:** Es wird anhand von Beispielen gezeigt, warum Differentialgleichungen in vielen Anwendungen eine bedeutende Rolle spielen. Wir behandeln die Methode der Trennung der Variablen sowie lineare Differentialgleichungen erster Ordnung. Als Anwendung aus der Geometrie werden Orthogonaltrajektorien bestimmt. Schließlich wird die Schwingungsgleichung eingehend untersucht. In diesem Kapitel kann DERIVE alle seine Register ausspielen: Differentiation, Integration, trigonometrische Umformungen usw. Hier können in besonders eindrucksvoller Weise langwierige und im allgemeinen nicht sonderlich aufschlußreiche symbolische Rechnungen an den Rechner abgegeben werden, um sich dafür umsomehr den zugrundeliegenden Konzepten widmen zu können.

Jeder Abschnitt enthält Aufgaben, die sich zur Vertiefung des behandelten Stoffes eignen. Einige besonders schwierige oder technische Aufgaben sind mit einem Stern ($\star$) gekennzeichnet. Eingebettet in den Text sind Übungen, die meistens mit DERIVE durchzuführen sind. Ich empfehle, diese Übungen im Unterricht durchzuführen, soweit es die Zeit zuläßt. So können sich die Schülerinnen und Schüler die Themen selbständig erarbeiten.

Lassen Sie mich noch ein paar Worte zur Methodik meines Einsatzes von DERIVE sagen. Natürlich kann man DERIVE beispielsweise dazu verwenden, praktisch auf Knopfdruck schnell ein Integral zu berechnen. Damit kommt man auch erstaunlich weit, DERIVE kann weit mehr Integrationen durchführen als jeder Schüler (und ohne jemandem nahetreten zu wollen: als jeder Lehrer). Diese Art des Einsatzes eines Mathematikprogramms macht allerdings gerade in der Schule wenig Sinn. Daher habe ich mich bemüht, DERIVE eher als didaktisches Hilfsmittel denn als eine omnipotente Formelsammlung einzusetzen. Im Mittelpunkt stehen immer mathematische Fragestellungen und nicht DERIVE. In Kapitel 5 wird DERIVE beispielsweise dazu benutzt, das Verständnis für die Integration im archimedischen Sinn zu fördern anstatt DERIVEs Integrationskommando zu strapazieren.

Meine ursprüngliche Planung sah ein einführendes Kapitel über die Benutzung von DERIVE vor. Um dieses Kapitel anbieten zu können, habe ich einige Monate lang vergeblich auf die angekündigte Windows-Version von DERIVE gewartet, welche ich in diesem Kapitel u. a. vorstellen wollte. Aus mehreren Gründen habe ich mich schließlich entschlossen, auf dieses einführende Kapitel zu verzichten. Zum einen wollte ich nicht mehr länger auf die immer wieder verschobene Markteinführung einer Windows-Version von DERIVE warten. Zum zweiten läßt die Computerausstattung der meisten Schulen eine Benutzung von DERIVE unter Windows ohnehin nicht zu. Und zum dritten hat sich in der Praxis gezeigt, daß unsere heutigen Schülerinnen und Schüler mit dem Handling menüorientierter Computerprogramme wie DERIVE im Grunde keine Schwierigkeiten haben. Natürlich dauert es immer eine gewisse Zeit, bis dieses Handling eine gewisse Perfektion erreicht hat, aber diese Eingewöhnungszeit kann auch durch einen einführenden Kursus – für den man im Unterricht wohl sowieso keine Zeit finden dürfte – nicht eliminiert werden. In der Praxis eignen sich die Schülerinnen und Schüler das nötige Wissen über DERIVE recht schnell anhand konkreter Aufgabenstellungen an.

Bedarf für eine Einführung in DERIVE besteht also eher auf der Lehrerseite. Lehrerinnen und Lehrer müssen ja den Unterricht und damit auch den Einsatz von DERIVE vorbereiten. Ich kann diesbezüglich an dieser Stelle allerdings nur auf Kapitel 13 des zu Beginn zitierten Buchs *Mathematik mit DERIVE* verweisen. Gegebenenfalls kann eine solche Einführung in einer späteren Auflage des vorliegenden Buchs ja nachgeholt werden.

Zur Unterstützung liegt dem vorliegenden Buch eine Diskette bei, die das direkte Laden aller verwendeter DERIVE-Funktionen ermöglicht. Durch diese DERIVE-Funktionen, welche in Kapitel 11 vorgestellt werden, werden neue Funktionalitäten erklärt, z. B. die graphische Darstellung von Iterationsverfahren. Als zusätzliche Hilfestellung für Lehrerinnen und Lehrer sind auf der beiliegende Diskette die gesamten DERIVE-Sitzungen sowie die bearbeiteten Übungsaufgaben der Lehrbücher *Mathematik mit DERIVE* und *Höhere Analysis mit DERIVE* enthalten.

Die deutschsprachigen DERIVE-Benutzer haben lange genug eine deutsche Version gefordert, mit der Folge, daß die DERIVE-Entwickler inzwischen eine solche herausgebracht haben. Obwohl ich von dem Nutzen verschiedensprachiger DERIVE-Versionen nicht so überzeugt bin, weil dies einerseits Kompatibilitätsfragen aufwirft (die Versionen haben verschiedene „Hotkeys") und zum anderen Inkonsistenzen mit sich bringt, z. B. entspricht nun dem deutschen `Mult` Menü das DERIVE-Kommando `EXPAND` – in der englischen Originalversion heißen natürlich beide `EXPAND` –, habe ich mich dem Druck gebeugt und die deutschen Menünamen verwendet.

Um trotzdem auch die Verwendung der englischen DERIVE-Version zu ermöglichen, gebe ich daher in Kapitel 12 eine Liste der in diesem Buch verwendeten DERIVE-Menüs und -Kommandos und die entsprechenden Menü- und Kommandonamen der englischen Originalversion von DERIVE. Die jeweils großgeschriebenen Buchstaben sind die „Hotkeys", mit denen der Menüpunkt aufgerufen werden kann. Die Menünamen können auch im DERIVE Stichwortverzeichnis auf S. 180 gefunden werden.

Ich bin überzeugt davon, daß der Schuleinsatz von DERIVE in der nahem Zukunft immer größere Bedeutung erlangen wird. Erst vor kurzem hat das Bundesland Hamburg eine Schullizenz für DERIVE erworben und vermutlich werden andere Bundesländer folgen. Nachdem Taschenrechner heutzutage überall Verwendung finden und es dadurch unerläßlich wurde, dies auch im schulischen Mathematikunterricht zu berücksichtigen, wird es zu einer zukünftigen gesellschaftlichen Aufgabe des Schul-, und hier insbesondere des Mathematikunterrichts, der zunehmenden Benutzung von Mathematikprogrammen Rechnung zu tragen. Ich hoffe, daß das vorliegende Buch hierzu einige Anregungen geben kann.

Warum ich gerade DERIVE und nicht beispielsweise Maple, Mathematica oder auch das für akademische Zwecke kostenlose MuPAD zur Grundlage für dieses Schulbuch gemacht habe, möchte ich mit einem Beispiel begründen: Noch Leibniz, der Begründer der Differential- und Integralrechnung, bezweifelte, daß sich die Funktion

$$\frac{1}{1+x^4}$$

elementar integrieren ließe. Dies lag daran, daß er keine echte reelle Faktorisierung des Nenners

$$1+x^4$$

finden konnte. Nimmt man nun eines der erwähnten Systeme und faktorisiert dieses Polynom, so erhält man wieder die Eingabe zurück. Dies scheint Leibniz recht zu geben. Anders DERIVE: Die Anwendung des `faKt` -Menüs auf $1+x^4$ resultiert im Erscheinen eines Untermenüs. Dieses Untermenü meldet sich mit der Frage an den Benutzer

`faKt: Ausmaß: Trivial Squarefree Rational raDical Complex`

Dies gibt dem Benutzer, also beispielsweise dem experimentierenden Schüler, die nötige Information darüber, daß es verschiedene Algorithmen für unterschiedliche Faktorisierungsebenen gibt. Gibt man sich mit einer rationalen Faktorisierung zufrieden – und dies ist es genau, was jedes der anderen Systeme tut – werden keine echten Faktoren gefunden. Erst das Erlauben von Wurzeln, also die Auswahl des `raDical`-Algorithmus, erzeugt die Faktoren

$$1+x^4 = (x^2+\sqrt{2}\,x+1)\,(x^2-\sqrt{2}\,x+1)\ .$$

Die Auswahl von `Complex` zerlegt das Polynom weiter, was aber für die ursprüngliche Integrationsaufgabe ohne Bedeutung ist.

Ich möchte mich herzlich bedanken für die Anregungen von Dr. Horst Kuschnerow, der einige Themen in seinem Leistungskurs an der John-F.-Kennedy-Schule in Berlin durchgenommen hat und mich auch am Unterricht teilnehmen ließ. Ferner möchte ich mich für die vielen Hinweise von Dr. Ingmar Lehmann sowie Dr. Dieter Schmersau bedanken, die beide eine Erstfassung des Buchs sehr sorgfältig durchgearbeitet haben, und deren Vorschläge ihren Niederschlag in der nun vorliegenden Endfassung gefunden haben. Schließlich geht mein Dank an den Präsidenten des Konrad-Zuse-Zentrums Prof. Dr. Peter Deuflhard, ohne dessen Unterstützung das vorliegende Buch nicht möglich gewesen wäre.

Berlin, am 27. Juni 1996 Wolfram Koepf

[illegible]

[illegible]

[illegible]

[illegible]

[illegible]

Berlin, am [illegible] 1998 Wolfram Koepf

[illegible] ist ein eingetragenes Warenzeichen [illegible]
Maple ist ein eingetragenes Warenzeichen von Waterloo Maple Software.
Mathematica ist ein eingetragenes Warenzeichen von Wolfram Research, Inc.
MuPAD ist ein Warenzeichen der Universität Paderborn.
Windows ist ein eingetragenes Warenzeichen der Microsoft Corp.

Inhaltsverzeichnis

Abbildungsverzeichnis

1 Geometrie

In diesem Kapitel benutzen wir DERIVE dazu, um geometrische Sätze zu beweisen. Ferner verwenden wir DERIVE zur Berechnung von Inkreis und Umkreis eines Dreiecks und zu deren graphischer Darstellung. Mit Hilfe trigonometrischer Funktionen und Determinanten lernen wir einiges über die Eulergerade. Schließlich approximieren wir die Kreiszahl π mit Hilfe einbeschriebener regelmäßiger Vielecke und lernen dabei die schlechte Kondition der Subtraktion kennen.

1.1 Dreiecksgeometrie ohne Trigonometrie

In der analytischen Geometrie werden geometrische Aussagen in Form von Polynomgleichungen ausgedrückt. Da DERIVE souverän mit Polynomen umgeht, wollen wir versuchen, diese Fähigkeit dazu zu benutzen, geometrische Aufgaben zu lösen.

Als typische Fragestellung betrachten wir die folgende geometrische Aussage.

Satz: Mit R, r und s seien der Umkreisradius, der Inkreisradius sowie der halbe Umfang eines Dreiecks bezeichnet. Das Dreieck ist genau dann rechtwinklig, wenn $2R + r = s$ ist.

Übung 1.1 Versuche, die Rechtwinkligkeit eines Dreiecks mit den Seiten a, b und c durch eine Gleichung auszudrücken! Verwende dazu den Satz des Pythagoras.

Ein Dreieck mit den Seiten a, b, c ist genau dann rechtwinklig, wenn entweder $a^2 = b^2 + c^2$ oder $b^2 = c^2 + a^2$ oder $c^2 = a^2 + b^2$ ist. Dies kann wie folgt durch *eine* Gleichung ausgedrückt werden:

$$(a^2 - b^2 - c^2)(b^2 - c^2 - a^2)(c^2 - a^2 - b^2) = 0\,. \tag{1.1}$$

Um den Satz zu beweisen, müssen wir die Gleichwertigkeit von (1.1) mit

$$2R + r = s \tag{1.2}$$

nachweisen. Wir stellen zunächst fest, daß Gleichung (1.1) die drei Variablen a, b und c miteinander in Verbindung setzt, während Gleichung (1.2) die drei Variablen R, r und s miteinander verknüpft. Immerhin wissen wir, daß

$$s = \frac{a + b + c}{2}$$

ist. Wie aber hängen a, b und c mit R und r zusammen?

Um dies herauszufinden, benutzen wir den 1. Flächensatz $A = rs$ in der Form

$$r = \frac{A}{s}, \tag{1.3}$$

wobei wir mit A den Flächeninhalt des Dreiecks bezeichnet haben.

Übung 1.2 Der Mittelpunkt des Inkreises eines Dreiecks ist der Schnittpunkt der Winkelhalbierenden. Zeige Gleichung (1.3) durch Betrachten von Abbildung 1.1: Jeweils zwei der eingezeichneten rechtwinkligen Dreiecke haben denselben Flächeninhalt. Begründe!

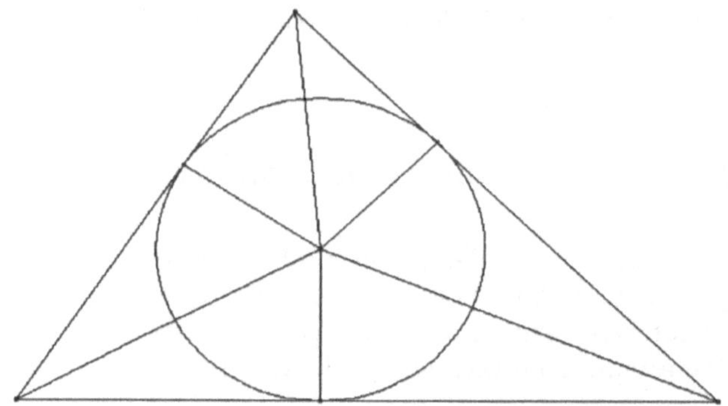

Abbildung 1.1 Zum ersten Flächensatz

Dadurch haben wir zwar noch die zusätzliche Variable A eingeführt, aber es ist nun leicht, andere Eigenschaften des Flächeninhalts heranzuziehen, um hinter den Zusammenhang zwischen den Dreiecksseiten sowie In- und Umkreisradius zu kommen.

Als nächsten Schritt verwenden wir Ähnlichkeit, um eine weitere Formel herzuleiten. Das Dreieck ACD in Abbildung 1.2 ist auf Grund des Satzes von Thales rechtwinklig. Ferner ist dieses Dreieck ähnlich zu ECB, da die beiden (nach dem Satz vom Umfangswinkel) in den spitzen Winkeln bei D bzw. B übereinstimmen. Die Dreiecksseite $|CD|$ schließlich entspricht dem doppelten Umkreisradius, so daß

$$\frac{b}{2R} = \frac{h}{a},$$

also (nach Multiplikation mit $2Rac$)

$$abc = 2Rch$$

und schließlich

$$abc = 4AR$$

gilt. Das heißt, wir haben die Formel

$$R = \frac{abc}{4A} \tag{1.4}$$

für den Umkreisradius. Damit geht (1.2) über in

$$\frac{abc}{2A} + \frac{A}{s} = s ,$$

oder (nach Multiplikation mit $2A$)

$$abc + \frac{2A^2}{s} = 2As . \tag{1.5}$$

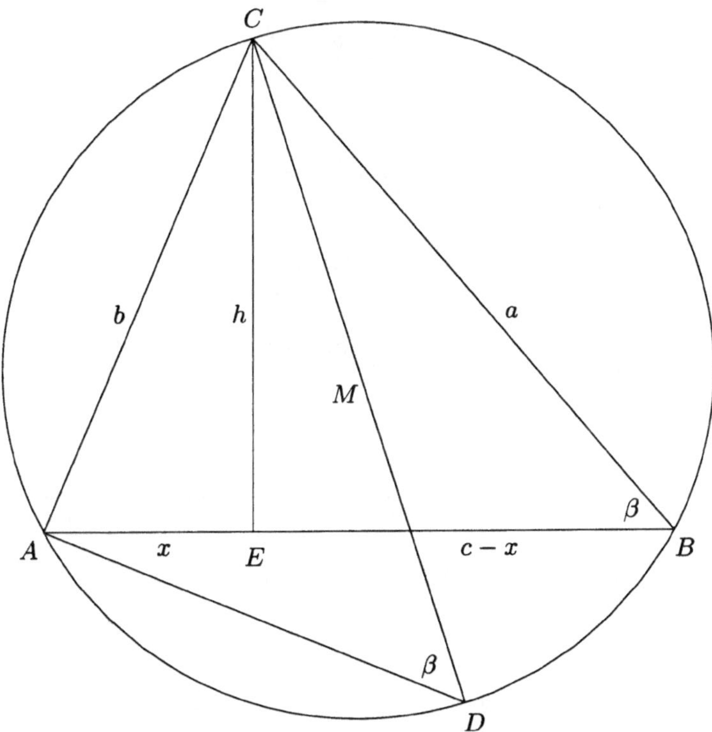

Abbildung 1.2 Argumentation mit Ähnlichkeit

Nun müssen wir schließlich den Inhalt A durch a, b und c ausdrücken.

Übung 1.3 Der Flächeninhalt ist gegeben durch $A = hc$, vgl. Abbildung 1.2. Wende den Satz des Pythagoras auf die Dreiecke AEC und BEC an, eliminiere die Hilfsvariable x und drücke schließlich A durch a, b und c aus.

Wir führen die nötigen Umformungen mit DERIVE durch. In Abbildung 1.2 gelten die Beziehungen

$$b^2 = h^2 + x^2$$

sowie

$$a^2 = h^2 + (c - x)^2 .$$

Ziehen wir diese beiden Gleichungen voneinander ab, ergibt sich mit `Vereinfache`

$$b^2 - a^2 = 2cx - c^2 .$$

Lösen wir diese Gleichung schließlich mit `Löse` nach x auf, erhalten wir

$$x = -\frac{a^2 - b^2 - c^2}{2c} . \tag{1.6}$$

Uns interessiert eigentlich

$$A^2 = \left(\frac{ch}{2}\right)^2 = \frac{c^2 h^2}{4} . \tag{1.7}$$

Wir ersetzen in (1.7) (mit `zusaTz Substituiere`) h^2 nach Pythagoras durch $b^2 - x^2$ und ferner x gemäß (1.6). Eine Faktorisierung mit `faKt` liefert schließlich

$$A^2 = -\frac{(a+b+c)(a+b-c)(a-b-c)(a-b+c)}{16} . \tag{1.8}$$

Dies ist A^2. Nun können wir A in (1.5) einsetzen und erhalten

$$abc - \frac{(a+b+c)(a+b-c)(a-b-c)(a-b+c)}{16} \frac{2}{a+b+c} =$$

$$2\sqrt{-\frac{(a+b+c)(a+b-c)(a-b-c)(a-b+c)}{16}} \frac{a+b+c}{2}$$

oder nach Vereinfachung

$$abc - \frac{(a+b-c)(a-b-c)(a-b+c)}{8} =$$

$$\frac{a+b+c}{4}\sqrt{-(a+b+c)(a+b-c)(a-b-c)(a-b+c)} . \tag{1.9}$$

Übung 1.4 Nimm Gleichung (1.9) als Ausgangspunkt und versuche, durch geeignete Umformungen, mit DERIVE hieraus Beziehung (1.1) herzuleiten. Quadriere zunächst, um die Quadratwurzel zu eliminieren.

Wir quadrieren nun diese Gleichung und bringen alles auf eine Seite. Dies ergibt einen sehr umfangreichen Ausdruck. Wir stellen fest, daß man die Form (1.1) noch nicht erkennen kann. Eine Faktorisierung liefert aber das erwünschte Ergebnis (mit einem Vorfaktor 1/8).

Die Faktorisierung ist bei DERIVE sehr zeitaufwendig. Da wir aber bereits im voraus das Ergebnis (nämlich Gleichung (1.1)) kennen, können wir auf die Faktorisierung auch verzichten: Dazu wenden wir `Mult` auf die linke Seite von (1.1) sowie auf den großen Ausdruck an, den wir vorhin erhalten hatten, und vergleichen die beiden Resultate.

Wir haben nun aus der Beziehung (1.2) die Identität (1.1) hergeleitet. Die Umkehrung kann ebenso bewiesen werden. Überlege Dir, wie!

Aufgaben

1.1 *Zeige, daß die Formel (1.8) für $A^2(a,b,c)$ symmetrisch in a,b und c ist, daß sich diese Formel also durch Vertauschen zweier Seiten nicht ändert:*

$$A^2(a,b,c) = A^2(b,a,c) = A^2(c,b,a) \ .$$

Warum muß dies so sein?

1.2 *Die Formel (1.8) drückt das Quadrat des Flächeninhalts, also eine offenbar positive Größe, als Produkt der Terme $a+b+c$, $a+b-c$, $a+c-b$ und $b+c-a$ aus. Mache Dir klar, warum sogar jeder einzelne dieser Faktoren positiv ist.*

1.3 *Im Text wurde aus der Beziehung (1.2) die Identität (1.1) hergeleitet. Mache Dir klar, wie man die Umkehrung beweist.*

1.4 *Beweise die* Heronsche Flächenformel

$$A^2 = s(s-a)(s-b)(s-c) \ .$$

1.5 *Ein Dreieck ist genau dann rechtwinklig, wenn $A = (2R + r)r$ gilt.*

1.6 *Ein Dreieck hat genau dann einen (oder mehrere) Winkel α, falls*

$$r + 2\,(1 - \cos\alpha)\,R = \tan\frac{\alpha}{2}\cdot s$$

gilt. Insbesondere: Ein Dreieck hat genau dann einen (oder mehrere) 60-Grad-Winkel, falls $s = \sqrt{3}(R+r)$ gilt. Hinweis: *Verwende den Kosinussatz*

$$a^2 = b^2 + c^2 - 2bc\cos\alpha \ , \quad b^2 = c^2 + a^2 - 2ca\cos\beta \quad \text{und} \quad c^2 = a^2 + b^2 - 2ab\cos\gamma \ .$$

1.7 *Ein Dreieck ist genau dann gleichseitig, wenn es gleichschenklig ist und der Umkreis einen doppelt so großen Radius wie der Inkreis hat. Mache Dir plausibel, warum daher für jedes gleichschenklige Dreieck die Ungleichung $R \geq 2r$ gilt.*[1] *Ein Dreieck ist ferner genau dann gleichseitig, wenn es gleichschenklig ist und eine der Beziehungen*

[1] In Abschnitt 1.3 werden wir sogar zeigen, daß für alle Dreiecke (nicht nur für gleichschenklige) die Beziehung $R \geq 2r$ gültig ist.

(a) $s = \sqrt{27}r$, (b) $A = \sqrt{27}r^2$ (c) $s^2 = \sqrt{27}A$

gilt.

⋆1.8 *Ein Dreieck ist genau dann gleichschenklig, wenn die Beziehung*

$$s^2 = 2R^2 + 10rR - r^2 + 2y$$

zwischen dem halben Umfang sowie dem In- und Umkreisradius gilt, wobei wir die Abkürzung $y = \sqrt{R(R-2r)^3}$ *verwendet haben. Zeige mit* `Analysis Taylor`, *daß für* $r \to 0$, *d. h., sofern der eingeschlossene Winkel gegen Null strebt, ungefähr*

$$s \approx 2R + r$$

gilt. Deute dies geometrisch! Vergleiche mit dem im Text bewiesenen Satz!

1.9 *Die* Parallelogrammidentität *besagt, daß in einem Parallelogramm die Summe der Diagonalenquadrate gleich der Summe der Seitenquadrate ist. Beweise! Hinweis: Lege der Einfachheit halber das Parallelogramm ABCD so:* $A(0|0), B(b|0), C(x+b|y), D(x|y)$. *Warum ist dies erlaubt?*

1.10 *Benutze Aufgabe 1.9, um die Länge* s_c *der Seitenhalbierenden, welche C mit* $\overline{AB}$ *verbindet, durch* a, b *und* c *auszudrücken. Gib entsprechende Formeln für die Längen* s_a *und* s_b *der anderen beiden Seitenhalbierenden.*

1.11 *Benutze die in diesem Abschnitt hergeleiteten Beziehungen sowie Aufgabe 1.10, um zu zeigen, daß in jedem Dreieck die Ungleichung*

$$\frac{a^2+b^2}{s_c} \le 4R$$

gilt. Hierbei bezeichnet R wiederum den Umkreisradius. Für welche Dreiecke gilt Gleichheit? Aus Symmetriegründen gelten auch entsprechende Ungleichungen für s_a *und* s_b. *Wie lauten diese?*

1.12 *Zeige die Formel*

$$A^2 = \frac{1}{9}(s_a+s_b+s_c)(s_a+s_b-s_c)(s_a-s_b+s_c)(s_b+s_c-s_a) \tag{1.10}$$

für den Flächeninhalt eines Dreiecks.

1.13 *In jedem Dreieck gilt*

$$\frac{a^2+b^2}{h_c} \ge 4R ,$$

wobei h_c *die Höhe von C nach* $\overline{AB}$ *bezeichnet. Wann gilt Gleichheit? Zusammen mit Aufgabe 1.11 haben wir also*

$$h_c \le \frac{a^2+b^2}{4R} \le s_c .$$

1.2 Graphische Darstellung der Dreiecksgeometrie

Im letzten Abschnitt haben wir viele Zusammenhänge im Dreieck berechnet. Eine Zusammenfassung zeigt, daß aus den Gleichungen (1.3) und (1.8) die Beziehung

$$r = \frac{A}{s} = \frac{1}{4s}\sqrt{(a+b+c)(b+c-a)(a+b-c)(a-b+c)}\ , \ \left(s = \tfrac{a+b+c}{2}\right) \tag{1.11}$$

für den Inkreisradius und aus (1.4) und (1.8) die Darstellung

$$R = \frac{abc}{4A} = \frac{abc}{\sqrt{(a+b+c)(b+c-a)(a+b-c)(a-b+c)}}$$

für den Umkreisradius folgt. Damit haben wir im letzten Abschnitt ganz nebenbei berechnet, wie sich Inkreis- sowie Umkreisradius durch die Dreiecksseiten ausdrücken lassen!

Um In- und Umkreis zeichnen zu können, brauchen wir also nur noch ihre Mittelpunkte zu berechnen. Der Umkreis ist der Schnittpunkt der Mittelsenkrechten. Bezeichnen A, B und C die Ecken eines Dreiecks, so sind durch die arithmetischen Mittelwerte $\frac{1}{2}(A+B)$, $\frac{1}{2}(B+C)$ sowie $\frac{1}{2}(C+A)$ die Streckenmittelpunkte gegeben. Berechnet man zu zwei dieser Punkte die Höhen und schneidet diese Geraden dann, d. h., setzt man die beiden Geradengleichungen gleich, so erhält man den Umkreismittelpunkt. Dies kann man auch mit DERIVE machen. Der Inkreis ist der Schnittpunkt der Winkelhalbierenden und kann ähnlich gefunden werden.

In der DERIVE-Datei `GEO.MTH`, die von der Diskette zu diesem Buch mit dem Menüpunkt `Übertrage Laden Zusatzdatei` geladen werden kann, und deren Funktionen im einzelnen im Anhang auf S. 165 beschrieben sind, sind die eben beschriebenen sowie weitere Kreiskonstruktionen programmiert.

Beim Laden der Datei wird der Eingabemodus derart umgestellt, daß DERIVE zwischen Groß- und Kleinschreibung unterscheidet, damit wir Punkte weiterhin durch große Buchstaben (A, B etc.) und Längen durch kleine Buchstaben (a, b etc.) ausdrücken können.

Ein Dreieck wird eingegeben durch seine drei Eckpunkte A, B und C, z. B. `Dreieck:=[[0,0],[0,1],[1,0]]`. Die Funktionen `Inkreisradius(Dreieck)`, `Inkreismittelpunkt(Dreieck)`, `Umkreisradius(Dreieck)` sowie `Umkreismittelpunkt(Dreieck)` berechnen Inkreisradius, Inkreismittelpunkt, Umkreisradius sowie Umkreismittelpunkt des Dreiecks. Zum Zeichnen von Dreiecken verwendet man die Funktion `PlotDreieck(Dreieck)`, welche aus dem Dreieck (A, B, C) den plotfähigen Vektor (A, B, C, A) erzeugt.[2] Zum Zeichnen von In- und Umkreis gibt es die Funktionen `Inkreis(Dreieck)` sowie `Umkreis(Dreieck)`.[3]

---

[2] `Zeichne` mit der Einstellung `Graphik Einstellungen Modus Connected`.

[3] Die Kreise werden in Parameterdarstellung dargestellt. Daher muß man auf die Frage nach den Grenzen des Parameters die `RETURN`-Taste drücken, um die voreingestellten Werte $-\pi \le t \le \pi$ zu bestätigen.

Übung 1.5 Definiere das Dreieck `Dreieck:=[[0,0],[1,0],[0,1]]` und stelle es zusammen mit seinem Inkreis und Umkreis dar. Wo liegen In- und Umkreismittelpunkt? Wie groß sind die Radien der beiden Kreise? Berechne diese Werte *exakt* sowie *approximativ*! Teste, ob sich der Satz $2R + r = s$ aus dem letzten Abschnitt bestätigt. Mache dieselben Rechnungen und Zeichnungen mit einem gleichseitigen Dreieck.

Die Datei `GEO.MTH` enthält noch mehr Funktionen zur Darstellung von Dreiecken. `Seiten(Dreieck)` liefert die Längen der drei Seiten und `Schwerpunkt(Dreieck)` berechnet den Schwerpunkt des Dreiecks, d. h. den Schnittpunkt der drei Seitenhalbierenden. Die Seitenhalbierende von A nach $\overline{BC}$ kann man durch Berechnung von `Seitenhalbierende(A,B,C)` zeichnen. Ferner ergibt `Höhenfußpunkt(A,B,C)` den Höhenfußpunkt von A auf $\overline{BC}$, und mit `Höhe(A,B,C)` läßt sich die entsprechende Höhe zeichnen. Schließlich berechnet die Funktion `Höhenschnittpunkt(Dreieck)` den Höhenschnittpunkt des Dreiecks.

Die Funktion `Gerade(A,B,t)` liefert die Parameterdarstellung der Geraden, die A und B verbindet, in der Form $A + t(B - A) = 0$, und `senkrecht(A)` berechnet die Richtung senkrecht zur Richtung A.

Diese Hilfsfunktionen werden mehrfach verwendet und sind auch für andere Zwecke hilfreich.

Übung 1.6 Deklariere das Dreieck `Dreieck:=[[0,0],[1,0],[0,1]]` und zeichne nacheinander

1. die drei Seitenhalbierenden,
2. die drei Mittelsenkrechten (wem das zu schwer ist, der zeichne den Umkreismittelpunkt)
3. sowie die drei Höhen

ein und beobachte, daß diese sich jeweils in einem Punkt, nämlich im Schwerpunkt, Umkreismittelpunkt bzw. im Höhenschnittpunkt treffen! Lies die Koordinaten dieser drei Punkte ab und teste, ob sie auf einer Geraden liegen. Wiederhole das Experiment mit einem anderen Dreieck! Warum solltest Du kein gleichseitiges Dreieck nehmen?

Zum Zeichnen der Seitenhalbierenden, die die beiden Punkte A und $\frac{1}{2}(B + C)$ miteinander verbindet, verwendet man z. B. den Vektor `[A,(B+C)/2]`, so daß die Matrix `[[A,(B+C)/2],[B,(C+A)/2],[C,(A+B)/2]]` nach Vereinfachung (oder Approximation) alle drei Seitenhalbierenden zeichnet.[4] Denselben Effekt kann man mit der Funktion `Seitenhalbierende` erzielen. Will man die ganzen Geraden zeichnen, verwendet man den Vektor `[[Gerade(A,(B+C)/2,t)], [Gerade(B,(C+A)/2,t)], [Gerade(C,(A+B)/2,t)]]`.

Analog zeichnet man eine der Mittelsenkrechten durch Vereinfachung von `Gerade((B+C)/2,(B+C)/2+senkrecht(C-B),t)`. Die anderen Mittelsenkrechten werden ganz entsprechend durch zyklisches Vertauschen gewonnen.

[4]Natürlich müssen vorher A, B und C deklariert worden sein, z. B. `A:=[0,0]`, `B:=[1,0]` und `C:=[0,1]`.

Schließlich werden die Höhen durch `[Höhe(A,B,C),Höhe(B,C,A),Höhe(C,A,B)]` gezeichnet.

In der Tat liegen Schwerpunkt, Umkreismittelpunkt und Höhenschnittpunkt immer auf einer Geraden, der *Eulerschen Geraden*. Dazu mehr in Abschnitt 1.4.

Aufgaben

1.14 *Verwende die Funktionen aus der Datei* `GEO.MTH` *zur Erzeugung der Abbildungen* 1.1 *und* 1.3.

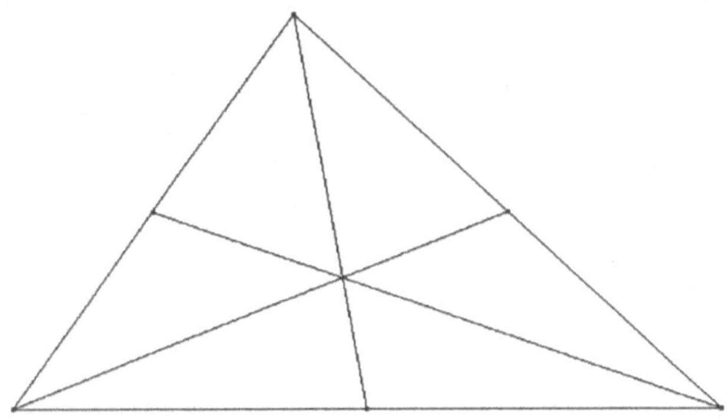

Abbildung 1.3 Der Schwerpunkt

1.15 *Ein Dreieck habe die Seitenlängen a, b und c. Die Punkte $A(0|0)$ und $B(c|0)$ seien gegeben. Berechne die Koordinaten des Punktes C. Schreibe eine DERIVE-Funktion* `Ecken(a,b,c)`*, die zu gegebenen Seitenlängen a, b und c den Eckenvektor (A, B, C) ausgibt. Verwende diese Funktion, um Dreiecke mit den Seitenlängen*

(a) $(a,b,c) = (3,4,5)$, (b) $(a,b,c) = (5,12,13)$, (c) $(a,b,c) = (7,24,25)$

zu zeichnen. Diese Tripel heißen pythagoreische Zahlentripel, *da sie jeweils ein rechtwinkliges Dreieck konstituieren, in dem der Satz des Pythagoras gilt. Teste dies! Gib weitere zwei pythagoreische Zahlentripel an, die keine Vielfachen der vorgegeben Tripel sind! Kannst Du eine generelle Regel zur Konstruktion pythagoreischer Zahlentripel angeben?*

1.16 *Verwende die DERIVE-Funktion aus Aufgabe* 1.15, *um Dreiecke mit den Seitenlängen*

(a) $(a,b,c) = (8,3,7)$, (b) $(a,b,c) = (8,5,7)$, (c) $(a,b,c) = (8,15,13)$,

(d) $(a,b,c) = (7,15,13)$, (e) $(a,b,c) = (5,21,19)$, (f) $(a,b,c) = (9,24,21)$

zu zeichnen. Miß die Winkel der Dreiecke und überzeuge Dich, daß jeweils einer davon 60° beträgt. Finde ein weiteres Tripel ganzer Zahlen (keine Vielfache der obigen Zahlen!), das ein Dreieck mit einem 60°-Winkel definiert. Hinweis: *Verwende den Kosinussatz sowie DERIVEs* `VECTOR`*-Funktion.*

1.17 *Zeichne*

(a) *ein Dreieck mit den Seiten* $3, 4$ *und* 5,

(b) *das Dreieck mit den Ecken* $A(0|0), B(|0)$ *und* $C(3/4|1)$,

(c) *das Dreieck mit den Ecken* $A(0|0), B(2|0)$ *und* $C(1|1)$.

Zeichne In- und Umkreis und berechne ihre Radien und Mittelpunkte exakt. Wo liegt der Höhenschnittpunkt? Wie groß ist der Flächeninhalt der drei Dreiecke?

1.18 *Zeichne Inkreis, Umkreis, die Mittelsenkrechten, die Seitenhalbierenden und die Höhen eines gleichseitigen Dreiecks. Was fällt alles zusammen?*

1.19 *Erkläre, warum durch* `Gerade((B+C)/2,(B+C)/2+senkrecht(C-B),t)` *die Mittelsenkrechte berechnet wird.*

1.20 *Zeige mit DERIVE, daß die Seitenhalbierenden vom Schwerpunkt im Verhältnis* $2:1$ *geteilt werden, s. Abbildung 1.3.*

1.21 *Bei einem Dreieck fallen Umkreismittelpunkt und Schwerpunkt zusammen. Welche Gestalt hat das Dreieck?* Hinweis: *Ohne Einschränkung kann man das Dreieck* `Dreieck:=[[0,0],[c,0],[x,y]]` *verwenden. Benutze die Funktionen* `Umkreismittelpunkt(Dreieck)` *sowie* `Schwerpunkt(Dreieck)`.

1.3 Gleichseitige Dreiecke

In diesem Abschnitt geben wir eine Charakterisierung gleichseitiger Dreiecke durch In- und Umkreis, die bereits in Aufgabe 1.7 eine Rolle gespielt hat. Es handelt sich um den folgenden Satz von Euler, der das gleichseitige Dreieck als Lösung eines Extremalproblems charakterisiert.

Satz: Bei jedem Dreieck ist der Umkreisradius mindestens doppelt so groß wie der Inkreisradius. Hierbei ist der Umkreisradius genau dann doppelt so groß wie der Inkreisradius, wenn das Dreieck gleichseitig ist.

Übung 1.7 Verwende die Darstellungen von R und r aus Abschnitt 1.1, um die Ungleichung $R - 2r \geq 0$ (bzw. deren linke Seite) durch a, b und c auszudrücken. Multipliziere mit einem geeigneten positiven Term, um ein Polynom in den Variablen a, b und c zu erhalten. Faktorisiere das Resultat und zeige, daß $R - 2r \geq 0$ genau dann gilt, falls die Ungleichung

$$a^3 + b^3 + c^3 - a^2 b - a b^2 - a^2 c - a c^2 - b^2 c - b c^2 + 3abc \geq 0 \qquad (1.12)$$

erfüllt ist.

Wir formen $R - 2r$ mit DERIVE um. Ersetzen wir (mit `zusaTz Substituiere`) in diesem Ausdruck den Umkreisradius R gemäß (1.4) durch $\frac{abc}{4A}$ sowie den Inkreisradius r gemäß (1.3) durch $\frac{A}{s}$, so erhalten wir

$$R - 2r = \frac{abc}{4A} - \frac{2A}{s} .$$

Um dies zu vereinfachen, multiplizieren wir mit der positiven Größe $4A$ und ersetzen schließlich A gemäß (1.8) durch[5]

$$A = \sqrt{-\frac{(a+b+c)(a+b-c)(a-b-c)(a-b+c)}{16}} .$$

sowie s durch $\frac{1}{2}(a+b+c)$. Hiermit erhalten wir nach `Mult` den äquivalenten Ausdruck (1.12). Somit ist $R - 2r \geq 0$ genau dann, wenn

$$G(a,b,c) := a^3 + b^3 + c^3 - a^2\,b - a\,b^2 - a^2\,c - a\,c^2 - b^2\,c - b\,c^2 + 3abc \geq 0$$

ist. Wir wollen nun zeigen, daß dies für alle $a, b, c \geq 0$ der Fall ist, und daß Gleichheit nur eintritt, falls $a = b = c$ ist, falls also das Dreieck gleichseitig ist.

Übung 1.8 Überprüfe, daß $G(a,a,a) = 0$ ist und faktorisiere $G(a,b,0)$. Erkläre, warum dies zeigt, daß $G(a,b,0) \geq 0$ und damit auch $G(a,0,c) \geq 0$ sowie $G(0,b,c) \geq 0$ gilt. Zeige schließlich, daß für $G(a,b,c)$ die Identität

$$G(x+w, y+w, z+w) = \frac{w}{2}\Big((x-y)^2 + (x-z)^2 + (y-z)^2\Big) + G(x,y,z) \quad (1.13)$$

gültig ist.

Zunächst stellen wir fest, daß auf dem Rand des uns interessierenden Bereichs,[6] d. h. für $a = 0$, $b = 0$ und für $c = 0$, unsere Funktion G keine negativen Werte hat. Setzen wir nämlich z. B. $c = 0$, so erhalten wir $G(a,b,0) = (a-b)^2(a+b) \geq 0$.

Wir verwenden nun die Beziehung (1.13), um zu zeigen, daß für alle $a, b, c \geq 0$ die Ungleichung $G(a,b,c) \geq 0$ gilt. Sei dazu ein Punkt (a,b,c) mit $a, b, c \geq 0$ gegeben. Aus Symmetriegründen können wir annehmen, daß $a \geq b \geq c$ gilt. Dann setzen wir in (1.13) $z = 0, w = c$ und damit $x = a - c \geq 0, y = b - c \geq 0$ und erhalten die Darstellung

$$\begin{aligned} G(a,b,c) &= \frac{c}{2}\Big((a-b)^2 + (a-c)^2 + (b-c)^2\Big) + G(a-c, b-c, 0) \qquad (1.14) \\ &= \frac{c}{2}\Big((a-b)^2 + (a-c)^2 + (b-c)^2\Big) + (a-b)^2(a+b-2c) . \end{aligned}$$

Dieser Darstellung sieht man nun sofort an, daß $G(a,b,c) \geq 0$ ist, da jeder Summand diese Eigenschaft hat.

Wann aber ist $G(a,b,c) = 0$? Da $G(a,b,c)$ in (1.14) als Summe von vier nichtnegativen Termen dargestellt ist, offenbar nur dann, wenn alle vier Summanden Null sind. Daraus folgt sofort $a = b = c$, da $c \neq 0$ ist. Also ist in diesem Fall das Dreieck gleichseitig.

[5] Durch Hervorheben des Terms A^2 mit den Cursortasten kann man auch diesen direkt ersetzen. Dadurch wird die Quadratwurzel überflüssig.

[6] Wir interessieren uns für $a, b, c \geq 0$.

Aufgaben

1.22 *Überprüfe mit DERIVE die Identität*

$$G(a,b,c) = \frac{c}{2}\Big((a-b)^2 + (a-c)^2 + (b-c)^2\Big) + (a-b)^2(a+b-2c)\,.$$

★**1.23** *Zeige: Das Quadrat des Abstands zwischen Inkreis- und Umkreismittelpunkt hat den Wert* $R^2 - 2Rr$. *Schließe hieraus wieder die Ungleichung* $R - 2r \geq 0$.

1.24 *Die Summe der Quadrate über den Seitenhalbierenden ist größer oder gleich dem Quadrat des halben Umfangs. Für welche Dreiecke gilt die Gleichheit?*

1.25 *Für die Längen der Seitenhalbierenden gelten die Ungleichungen*

(a) $s_a + s_b \geq s_c$, (b) $s_a + s_b \geq \frac{3}{2}c$

und analoge Ungleichungen erhält man durch zyklisches Vertauschen. Versuche, Dir die Ungleichungen geometrisch zu veranschaulichen. Wann gilt Gleichheit? Was besagt (a) *in bezug auf Gleichung* (1.10)*?*

1.4 Dreiecksgeometrie mit Trigonometrie

In diesem Abschnitt betrachten wir Aussagen aus der Dreiecksgeometrie, die sich ohne Verwendung von Trigonometrie (und ohne Determinanten) nur schwer beweisen lassen. Ein typisches Resultat dieser Art ist der

Satz: Der Schwerpunkt S, der Umkreismittelpunkt M und der Höhenschnittpunkt H liegen auf einer Geraden, der *Eulerschen Geraden*.

Zur Betrachtung derartiger Fragestellungen führt man *Trilinearkoordinaten* ein. Zur Darstellung eines Punkts der Ebene werden hierbei geeignete Vielfache x, y, z der Abstände von den Seiten a, b, c des gegebenen Dreiecks verwendet. Da man zur Darstellung eines Punkts der Ebene nur zwei Koordinaten benötigt, kommt es bei den Trilinearkoordinaten nicht auf die absoluten Abstände, sondern nur auf ihr Verhältnis $x : y : z$ zueinander an, d. h., wir können ein beliebiges Vielfaches der Abstände von den Dreiecksseiten zur Darstellung verwenden.

Während die absoluten Abstände von den Seiten möglicherweise in ziemlich komplizierter Weise von den Seitenlängen oder Winkeln eines Dreiecks abhängen, ist dies für ein geeignetes Vielfaches oft nicht der Fall.

Nehmen wir z. B. den Inkreismittelpunkt. Dieser hat definitionsgemäß von allen Seiten denselben Abstand. In Gleichung (1.11) hatten wir die komplizierte Abhängigkeit von den Dreiecksseiten a, b und c dokumentiert. Da es aber nur auf das Verhältnis der Abstände ankommt, können wir als Trilinearkoordinaten des Inkreismittelpunkts $x : y : z = 1 : 1 : 1$ verwenden.

Um den Satz über die Eulersche Gerade zu beweisen, brauchen wir die Trilinearkoordinaten von Schwerpunkt, Umkreismittelpunkt und Höhenschnittpunkt.

Übung 1.9 Berechne die Trilinearkoordinaten des Schwerpunkts S, ausgedrückt durch die Seiten (a, b, c) bzw. durch die Winkel (α, β, γ). Verwende hierzu

- die Tatsache, daß die Seitenhalbierenden vom Schwerpunkt im Verhältnis $2:1$ geteilt werden, s. Aufgabe 1.20,
- die Höhen h_a, h_b und h_c des Dreiecks,
- den Strahlensatz
- sowie den Sinussatz

$$2R = \frac{a}{\sin\alpha} = \frac{b}{\sin\beta} = \frac{c}{\sin\gamma}\,.$$

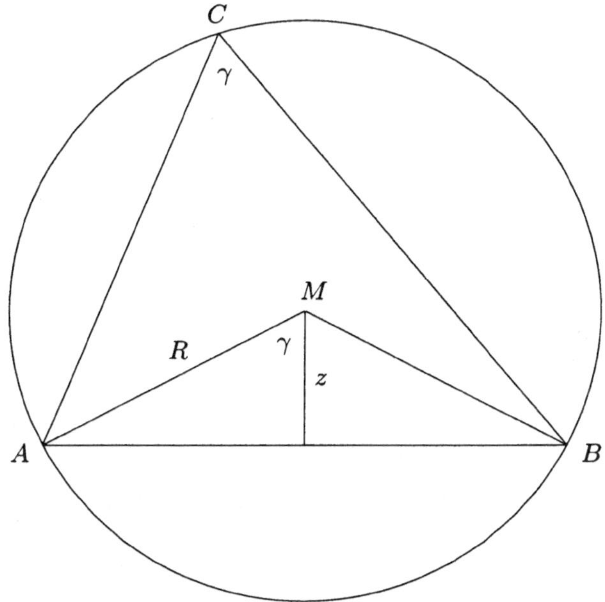

Abbildung 1.4 Der Umkreismittelpunkt

Für den Schwerpunkt S gilt

$$x : y : z = \frac{1}{a} : \frac{1}{b} : \frac{1}{c} = \frac{1}{\sin\alpha} : \frac{1}{\sin\beta} : \frac{1}{\sin\gamma}$$

Dies folgt aus $x = h_a/3$, $y = h_b/3$, $z = h_c/3$ (Strahlensatz!) und

$$h_a = \frac{2A}{a}, \quad h_b = \frac{2A}{b}, \quad h_c = \frac{2A}{c}$$

sowie dem Sinussatz.

Übung 1.10 Berechne die Trilinearkoordinaten des Umkreismittelpunkts M unter Verwendung von Abbildung 1.4 und dem Satz vom Umfangswinkel.

Abbildung 1.4 zeigt, daß für die Koordinaten des Umkreismittelpunkts M gilt

$$x = R\cos\alpha, \quad y = R\cos\beta, \quad z = R\cos\gamma\,.$$

Also ist $x : y : z = \cos\alpha : \cos\beta : \cos\gamma$.

Übung 1.11 Berechne die Trilinearkoordinaten des Höhenschnittpunkts H unter Verwendung von Abbildung 1.5.

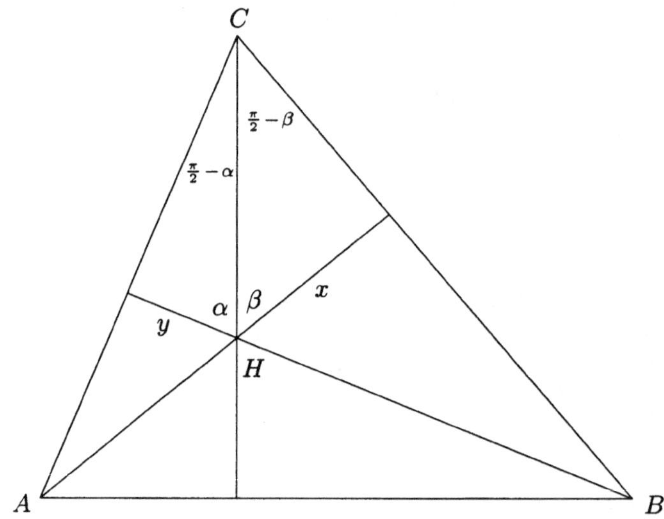

Abbildung 1.5 Höhenschnittpunkt

Abbildung 1.5 entnimmt man für den Höhenschnittpunkt H

$$\frac{x}{\overline{CH}} = \cos\beta, \quad \frac{y}{\overline{CH}} = \cos\alpha\,,$$

das heißt

$$x : y = \frac{1}{\cos\alpha} : \frac{1}{\cos\beta}\,.$$

Aus Symmetriegründen haben wir also

$$x : y : z = \frac{1}{\cos\alpha} : \frac{1}{\cos\beta} : \frac{1}{\cos\gamma}\,.$$

Eine Gerade durch die Trilinear-Punkte (x_1, y_1, z_1) und (x_2, y_2, z_2) hat die Gleichung

$$D(x,y,z) := \begin{vmatrix} x_1 & y_1 & z_1 \\ x_2 & y_2 & z_2 \\ x & y & z \end{vmatrix} = 0\,.$$

Dies folgt aus bekannten Sätzen über Determinanten. Eine Determinante verschwindet nämlich, falls eine Zeile das Vielfache einer anderen Zeile ist. Genau dies ist aber der Fall, wenn wir einen der Punkte (x_1, y_1, z_1) bzw. (x_2, y_2, z_2) in $D(x, y, z)$ einsetzen.

Übung 1.12 Wir wollen die Behauptung auch mit DERIVE nachweisen. Da die Trilinearkoordinaten nur bis auf einen Faktor eindeutig sind, müssen wir zeigen, daß die beiden Punkte $(x, y, z) := (x_1, y_1, z_1)$ und $(x, y, z) := (x_2, y_2, z_2)$ für alle a, b die Determinantenbedingung

$$\begin{vmatrix} ax_1 & ay_1 & az_1 \\ bx_2 & by_2 & bz_2 \\ x & y & z \end{vmatrix} = 0$$

erfüllen. Teste dies!

Gib dazu die Matrix `[[a*x1,a*y1,a*z1],[b*x2,b*y2,b*z2],[x,y,z]]` ein, ersetze mit `zusaTz Substituiere` `[x,y,z]` durch `[x1,y1,z1]` (und später durch `[x2,y2,z2]`) und verwende die Determinantenfunktion `DET`.

Um zu zeigen, daß drei Trilinear-Punkte $(x_1, y_1, z_1), (x_2, y_2, z_2)$ und (x_3, y_3, z_3) auf einer Geraden liegen, braucht man also nur nachzuprüfen, daß die Determinante der Matrix

$$\begin{vmatrix} x_1 & y_1 & z_1 \\ x_2 & y_2 & z_2 \\ x_3 & y_3 & z_3 \end{vmatrix} = 0$$

gleich Null wird.

Übung 1.13 Überprüfe, ob Schwerpunkt, Umkreismittelpunkt und Höhenschnittpunkt auf einer Geraden liegen!

Um zu zeigen, daß die Punkte S, M und H auf einer Geraden liegen, untersuchen wir also die Determinante der Matrix

$$\begin{pmatrix} \dfrac{1}{\sin\alpha} & \dfrac{1}{\sin\beta} & \dfrac{1}{\sin\gamma} \\ \cos\alpha & \cos\beta & \cos\gamma \\ \dfrac{1}{\cos\alpha} & \dfrac{1}{\cos\beta} & \dfrac{1}{\cos\gamma} \end{pmatrix}$$

wobei die Winkelsumme $\alpha + \beta + \gamma = \pi$ ist. Wir ersetzen γ durch $\pi - \alpha - \beta$

$$\begin{pmatrix} \dfrac{1}{\sin\alpha} & \dfrac{1}{\sin\beta} & \dfrac{1}{\sin(\pi-\alpha-\beta)} \\ \cos\alpha & \cos\beta & \cos(\pi-\alpha-\beta) \\ \dfrac{1}{\cos\alpha} & \dfrac{1}{\cos\beta} & \dfrac{1}{\cos(\pi-\alpha-\beta)} \end{pmatrix} . \tag{1.15}$$

Berechnet man nun die Determinante dieses Terms mit der DET-Funktion, so ergibt sich ein komplizierter trigonometrischer Ausdruck. `Vereinfache` liefert den Wert 0, was unsere Behauptung beweist. Beachte, daß Du für Rechnungen mit trigonometrischen Funktionen bei `zusaTz Trig.umformungen` [7] die Einstellung `Toward: Sines` vornehmen solltest. Sonst bleiben Terme $\cos^2 x$ stehen und werden nicht durch $\sin^2 x$ ersetzt und der Wert 0 wird möglicherweise nicht erkannt!

AUFGABEN

1.26 *Berechne die Determinante von* (1.15) *mit verschiedenen Einstellungen von* `zusaTz Trig.umformungen`. *Mache dasselbe nach Vereinfachung der Zeilen durch Multiplikation mit den jeweiligen Hauptnennern. Vergleiche die Rechenzeiten sowie die Ergebnisse.*

1.27 *Zeige, daß sich die Trilinearkoordinaten von Schwerpunkt S, Umkreismittelpunkt M und Höhenschnittpunkt H wie folgt als Polynome in den Seitenlängen a, b und c des Dreiecks anstatt durch die Winkel α, β und γ ausdrücken lassen:*

$$\begin{array}{ll} S: & bc, \quad ac, \quad ab\,, \\ M: & a(b^2+c^2-a^2), \quad b(c^2+a^2-b^2), \quad c(a^2+b^2-c^2)\,, \\ H: & bc(a^2+b^2-c^2)(a^2-b^2+c^2), \quad ca(b^2+c^2-a^2)(b^2-c^2+a^2), \quad \ldots\,. \end{array}$$

Wie lautet die dritte Koordinate für H? Welche Symmetrieeigenschaft haben die Trilinearkoordiaten dieser Zentren? Hinweis: *Verwende Sinus- und Kosinussatz.*

1.28 *Beweise den Satz über die Eulersche Gerade mit Hilfe der Trilinearkoordinatendarstellungen aus Aufgabe* 1.27. *Welche Rechnung ist zufriedenstellender? Warum?*

1.29 *Der Inkreismittelpunkt liegt genau dann auf der Eulerschen Geraden, wenn das betreffende Dreieck gleichschenklig ist.*

1.30 *Geht die Eulersche Gerade eines Dreiecks durch eine Ecke, so ist das Dreieck entweder rechtwinklig oder gleichschenklig.*

1.31 *In jedem Dreieck gilt*

$$h_c = 2\,R\,\sin\alpha\,\sin\beta$$

und Entsprechendes für die anderen beiden Höhen.

1.32 *Beweise Sinus- und Kosinussatz in der Form*

$$2R = \frac{a}{\sin\alpha} \qquad \text{bzw.} \qquad a^2 = b^2 + c^2 - 2bc\cos\alpha\,.$$

[7] Genauer: Verwende niemals `Auto`.

1.5 Iterative Berechnung der Kreiszahl π

Schon Archimedes hat die Kreiszahl π durch Approximation des Umfangs eines Kreises durch ein- und umbeschriebene regelmäßige Vielecke angenähert.

Wir betrachten das dem Einheitskreis einbeschriebene n-Eck, s. Abbildung 1.6, dessen Seitenlänge wir mit s_n bezeichnen.

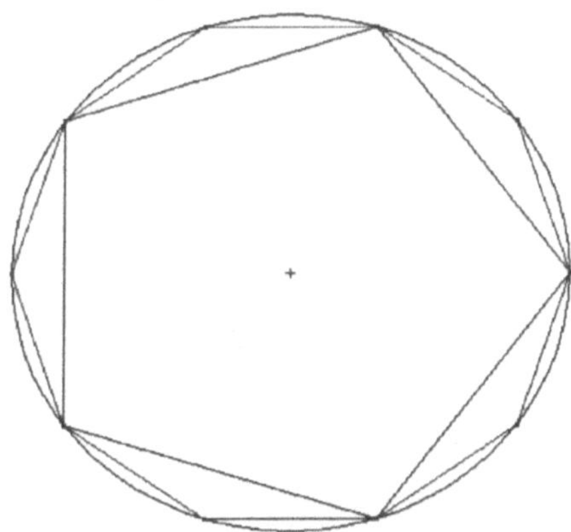

Abbildung 1.6 Einbeschriebene gleichmäßige 5- und 10-Ecke

Übung 1.14 Wende auf Abbildung 1.7 den Satz vom Umfangswinkel an und zeige, daß die Formel

$$s_{2n} = \sqrt{2 - \sqrt{4 - s_n^2}} \tag{1.16}$$

gilt. Welchen Wert haben s_4 und s_6, vgl. Abbildungen 1.8–1.9?

In Abbildung 1.7 finden wir auf Grund des Satzes vom Umfangswinkel zwei ähnliche Dreiecke. Daher haben wir

$$\frac{s_{2n}}{1} = \frac{s_n}{x}, \tag{1.17}$$

Für x gilt wegen der Sätze von Thales und Pythagoras weiter

$$s_{2n}^2 + x^2 = 4\,. \tag{1.18}$$

Eliminiert man nun x aus diesen beiden Gleichungen, folgt (1.16).

Da das n-Eck n Seiten der Länge s_n besitzt, gilt für seinen Umfang

$$U_n = n\, s_n \to 2\pi\,.$$

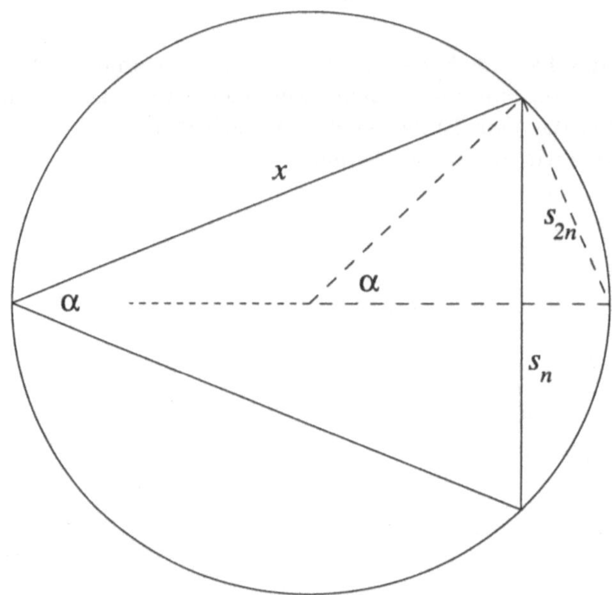

Abbildung 1.7 Berechnung von s_n durch Verdopplung der Eckenzahl

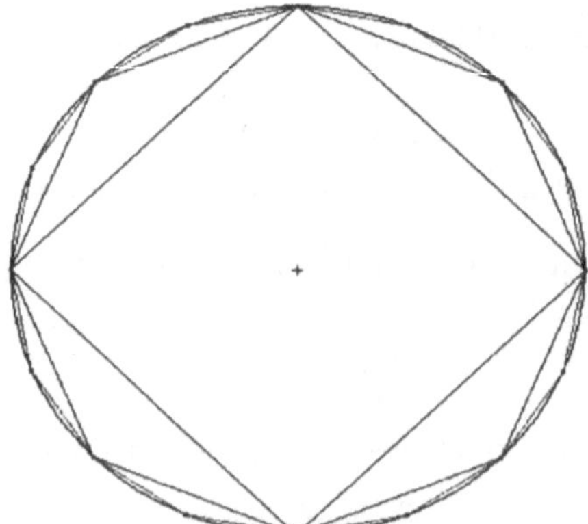

Abbildung 1.8 Ein einbeschriebenes Quadrat, Achteck, Sechzehneck

Beginnen können wir mit dem Quadrat, bei dem $s_4 = \sqrt{2}$ und $U_4 = 4\sqrt{2}$ ist (oder auch mit dem Sechseck mit $s_6 = 1$ und $U_6 = 6$). Ist n eine Zweierpotenz $n = 2^k$ ($k \geq 2$), so können wir also zur Berechnung von U_n die rekursive Formel

$$U_n := n\,s_n\ , \quad s_n = \begin{cases} \sqrt{2} & \text{falls } n = 4 \\ \sqrt{2 - \sqrt{4 - s_{n/2}^2}} & \text{sonst} \end{cases}$$

heranziehen.

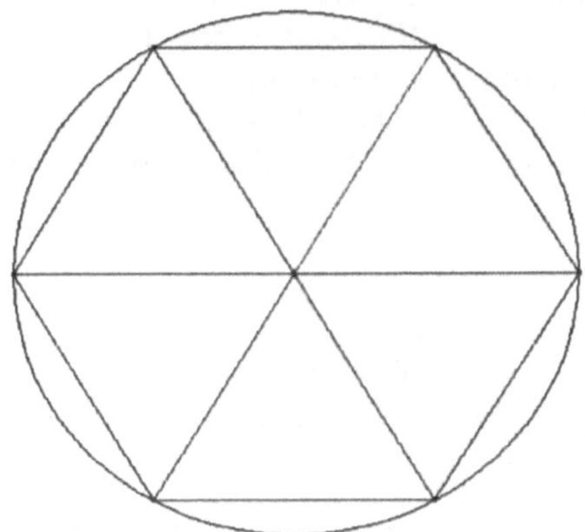

Abbildung 1.9 Ein einbeschriebenes gleichmäßiges 6-Eck

Übung 1.15 Die Formel zur Berechnung von U_n läßt sich direkt nach DERIVE übertragen. Die Funktion

```
s(n):=IF(n=4,SQRT(2),SQRT(2-SQRT(4-s(n/2)^2)))
```

berechnet hierbei s_n für $n = 2^k$ $(k \geq 2)$, und mit

```
p(n):=n*s(n)/2
```

findet man $\pi_n := U_n/2$, eine Approximation von π. Berechne π_n

- für $n = 2^k$ $(k = 2, \ldots, 10)$ *exakt*,[8]
- für $n = 2^k$ $(k = 2, \ldots, 15)$ *approximativ* (mit `approX`) mit der üblichen 6-stelligen Genauigkeit
- sowie dieselben Werte mit 10-stelliger Genauigkeit mit dem Menüpunkt `Einstellung Genauigkeit Digits`

Erkläre die Resultate!

[8] Da DERIVE immer versucht, geschachtelte Wurzeln zu vereinfachen, dauert dies ziemlich lange!

Da mit $n \to \infty$ die Seitenlänge s_n des n-Ecks gegen Null konvergiert, strebt $\sqrt{4-s_n^2}$ gegen 2. Das heißt, daß bei der Berechnung von s_{2n} gemäß (1.16) die Differenz zweier reellen Zahlen zu berechnen ist, die beide ungefähr gleich 2 sind und umso weniger voneinander abweichen, je größer n ist. Dies kann nicht gut gehen, viele Dezimalstellen gehen verloren. Im vorliegenden Fall führt die Berechnung zur Erzeugung des völlig wertlosen Zwischenergebnisses $s_{2^{11}} = 0$.

Dieser Effekt tritt immer ein, wenn man fast gleich große reelle Zahlen voneinander abzieht. Man nennt dies eine *Subtraktionskatastrophe* und sagt, die Subtraktion reeller Dezimalzahlen sei *schlecht konditioniert.*

Wie können wir diesen Defekt beheben? Gegen die schlechte Kondition der Subtraktion ist kein Kraut gewachsen. Aber vielleicht können wir die Subtraktion umgehen?

Übung 1.16 Versuche, den Term

$$\sqrt{2-\sqrt{4-s^2}} \tag{1.19}$$

so umzuformen, daß keine gefährliche Subtraktion mehr vorkommt. Erweitere hierzu mit $\sqrt{2+\sqrt{4-s^2}}$.

Um dies zu erreichen, erweitern wir (1.19) mit $\sqrt{2+\sqrt{4-s^2}}$ und quadrieren das Resultat. `Vereinfache` liefert schließlich s^2. Wir haben also

$$\sqrt{2-\sqrt{4-s^2}} = \frac{s}{\sqrt{2+\sqrt{4-s^2}}} .$$

Diese einfache Termumformung hat die unerwünschte Subtraktion eliminiert und sollte die problemlose Approximation von π ermöglichen, da der Algorithmus nun gut konditioniert ist.

Übung 1.17 Setze

```
s_AUX(n,s):=s/SQRT(2+SQRT(4-s^2))

s(n):=IF(n=4,SQRT(2),s_AUX(n,s(n/2)))

p(n):=n*s(n)/2
```

und berechne eine 25-stellige Approximation von π. Vergleiche mit der eingebauten Zahl `pi`. Was stellst Du fest?

Eine 25-stellige Approximation von π ergibt nun

$$\pi \approx 3.14159\ 26535\ 89788\ 64861\ 1672... ,$$

während eine direkte Approximation von π

$$\pi = 3.14159\ 26535\ 89793\ 23846\ 2643... \tag{1.20}$$

liefert. Also stimmen nur 14 Stellen. Warum?

Dies ist nun kein Problem des Algorithmus mehr, sondern ein Fehler von DERIVE! Der Ausdruck

$$f(s) := \frac{s}{\sqrt{2+\sqrt{4-s^2}}}$$

wird von DERIVE für kleine $s > 0$ nicht genau genug approximiert. DERIVEs interner Vereinfachungsmechanismus scheint unseren gut konditionierten Ausdruck wieder in einen schlecht konditionierten umzuwandeln. Substituiert man beispielsweise $s = 2^{-30}$ in $f(s)$, bekommt man mit `Vereinfache`

$$f(2^{-30}) = \frac{\sqrt{4\,294\,967\,298}}{65\,536} - \frac{\sqrt{4\,294\,967\,294}}{65\,536},$$

so daß `approX` wieder eine Subtraktionsauslöschung liefert. Bei diesem Beispiel müssen wir sogar DERIVE austricksen! Wie man dies machen kann, wird in Aufgabe 1.41 behandelt.

AUFGABEN

1.33 *Verwende DERIVE, um Abbildungen* 1.6, 1.8 *und* 1.9 *zu erzeugen.*

1.34 *Leite aus* (1.17)–(1.18) *durch Elimination von* x *die Beziehung* (1.16) *her.*

1.35 *Erkläre, warum wir in Übung* 1.17 *die Hilfsfunktion* `s_AUX` *verwendet haben. Definiere* `s(n)` *ohne Hilfsfunktion und vergleiche die Rechenzeiten.*

1.36 *Führe die Rechnungen dieses Abschnitts durch, wenn* n *ein Vielfaches von* 6 *darstellt.*

1.37 *Berechne* π *auf* 40 *Dezimalstellen genau.*

1.38 *Gib eine Rekursionsformel für den Flächeninhalt des regelmäßigen* n*-Ecks und berechne hiermit eine Approximation von* π.

1.39 *Erzeuge Abbildung* 1.6 *mit DERIVE.*

1.40 *Leite für* s_n *sowie für die Länge* S_n *des umbeschriebenen regelmäßigen* n*-Ecks explizite trigonometrische Darstellungen her und approximiere* π *hiermit. Für welches* $n \in \mathbb{N}$ *ist die Differenz* $S_n - s_n$ *kleiner als* 10^{-3} (10^{-6})*?*

⋆1.41 *Wie wir oben gesehen haben, wird die Funktion*

$$f(s) := \frac{s}{\sqrt{2+\sqrt{4-s^2}}}$$

von DERIVE für kleine $s > 0$, *sagen wir für* $0 < s < 10^{-5}$, *ungenau berechnet. Für diese Werte können wir* $f(s)$ *durch ein Polynom ersetzen, welches* $f(s)$ *in einer Umgebung des Ursprungs annähert. Eine solche Approximation ist das Taylorpolynom* `TAYLOR(s/SQRT(2+SQRT(4-s^2)),s,0,5)`. *Berechne dieses mit DERIVE und benutze es, um* π *nun doch mit 25-stelliger Genauigkeit zu approximieren.*

2 Kurven zweiter Ordnung

In diesem Kapitel wird DERIVE zur Herleitung der allgemeinen Gleichungen von Ellipsen, Parabeln und Hyperbeln verwendet. Diese Kurven zweiter Ordnung (auch *Quadriken* genannt: Sie werden durch quadratische Gleichungen beschrieben) werden graphisch dargestellt, und es werden ihre Normalformen berechnet.

2.1 Die Ellipse

Die *Ellipse* wird als die Ortslinie aller derjenigen Punkte erklärt, welche von zwei vorgegebenen Punkten, den sogenannten *Brennpunkten*, eine feste Abstandsumme besitzen. Der Einfachheit halber wählen wir zunächst die Brennpunkte $F_1(-e|0)$ und $F_2(e|0)$ auf der x-Achse und symmetrisch zum Ursprung. Die Abstandsumme setzen wir gleich $2a$ für ein $a > e$. Überlege Dir, warum unbedingt $a > e$ sein muß! Man erhält dann eine Situation wie in Abbildung 2.1.

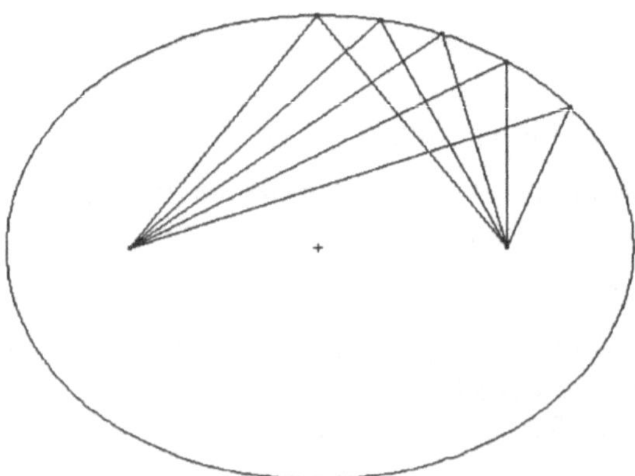

Abbildung 2.1 Definition einer Ellipse

Übung 2.1 Betrachte Abbildung 2.1. Lies die Größen a und e ab!

Erkläre `F1:=[-e,0]`, `F2:=[e,0]` und `P:=[x,y]` und schreibe die definierende Gleichung der Ellipse auf. Quadriere diese Gleichung so lange, bis keine Wurzeln mehr auftreten und bringe das Resultat in möglichst einfache Form. Welche Gleichung für die Ellipse erhältst Du?

Wir setzen `F1:=[-e,0]`, `F2:=[e,0]` und `P:=[x,y]`. Für den Ellipsenpunkt P gilt dann definitionsgemäß die Beziehung `|P-F1|+|P-F2|=2a`. Wir quadrieren diese Gleichung, verwenden `Mult` und erhalten

$$2\sqrt{x^2+2xe+y^2+e^2}\,\sqrt{x^2-2xe+y^2+e^2}+2x^2+2y^2+2e^2=4a^2 .$$

Wir subtrahieren nun $(2x^2+2y^2+2e^2)$, um den Wurzelausdruck zu isolieren, und quadrieren nochmals. Bringen wir dann alles auf eine Seite, liefert `faKt`

$$16\,(x^2\,(a^2-e^2)+a^2\,(y^2-a^2+e^2))=0 .$$

Nach Division durch $16a^2(a^2-e^2)$ erhalten wir

$$\frac{x^2}{a^2}+\frac{y^2}{2e(a-e)}-\frac{y^2}{2e(a+e)}-1=0 .$$

Wir ersetzen nun mit `zusaTz Substituiere` e durch $\sqrt{a^2-b^2}$, d. h., wir setzen $b^2=a^2-e^2$, und erhalten schließlich die Gleichung

$$\frac{x^2}{a^2}+\frac{y^2}{b^2}=1 . \tag{2.1}$$

Dies ist die *Normalform* der Ellipsengleichung. Offenbar liegen die Punkte $(-a|0)$ und $(a|0)$ auf der Ellipse. Sie sind die Ellipsenpunkte mit dem größten Abstand zum Ursprung und heißen die *Hauptscheitel* der Ellipse. Daher nennen wir die x-Achse die *Hauptachse* der Ellipse, und a ist die Länge der *großen Halbachse*. Ebenso liegen die Punkte $(0|-b)$ und $(0|b)$ auf der Ellipse. Dies sind die *Nebenscheitel* der Ellipse. Die y-Achse ist die *Nebenachse* der Ellipse, und b ist die Länge der *kleinen Halbachse*. Den Ursprung nennen wir den *Mittelpunkt* der Normalellipse.

Für jedes Paar $0 \le b \le a$ stellt Gleichung (2.1) offenbar eine Ellipse dar. Aber (2.1) stellt auch für $b > a$ eine Ellipse dar, deren Brennpunkte dann allerdings auf der y-Achse liegen, s. Aufgabe 2.1.

Übung 2.2 Zeige, daß die Ellipse ein gestauchter Kreis ist: Sie entsteht aus einem Kreis mit Radius a, indem dessen y-Werte mit dem Faktor b/a verkleinert werden.

Die Entfernung der Brennpunkte vom Mittelpunkt der Ellipse e nennt man die *lineare Exzentrität*, und der Quotient $\varepsilon := e/a \in [0,1)$ heißt die *numerische Exzentrität* der Ellipse. Je größer ε ist, desto gestauchter ist sie. Ist $\varepsilon = 0$, d. h. $b = a$, so liegt ein Kreis vor.

Eine Gleichung der Form

$$\frac{(x-x_0)^2}{a^2}+\frac{(y-y_0)^2}{b^2}=1 \tag{2.2}$$

stellt eine Ellipse mit den Halbachsen a und b dar, deren Mittelpunkt sich an der Stelle (x_0, y_0) befindet.

Jede Gleichung der Form

$$A\,x^2 + C\,y^2 + D\,x + E\,y + F = 0$$

mit $A, C > 0$, $D, E, F \in \mathbb{R}$ kann durch quadratische Ergänzung in die Form (2.2) gebracht werden, wobei rechts entweder 1, 0 oder -1 steht, und stellt daher entweder eine Ellipse, einen Punkt oder die leere Menge dar, s. Aufgabe 2.4.

Übung 2.3 DERIVE kann Funktionen, die implizit durch eine Gleichung gegeben sind, mit dem `Graphik`-Menü graphisch darstellen.[1] Führe dies für die Gleichung

$$2x^2 + 3y^2 - x + 4y + 1 = 0$$

durch und miß die Koordinaten des Mittelpunkts sowie die Längen der großen und kleinen Halbachse. Verwende die Zoomfunktion des `Graphik`-Menüs[2], um eine geeignete Skalierung zu erzeugen. Mit `Graphik zenTriere` wird das Bild um das Kreuz zentriert, welches mit `Graphik Kreuzkoordinaten` gesetzt werden kann.

Löse schließlich die gegebene Gleichung mit `Löse` nach y auf. Du erhältst zwei Lösungen, die Quadratwurzeln enthalten. Stelle diese Lösungen ebenfalls graphisch dar und beobachte, wie die gegebene Ellipse auf diese Art in zwei Funktionsgraphen zerlegt wird.

Aufgaben

2.1 *Zeige, daß Gleichung* (2.1) *auch für $b > a$ eine Ellipse darstellt und berechne ihre Brennpunkte.*

2.2 *Zeichne eine Ellipse zusammen mit den Strecken, die die Brennpunkte mit den Nebenscheiteln verbinden. Wie kann man die Gleichung $b^2 = a^2 - e^2$ sowie die Ungleichung $a \geq e$ geometrisch deuten?*

2.3 *Eine andere Konstruktion der Ellipse: Die Normalellipse ist die Ortslinie aller Punkte $P(x|y)$, deren Abstand vom Brennpunkt $F(e|0)$ das ε-fache des Abstands von der Geraden $x = \frac{e}{\varepsilon^2}$ ist, wobei ε die numerische Exzentrität der Ellipse ist. Die Gerade $x = \frac{e}{\varepsilon^2}$ wird die* Leitgerade *der Ellipse genannt. Zeige, daß diese Konstruktion die Normalellipse liefert.*

2.4 *Zeige: Jede Gleichung der Form*

$$A\,x^2 + C\,y^2 + D\,x + E\,y + F = 0$$

mit $A, C > 0$, $D, E, F \in \mathbb{R}$ kann durch quadratische Ergänzung in die Form

$$\frac{(x-x_0)^2}{a^2} + \frac{(y-y_0)^2}{b^2} = \begin{cases} 1 \\ 0 \\ -1 \end{cases}$$

[1] Verwende hierzu am besten immer die Namen x und y als Variablennamen, damit Du sicher weißt, welche Achse nach rechts und welche nach oben zeigt. Bei einer anderen Wahl entscheidet sich DERIVE vielleicht anders, als Du denkst!

[2] mit `<F9>` und `<F10>`.

gebracht werden, und stellt daher entweder eine Ellipse, einen Punkt oder die leere Menge dar.

Führe diese Transformationen durch für die Beispiele

(a) $x^2 + y^2 - 2x - 1 = 0$, (b) $x^2 + 2y^2 - 2y + x = 0$,

(c) $2x^2 + 3y^2 - x + 4y + 1 = 0$, (d) $x^2 + \frac{y^2}{4} - 1 = 0$,

(e) $x^2 + y^2 - 2x + 2 = 0$, (f) $x^2 + y^2 - 2x + 1 = 0$.

Zeichne die Ellipsen mit `Graphik` *durch Eingabe der gegebenen Gleichungen.*

2.5 *Zeige: Jede Gleichung der Form*

$$A\,x^2 + A\,y^2 + D\,x + E\,y + F = 0$$

mit $A > 0$, $D, E, F \in \mathbb{R}$ *stellt entweder einen Kreis, einen Punkt oder die leere Menge dar, je nach dem Vorzeichen von* $D^2 + E^2 - 4AF$. *Für* $D^2 + E^2 - 4AF > 0$ *bekommt man einen Kreis mit Mittelpunkt* $M = \left(-\frac{D}{2A}, -\frac{E}{2A}\right)$ *und Radius* $R = \frac{1}{2A}\sqrt{D^2 + E^2 - 4AF}$.

2.6 *Bestimme die Ortslinie derjenigen Punkte* $P(x|y)$, *die von zwei Punkten* $F_1(-e|0)$ *und* $F_2(e|0)$ *ein konstantes Abstandverhältnis* $\varepsilon > 0$ *haben:*

$$\frac{|P - F_1|}{|P - F_2|} = \varepsilon \, .$$

Für $\varepsilon = 1$ *ergibt sich eine Gerade, während sich für alle anderen Werte von* ε Steinersche Kreise *ergeben. Bestimme deren Mittelpunkt und Radius. Stelle die Steinerschen Kreise für* $e = 1$ *und* $\varepsilon = 1/3, 1/2, 1, 2, 3$ *graphisch dar.*

2.7 *Zeige: Die Tangente an den Punkt* $P(u|v)$ *der Normalellipse hat die Gleichung*

$$\frac{u\,x}{a^2} + \frac{v\,y}{b^2} = 1 \, .$$

2.8 *Alle Ellipsen mit gleicher numerischer Exzentrität* ε *sind ähnlich.*

2.9 *Erzeuge Abbildung 2.1 mit DERIVE.*

2.2 Die Parabel

Eine *Parabel* wird als die Ortslinie aller derjenigen Punkte erklärt, welche zu einem vorgegebenen Punkt, dem *Brennpunkt*, denselben Abstand haben wie zu einer vorgegebenen Geraden, der *Leitgeraden*. Der Einfachheit halber wählen wir zunächst als Leitgerade die Gerade $y = -e$ und den Brennpunkt $F(0|e)$ auf der y-Achse, mit einem Abstand $2e > 0$ voneinander, s. Abbildung 2.2.

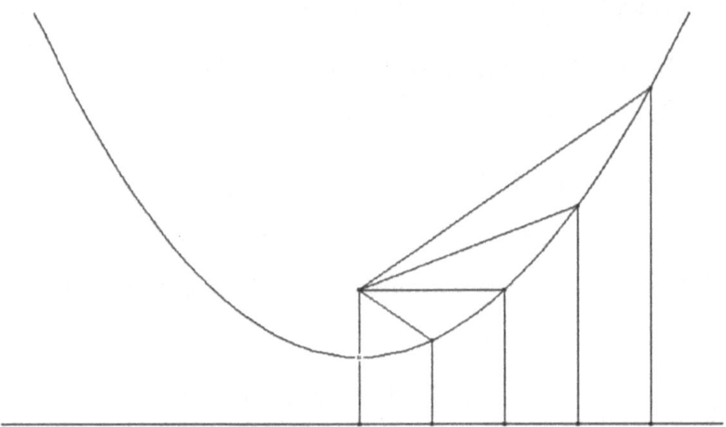

Abbildung 2.2 Definition einer Parabel

Übung 2.4 Bestimme die Gleichung der Parabel mit der Leitgeraden $y = -e$ und dem Brennpunkt `F:=[0,e]`.

Wir setzen `F:=[0,e]` und `P:=[x,y]`. Dann ist die Bestimmungsgleichung der Parabel gegeben durch `|F-P|=|P-[x,y-e]|`. Wir quadrieren, lösen nach y auf und erhalten die Gleichung

$$y = \frac{x^2}{4e}\ .$$

Wählt man die Leitgerade oberhalb und den Brennpunkt unterhalb der x-Achse, so erhält man dieselbe Gleichung mit negativem Vorzeichen. Beides zusammengefaßt ergibt

$$y = \pm\frac{x^2}{4e}\ . \tag{2.3}$$

Ganz analog kann man natürlich auch die Leitgerade parallel zur y-Achse wählen $x = \mp e$ und den Brennpunkt auf der x-Achse $F(\pm e|0)$ mit dem Ergebnis

$$x = \pm\frac{y^2}{4e}\ .$$

Dies sind die beiden Normaldarstellungen der Parabel. Den Ursprung nennen wir den *Scheitel* der Normalparabeln.

Eine Gleichung der Form

$$y - y_0 = \pm\frac{(x-x_0)^2}{4e} \qquad \text{oder} \qquad x - x_0 = \pm\frac{(y-y_0)^2}{4e} \tag{2.4}$$

stellt eine Parabel dar, deren Scheitel sich an der Stelle (x_0, y_0) befindet.

Jede Gleichung der Form

$$A\,x^2 + D\,x + E\,y + F = 0 \qquad \text{bzw.} \qquad B\,y^2 + D\,x + E\,y + F = 0$$

mit $A > 0$, $B, D, E, F \in \mathbb{R}$ kann durch quadratische Ergänzung in die Form (2.4) gebracht werden, und stellt daher eine Parabel oder, falls $E = 0$ ist, ein oder zwei Geraden dar, s. Aufgabe 2.10.

Aufgaben

2.10 *Zeige: Jede Gleichung der Form*

$$A\,x^2 + D\,x + E\,y + F = 0 \qquad \text{bzw.} \qquad B\,y^2 + D\,x + E\,y + F = 0$$

mit $A > 0$, $B, D, E, F \in \mathbb{R}$ kann durch quadratische Ergänzung in die Form

$$y - y_0 = \pm\frac{(x - x_0)^2}{4e} \qquad \text{bzw.} \qquad x - x_0 = \pm\frac{(y - y_0)^2}{4e}$$

gebracht werden, und stellt daher eine Parabel oder, falls $E = 0$ ist, ein oder zwei Geraden dar.

Führe diese Transformationen durch für die Beispiele

(a) $y^2 - 2x - 1 = 0$, (b) $2y^2 - 2y + x = 0$,

(c) $2x^2 - x + 4y + 1 = 0$, (d) $\frac{y^2}{4} - x = 0$.

Zeichne die Parabeln mit `Graphik` *durch Eingabe der gegebenen Gleichungen sowie durch Auflösen nach y.*

2.11 *Die Tangente an den Punkt $P(u|v)$ der Normalparabel*

$$x = \pm\frac{y^2}{4e} \qquad \text{bzw.} \qquad y = \pm\frac{x^2}{4e}$$

hat die Gleichung

$$x + u = \pm\frac{v\,y}{4e} \qquad \text{bzw.} \qquad y + v = \pm\frac{u\,x}{4e}\ .$$

⋆ **2.12** *Wird vom Brennpunkt einer Parabel Licht (z. B. von einer Glühbirne) ausgesandt, so reflektiert dies an der Parabel als paralleles Strahlenbüschel, s. Abbildung 2.3. Umgekehrt: Trifft ein paralleles Strahlenbüschel auf einen Parabolspiegel, so werden alle Strahlen im Brennpunkt der Parabel gebündelt. Deshalb heißt dieser Punkt Brennpunkt.*

2.13 *Zeige: Alle Parabeln sind ähnlich.*

2.14 *Erzeuge Abbildung 2.2 mit DERIVE.*

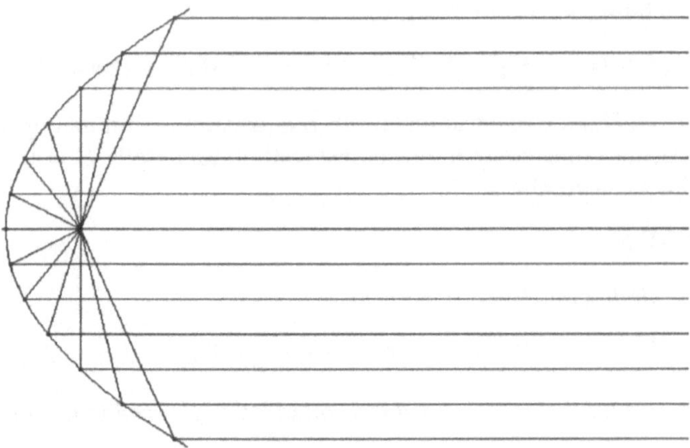

Abbildung 2.3 Definition des Brennpunkts

2.3 Die Hyperbel

Die *Hyperbel* wird als die Ortslinie aller derjenigen Punkte erklärt, welche zu zwei vorgegebenen Punkten, die wieder *Brennpunkte* heißen, eine feste Abstandsdifferenz besitzen. Der Einfachheit halber wählen wir die Brennpunkte $F_1(-e|0)$ und $F_2(e|0)$ auf der x-Achse und symmetrisch zum Ursprung. Die Abstandsdifferenz setzen wir gleich $2a$ mit $0 < a \leq e$ (warum wählen wir $a \leq e$?). Man erhält dann eine Situation wie in Abbildung 2.4.

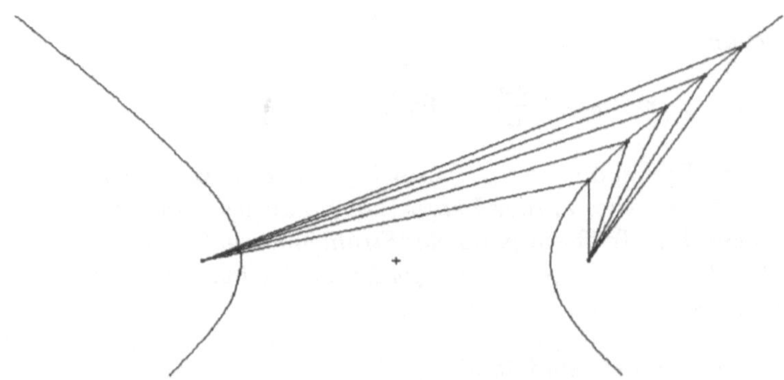

Abbildung 2.4 Definition einer Hyperbel

Übung 2.5 Leite die Gleichung der Hyperbel her! Gehe genauso vor wie bei der Herleitung der Ellipsengleichung, ersetze aber am Ende (wegen $a \leq e$) e durch $\sqrt{a^2+b^2}$.

Wir beginnen wieder mit den Definitionen `F1:=[-e,0]`, `F2:=[e,0]` und `P:=[x,y]`. Für den Hyperbelpunkt P gilt dann definitionsgemäß `||P-F1|-|P-F2||=2a`. Wir quadrieren diese Gleichung, isolieren die Quadratwurzeln, quadrieren erneut und bringen alles auf eine Seite. So bekommen wir nach `faKt` und Division durch $16a^2(a^2-e^2)$

$$\frac{x^2}{a^2} - \frac{y^2}{b^2} = 1\,, \tag{2.5}$$

wobei wir diesmal wegen $a \leq e$ den Wert e durch $\sqrt{a^2+b^2}$ ersetzt, also $b^2 = e^2 - a^2$ gesetzt haben. Gleichung (2.5) ist eine der *Normalformen* der Hyperbelgleichung. Bei dieser Hyperbel ist die x-Achse die *Hauptachse*, die y-Achse ist die *Nebenachse*, a ist die Länge der *großen Halbachse* und b ist die Länge der *kleinen Halbachse*. Umgekehrt liegen die Verhältnisse, falls wir die Rollen der x- und y-Achsen vertauschen. Liegen die Brennpunkte auf der y-Achse, so wird die Hyperbelgleichung

$$-\frac{x^2}{a^2} + \frac{y^2}{b^2} = 1$$

erzeugt, die zweite Normalform der Hyperbel.

Die Normalhyperbel (2.5) hat zwei Zweige: Punkte, die näher bei F_1 liegen und solche, näher bei F_2 liegen. Mit jedem Punkt $P(x|y)$ ist auch der Spiegelpunkt $Q(-x|-y)$ ein Hyperbelpunkt. Daher nennen wir den Ursprung wieder den *Mittelpunkt* der Normalhyperbel. Die beiden Punkte $(-a|0)$ und $(a|0)$ heißen die *Scheitel* der Hyperbel.

Für jedes Paar $a, b > 0$ stellt Gleichung (2.5) offenbar eine Hyperbel dar. Die Entfernung der Brennpunkte vom Mittelpunkt der Hyperbel e nennt man die *lineare Exzentrität*, und der Quotient $\varepsilon := e/a > 1$ heißt die *numerische Exzentrität* der Hyperbel. Hierin unterscheiden sich Ellipse und Hyperbel also im wesentlichen: Während die numerische Exzentrität der Ellipse kleiner als 1 ist, ist die numerische Exzentrität der Hyperbel größer als 1.

Eine Gleichung der Form

$$\frac{(x-x_0)^2}{a^2} - \frac{(y-y_0)^2}{b^2} = \pm 1 \tag{2.6}$$

stellt eine Hyperbel mit den Halbachsen a und b dar, deren Mittelpunkt sich an der Stelle $M(x_0|y_0)$ befindet.

Jede Gleichung der Form

$$A\,x^2 - C\,y^2 + D\,x + E\,y + F = 0$$

mit $A, C > 0$, $D, E, F \in \mathbb{R}$ kann durch quadratische Ergänzung in die Form (2.6) gebracht werden, wobei rechts entweder $1, 0$ oder -1 steht, und stellt daher entweder eine Hyperbel oder eine Doppelgerade dar, s. Aufgabe 2.16.

Während sich für $x \to \pm\infty$ auf der Ellipse keine Punkte mehr befinden, gibt es solche Punkte auf der Hyperbel. Die *Asymptoten* der Normalhyperbel erhalten wir, indem wir die Hyperbelgleichung (2.5) nach y auflösen

$$y = \pm b\sqrt{\frac{x^2}{a^2} - 1}\,.$$

Mit $x \to \infty$ nähert sich $\frac{x^2}{a^2} - 1$ immer mehr $\frac{x^2}{a^2}$, so daß wir für $x \to \infty$ die Asymptoten

$$y = \pm\frac{b}{a}x$$

bekommen. Bei einer verschobenen Hyperbel sind die Asymptoten entsprechend um ihren Mittelpunkt zentriert.

Übung 2.6 Zeichne die Hyperbel

$$2x^2 - 3y^2 - x + 4y + 1 = 0$$

und miß die Koordinaten des Mittelpunkts sowie die Längen der großen Halbachse.

Berechne die Asymptoten der Hyperbel und zeichne sie ein!

Wie sieht man einer gegebenen Gleichung

$$A\,x^2 + C\,y^2 + D\,x + E\,y + F = 0$$

mit $A, C, D, E, F \in \mathbb{R}$ an, ob es sich um eine Ellipse, Parabel oder Hyperbel handelt? Wir müssen voraussetzen, daß A und C nicht gleichzeitig 0 sind, da sonst ja gar keine quadratischen Terme vorhanden sind und somit eine Geradengleichung vorliegt.

Ist nun entweder $A = 0$ oder $C = 0$, dann liegt ganz offenbar eine Parabel vor. Und falls weder A noch C Null sind, hängt es offenbar vom Vorzeichen dieser beiden Zahlen ab, welche Kurve beschrieben wird: Haben beide dasselbe Vorzeichen, so liegt eine Ellipse vor, haben sie verschiedenes Vorzeichen, so handelt es sich um eine Hyperbel.

Wir haben nun die Normalformen von Ellipse, Parabel und Hyperbel kennengelernt und können daher einer quadratischen Gleichung in x und y ansehen, ob sie eine Ellipse, eine Parabel oder eine Hyperbel darstellt. Wir wollen dieses Wissen nun benutzen, um eine Ortslinienaufgabe zu lösen.

Abbildung 2.5 zeigt die Ellipse $\frac{x^2}{a^2} + \frac{y^2}{b^2} = 1$. Der Punkt $Q(u|v)$ mit dem Spiegelpunkt $\overline{Q}(u|-v)$ durchläuft die Ellipse. Welche Kurve beschreibt der Punkt $P(x|y)$?

Übung 2.7 Löse die Ortslinienaufgabe mit DERIVE! Bestimme hierzu die Gleichungen der beiden Geraden A_1Q und $\overline{Q}A_2$. Verwende die Ellipsengleichung zur Herleitung einer Bestimmungsgleichung für den Schnittpunkt P der beiden Geraden.

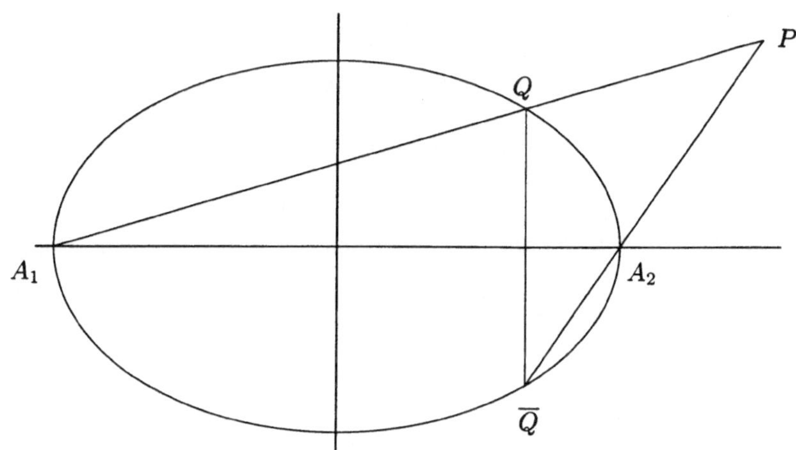

Abbildung 2.5 Ortslinienberechnung

Zur Lösung der gestellten Aufgabe bestimmen wir zunächst die Gleichungen der beiden Geraden A_1Q und $\overline{Q}A_2$. Da $A_1(-a|0)$, $Q(u|v)$, $A_2(a|0)$ sowie $\overline{Q}(u|-v)$ gegeben sind, folgen aus der Punkt-Steigungs-Form die beiden Gleichungen

$$(u+a)y = v(x+a) \qquad \text{und} \qquad (u-a)y = -v(x-a) \; .$$

Wir geben dieses Gleichungssystem `[(u+a)y=v(x+a),(u-a)y=-v(x-a)]` in DERIVE ein und lösen es mit `Löse` nach u und v auf, d. h., wir bestimmen die möglichen Werte von u und v für den Schnittpunkt P der beiden Geraden. Dies ergibt

$$u = \frac{a^2}{x} \qquad \text{und} \qquad v = \frac{ay}{x} \; . \tag{2.7}$$

Wir wissen ferner, daß der Punkt Q auf der Normalellipse liegt: `u^2/a^2+v^2/b^2=1`. Setzen wir nun die Werte u und v gemäß (2.7) ein und multiplizieren wir die Gleichung mit $\frac{x^2}{a^2}$, so erhalten wir

$$\frac{x^2}{a^2} - \frac{y^2}{b^2} = 1 \; .$$

Die gesuchte Ortslinie ist also eine Hyperbel mit den Halbachsen a und b.

Aufgaben

2.15 *Eine andere Konstruktion der Hyperbel: Die Normalhyperbel ist die Ortslinie aller Punkte $P(x|y)$, deren Abstand vom Brennpunkt $F(e|0)$ das ε-fache des Abstands von der Geraden $x = \frac{e}{\varepsilon^2}$ ist, wobei ε die Exzentrität der Hyperbel ist. Die Gerade $x = \frac{e}{\varepsilon^2}$ wird die* Leitgerade *der Hyperbel genannt. Zeige, daß diese Konstruktion die Normalhyperbel liefert.*

2.16 *Zeige: Jede Gleichung der Form*

$$A\,x^2 - C\,y^2 + D\,x + E\,y + F = 0$$

mit $A, C > 0$, $D, E, F \in \mathbb{R}$ *kann durch quadratische Ergänzung in die Form*

$$\frac{(x-x_0)^2}{a^2} - \frac{(y-y_0)^2}{b^2} = \begin{cases} 1 \\ 0 \\ -1 \end{cases}$$

gebracht werden, und stellt daher entweder eine Hyperbel oder eine Doppelgerade dar.

Führe diese Transformationen durch für die Beispiele

(a) $x^2 - y^2 - 2x - 1 = 0$, (b) $x^2 - 2y^2 - 2y + x = 0$,

(c) $2x^2 - 3y^2 - x + 4y + 1 = 0$, (d) $x^2 - \frac{y^2}{4} - 1 = 0$,

(e) $x^2 - y^2 - 2x + 2 = 0$, (f) $x^2 - y^2 - 2x + 1 = 0$.

Zeichne die Hyperbeln mit `Graphik` *durch Eingabe der gegebenen Gleichungen.*

2.17 *Zeige: Die Tangente an den Punkt* $P(u|v)$ *der Normalhyperbel hat die Gleichung*

$$\frac{u\,x}{a^2} - \frac{v\,y}{b^2} = \pm 1 \, .$$

2.18 *Erzeuge Abbildung 2.4 mit DERIVE.*

⋆ **2.19** *Führe Überlegungen durch, wie man den Grenzprozeß* $\varepsilon \to 1$ *der numerischen Exzentrität von Ellipse bzw. Hyperbel durchführen könnte, und beschreibe, warum sich im Grenzfall eine Parabel ergibt.*

2.4 Drehungen

Bislang haben wir Gleichungen

$$A\,x^2 + C\,y^2 + D\,x + E\,y + F = 0$$

betrachtet, die keinen xy-Term enthalten. Das wollen wir nun ändern, und wir betrachten ganz allgemein Gleichungen der Form

$$\mathcal{G}: \qquad A\,x^2 + B\,x\,y + C\,y^2 + D\,x + E\,y + F = 0 \, .$$

Dies ist die allgemeinste Gleichung zweiter Ordnung in x und y. Wir werden sehen, daß auch diese Gleichung im allgemeinen eine Ellipse, Parabel oder Hyperbel darstellt, weshalb diese Kurven (wie auch ihre dreidimensionalen Analoga) auch *Quadriken* genannt werden.

Übung 2.8 Ein einfaches Beispiel einer Gleichung, die einen xy-Term enhält, ist

$$xy - 1 = 0 \,.$$

Zeichne die entsprechende Kurve. Was vermutest Du? Wie sieht die Situation bei den Gleichungen

$$x^2 + y^2 - xy - 1 = 0 \qquad \text{und} \qquad x^2 + y^2 - 2\,xy - x = 0$$

aus?

Die Beispiele suggerieren, daß es sich bei diesen Kurven wiederum um Ellipsen, Parabeln und Hyperbeln handelt, die diesmal aber gedreht sind. Um dies zu zeigen, werden wir für den Fall, daß $B \neq 0$ ist, eine geeignete Drehung des Koordinatensystems angeben, die diesen Term verschwinden läßt.

Um das xy-Koordinatensystem um den Winkel α zu drehen, verwenden wir die Transformation

$$\begin{aligned} \overline{x} &= \cos\alpha \cdot x + \sin\alpha \cdot y \,, \\ \overline{y} &= -\sin\alpha \cdot x + \cos\alpha \cdot y \,. \end{aligned} \tag{2.8}$$

Übung 2.9 Um zu zeigen, daß die angegebene Transformation tatsächlich das xy-Koordinatensystem um den Winkel α dreht, verwenden wir Polarkoordinaten. Beachte, daß die Drehung des xy-Koordinatensystem um den Winkel α dazu führen muß, daß die Koordinaten eines beliebigen Punkts im neuen $\overline{x}\,\overline{y}$-Koordinatensystem um den Winkel $-\alpha$ gedreht sind.

Setze $x = r\cos\phi$ und $y = r\sin\phi$ in (2.8) ein[3] und berechne $\overline{P}(\overline{x}|\overline{y})$. Um eine möglichst einfach interpretierbare Ausgabe zu bekommen, solltest Du `zusaTz Trig.umformungen Collect` verwenden. Warum?

Setzen wir für x bzw. y die Polarkoordinaten `r*COS(phi)` bzw. `r*SIN(phi)` in den Vektor `[x1=x*COS(alpha)+y*SIN(alpha),y1=y*COS(alpha)-x*SIN(alpha)]` ein und vereinfachen wir dies mit `zusaTz Trig.umformungen Collect`, so liefert DERIVE

$$[x_1 = r\,\cos(\alpha - \phi),\, y_1 = -r\,\sin(\alpha - \phi)] \,.$$

Diese Rechnung zeigt, daß die angegebenen Interpretation der Drehung des Koordinatensystems stimmt.

Übung 2.10 Wie sieht die Koordinatentransformation für $\alpha = 30°$ (bzw. für $\alpha = -45°$) aus? Führe diese Transformation mit den Geraden

(a) $y = 3x - 1$, (b) $y = x + 1$, (c) $y = \dfrac{x-1}{2}$

12 mal (8 mal) durch und stelle die sich ergebenden Geraden graphisch dar! Beschreibe das Resultat.

[3] Zur Eingabe von α bzw. ϕ kannst Du die Tastenkombinationen `<ALT>a` bzw. `<ALT>f` verwenden. Man kann aber auch `alpha` bzw. `phi` eintippen.

Sind umgekehrt die rotierten Koordinaten $\overline{P}(\overline{x}|\overline{y})$ eines Punkts P gegeben, gewinnen wir durch die Transformation

$$\begin{aligned} x &= \cos\alpha \cdot \overline{x} - \sin\alpha \cdot \overline{y} \,, \\ y &= \sin\alpha \cdot \overline{x} + \cos\alpha \cdot \overline{y} \end{aligned} \tag{2.9}$$

die ursprünglichen xy-Koordinaten wieder.

Übung 2.11 Überprüfe die Behauptung von eben mit DERIVE. `Löse` hierzu das Gleichungssystem (2.8) nach x und y auf!

Gib dann beide Transformationen ein und wende sie hintereinander auf einen beliebigen Punkt $P(x|y)$ an.

Wende eine Drehung um $\pm 45°$ auf die Gleichungen

$$xy - 1 = 0\,, \qquad x^2 + y^2 - xy - 1 = 0 \qquad \text{und} \qquad x^2 + y^2 - 2\,xy - x = 0$$

an. Wie lauten die resultierenden Gleichung im $\overline{x}\,\overline{y}$-Koordinatensystem? Zeichne!

Jetzt gehen wir daran, eine geeignete Drehung zu finden, um die Gleichung

$$\mathcal{G}: \qquad A\,x^2 + B\,x\,y + C\,y^2 + D\,x + E\,y + F = 0$$

so in ein $\overline{x}\,\overline{y}$-Koordinatensystem zu transformieren, daß für die Gleichung

$$A\,x^2 + B\,x\,y + C\,y^2 + D\,x + E\,y + F = \overline{A}\,\overline{x}^2 + \overline{B}\,\overline{x}\,\overline{y} + \overline{C}\,\overline{y}^2 + \overline{D}\,\overline{x} + \overline{E}\,\overline{y} + \overline{F} = 0$$

in den neuen Koordinaten die Beziehung $\overline{B} = 0$ gilt. Dies geht tatsächlich immer!

Übung 2.12 Setze in die Gleichung $\mathcal{G}$ für x und y die gedrehten Koordinaten gemäß (2.9) ein. Finde den Koeffizienten $\overline{B}$ von $\overline{x}\,\overline{y}$. Für welches α ist $\overline{B} = 0$?

Setzen wir in die Gleichung $\mathcal{G}$ für x und y die gedrehten Koordinaten gemäß (2.9) ein, so erhalten wir für den Koeffizienten $\overline{B}$ von $\overline{x}\,\overline{y}$ die Formel

$$\overline{B} = 2\,B\,\cos^2\alpha + 2\,(C - A)\,\sin\alpha\cos\alpha - B\,.$$

Verwenden wir `zusaTz Trig.umformungen Collect`, so erhalten wir die gleichwertige Darstellung

$$\begin{aligned} \overline{B} &= 2\,B\,\cos^2\alpha + 2\,(C - A)\,\sin\alpha\cos\alpha - B \\ &= B\,\cos(2\alpha) - (A - C)\,\sin(2\alpha)\,. \end{aligned} \tag{2.10}$$

Also folgt aus der Bedingung $\overline{B} = 0$ die Beziehung

$$\frac{\sin(2\alpha)}{\cos(2\alpha)} = \tan(2\alpha) = \frac{B}{A - C}$$

oder

$$\alpha = \frac{1}{2}\arctan\frac{B}{A - C}\,.$$

Dies ist die gesuchte Bedingung an den Drehwinkel α, der die Normalform $\overline{B} = 0$ erzeugt. Mit jedem Winkel α, der diese Bedingung erfüllt, ist wegen der Periodizität der Tangensfunktion offenbar auch $\alpha + k\frac{\pi}{2}$ ($k \in \mathbb{Z}$) ein geeigneter Drehwinkel. Mache Dir klar, warum dies aus geometrischen Gründen so sein muß!

Schließlich wenden wir uns der Frage zu, wie man bei einer Gleichung $\mathcal{G}$ entscheiden kann, ob es sich um eine Ellipse, Parabel oder Hyperbel handelt. Wir vernachlässigen den Fall, daß die Kurve *entartet* ist, d. h., nur einen Punkt, eine oder zwei Geraden oder die leere Menge repräsentiert.

Übung 2.13 Zeige, daß der Ausdruck $B^2 - 4AC$ invariant unter der Achsentransformation (2.8) ist, d. h., es gilt $\overline{B}^2 - 4\overline{AC} = B^2 - 4AC$. Eine weitere Invariante ist gegeben durch $A + C$.

Wendet man die Transformation (2.8) auf $\mathcal{G}$ an, so erhält man für die Koeffizienten im gedrehten Koordinatensystem

$$\begin{aligned}
\overline{A} &= (A - C)\cos^2\alpha + B\sin\alpha\cos\alpha + C\,,\\
\overline{B} &= 2B\cos^2\alpha + 2(C - A)\sin\alpha\cos\alpha - B\,,\\
\overline{C} &= (C - A)\cos^2\alpha - B\sin\alpha\cos\alpha + A\,,\\
\overline{D} &= D\cos\alpha + E\sin\alpha\,,\\
\overline{E} &= E\cos\alpha - D\sin\alpha\,,\\
\overline{F} &= F\,.
\end{aligned}$$

DERIVE vereinfacht den Ausdruck $\overline{B}^2 - 4\overline{AC}$ zu $B^2 - 4AC$. Daher ist $B^2 - 4AC$ invariant unter jeder Drehung. Wir nennen $\text{dis}(\mathcal{G}) := B^2 - 4AC$ die *Diskriminante* der gegebenen Gleichung $\mathcal{G}$. Dies machen wir uns auf die folgende Weise zu Nutze: Da $B^2 - 4AC$ in jedem gedrehten Koordinatensystem übereinstimmt, können wir uns ein geeignetes Koordinatensystem selbst aussuchen. Wir wählen es natürlich so, daß $B = 0$ gilt, weil wir in diesem Fall Bescheid wissen. Dann hängt es nämlich allein vom Vorzeichen der Diskriminante ab, welche Kurve vorliegt: Ist sie negativ, so liegt eine Ellipse vor, ist sie gleich Null, so handelt es sich um eine Parabel, und ist sie positiv, haben wir eine Hyperbel.

Lädt man die Datei `QUADRIK.MTH`, so kann man auf folgende DERIVE-Funktionen zugreifen: Mit `PLOT_QUADRIK(g,x,y)` kann die durch den Ausdruck g in den Variablen x und y gegebene quadratische Funktion graphisch dargestellt werden. Diese Prozedur hängt einfach das für das implizite Plotten erforderliche „= 0" an. `TYPUS(g,x,y)` gibt den Typus der Quadrik aus, `DREHWINKEL(g,x,y)` berechnet den Winkel, um den die Quadrik gedreht werden muß, um in Normalform gebracht zu werden, und `NORMALFORM(g,x,y)` gibt die Gleichung der gedrehten Quadrik aus.

Die Funktion `ZENTRUM(g,x,y)` berechnet das Zentrum (Mittelpunkt bzw. Scheitel), `ASYMPTOTEN(g,x,y)` gibt die Gleichungen der Asymptoten aus, falls es sich um eine Hyperbel handelt, `ACHSEN(g,x,y)` berechnet die Gleichungen der Hauptachsen, `ACHSENLÄNGEN(g,x,y)` gibt für Ellipsen und Hyperbeln die Halbachsenlängen aus und `EXZENTRITÄT(g,x,y)` berechnet die numerische Exzentrität.

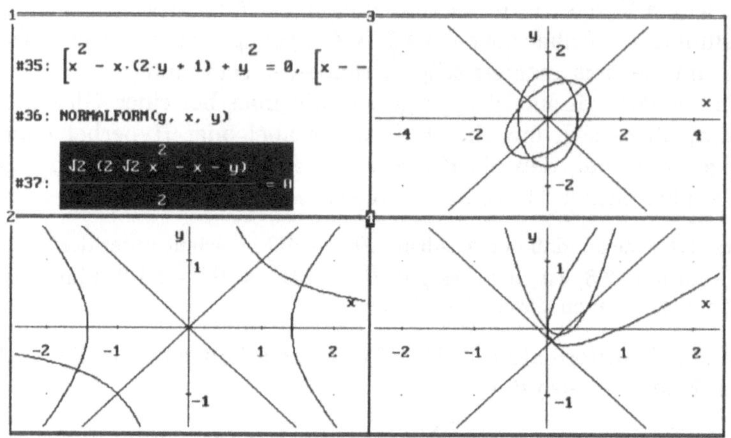

Abbildung 2.6 Gedrehte Quadriken und Normalform

Übung 2.14 Wende die angegebenen DERIVE-Funktionen auf die Gleichungen

$$xy - 1 = 0\,, \qquad x^2 + y^2 - xy - 1 = 0 \qquad \text{und} \qquad x^2 + y^2 - 2\,xy - x = 0$$

an. Eine Zeichnung sollte wie Abbildung 2.6 aussehen.

Aufgaben

2.20 *Die Koordinatentransformation* (2.8) *kann auch in die Matrixschreibweise*

$$\begin{pmatrix} \overline{x} \\ \overline{y} \end{pmatrix} = \begin{pmatrix} \cos\alpha & \sin\alpha \\ -\sin\alpha & \cos\alpha \end{pmatrix} \cdot \begin{pmatrix} x \\ y \end{pmatrix}$$

gebracht werden. Berechne die Inverse der Transformationsmatrix[4]

$$T_\alpha := \begin{pmatrix} \cos\alpha & \sin\alpha \\ -\sin\alpha & \cos\alpha \end{pmatrix}$$

und vergleiche mit (2.9). *Berechne die Potenzen T_α^n der Transformationsmatrix*[5] *für $n = 2, 3, \ldots, 10$. Welche Einstellung bei* `zusaTz Trig.umformungen` *ist geschickt? Warum? Erkläre die Resultate.*

[4]Die Inverse der Matrix `M` wird in DERIVE durch `M^(-1)` ausgedrückt.

[5]Die n. Potenz der Matrix `M` wird in DERIVE durch `M^n` ausgedrückt; das Produkt zweier Matrizen `M` und `N` wird durch den Punkt `M . N` und nicht durch den Malpunkt `*` dargestellt.

2.21 *Gib für die folgenden Kurven zweiter Ordnung jeweils an, ob es sich um einen Kreis, eine Ellipse, eine Parabel, eine Hyperbel oder eine entartete Kurve handelt, finde die Drehwinkel, die eine Normalform erzeugen, gib Hauptachsen, Mittelpunkte, Scheitel und gegebenenfalls Asymptoten an, und zeichne mit DERIVE, s. Abbildung 2.7.*

(a) $x^2 + 2xy - y^2 + 3x + 1 = 0$, (b) $x^2 - 2xy + y^2 + 4x + 1 = 0$,

(c) $x^2 + xy - 2y^2 + 2x - y - 1 = 0$, (d) $-x^2 + xy - 2y^2 + 2x - y + 10 = 0$,

(e) $xy - 4 = 0$, (f) $x^2 + xy + y^2 + x + y = 0$,

(g) $x^2 + 2xy + y^2 = 2$, (h) $3x^2 - 2xy + 3y^2 = 4$,

(i) $73x^2 - 72xy + 52y^2 - 100 = 0$, (j) $16x^2 - 24xy + 9y^2 - 60x - 80y = -100$.

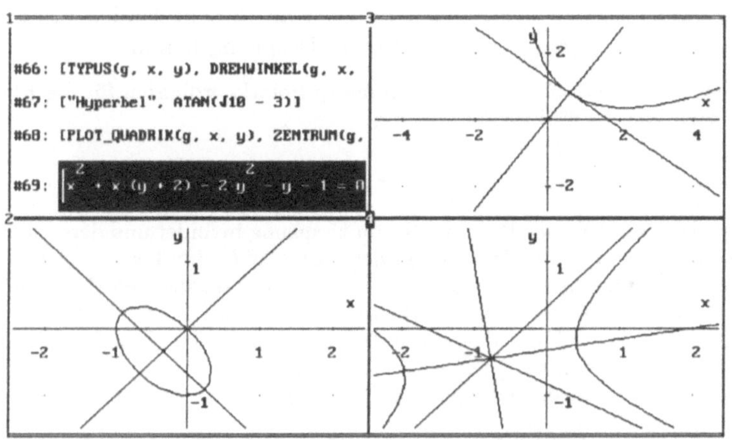

Abbildung 2.7 Einige Quadriken

2.22 *Führe die Umformung* (2.10) *mit Hilfe der Additionstheoreme*

$$\sin(2\alpha) = 2\sin\alpha\cos\alpha \qquad \text{und} \qquad \cos(2\alpha) = \cos^2\alpha - \sin^2\alpha$$

von Hand durch.

2.5 Polarkoordinatendarstellungen

Planeten wie die Erde drehen sich um die Sonne. Auf welchen Bahnen findet diese Bewegung statt? In der Himmelsmechanik wird gezeigt, daß die Bahnkurven von Himmelskörpern entweder Ellipsen, Parabeln oder Hyperbeln sind, wobei die Sonne in einem der Brennpunkte der jeweiligen Quadrik liegt. Dies mag erklären, warum diese Punkte *Brennpunkte* heißen!

Ist die Flugbahn eines Himmelskörpers eine Ellipse, dann handelt es sich um einen Planeten oder auch um einen Kometen, ist die Bahnkurve aber eine Parabel oder Hyperbel, so fliegt der Himmelskörper nur einmal an der Sonne vorbei, seine Bahnkurve wird von ihr gekrümmt, und dann fliegt er wieder weg und kommt nicht zurück.

Bei den großen Planeten unseres Sonnensystems ist die numerische Exzentrität der Bahnellipse relativ klein, die Flugbahn ist also fast kreisförmig. Ist die numerische Exzentrität dagegen nahe bei 1, so nennen wir den Himmelskörper einen *Kometen*. Kometen kommen der Sonne nur selten nahe. Ein berühmtes Beispiel ist der *Halleysche Komet*, der im Jahre 1986 zum letzten Mal an der Sonne vorbeiflog und dies erst 76 Jahre später, also im Jahre 2062, wieder tun wird. Diesen Zyklus der Bahnellipse des Kometen hatte Halley auf Grund von Himmelsbeobachungen vorausgesagt.

In diesem Abschnitt werden wir eine gemeinsame Polarkoordinatendarstellung aller drei Quadrikentypen bestimmen, die sich an diesem Modell orientiert, d. h., bei der sich einer der Brennpunkte jeweils im Ursprung befindet.

Übung 2.15 Bestimme eine Darstellung in Polarkoordinaten für die Ellipse. Gehe dazu von der Ellipsendarstellung

$$\frac{(x+e)^2}{a^2} + \frac{y^2}{b^2} - 1 = 0$$

aus, bei der sich der linke Brennpunkt im Ursprung befindet und deren näherer Scheitel somit links vom Brennpunkt liegt. Ersetze b^2 durch $a^2 - e^2$ und führe die Polarkoordinaten $x = r\cos\phi$, $y = r\sin\phi$ ein. Faktorisieren des Resultats mit `faKt` ist erfolgreich und stellt die resultierende Funktion als das Produkt zweier *linearer* Funktionen in r dar. Diese ist gleich Null, falls einer der beiden Faktoren Null ist. `Löse` die Gleichung nach r auf, und untersuche, welche der beiden Lösungen r positiv ist. Dies liefert die gesuchte Darstellung.

Der linke Brennpunkt der Ellipse

$$\frac{(x+e)^2}{a^2} + \frac{y^2}{b^2} - 1 = 0$$

befindet sich im Ursprung. Derjenige Scheitel, welcher diesem Brennpunkt näher liegt, liegt hierbei auf der linken Seite. Diesen Sachverhalt halten wir fest, um später analog für Parabel und Hyperbel vorgehen zu können.

Wir ersetzen zuerst b^2 durch $a^2 - e^2$ und dann x und y durch ihre Polarkoordinaten $x = r\cos\phi$, $y = r\sin\phi$. Nach einer Faktorisierung erhalten wir die Gleichung

$$\frac{(e\,r\,\cos\phi + a^2 + a\,r - e^2)\,(e\,r\,\cos\phi + a^2 - a\,r - e^2)}{a^2\,(a+e)\,(e-a)} = 0\,.$$

Die Tatsache, daß eine Faktorisierung gefundenen werden konnte, hat die Wirkung, daß wir eine Darstellung von r finden können, die keine Quadratwurzeln enthält (anders als im kartesischen Fall: Jede Darstellung von y in Abhängigkeit von x enthält Wurzeln)! Wir lösen diese Gleichung mit `Löse` nach r auf und erhalten die zwei möglichen Lösungen

$$r = \frac{e^2 - a^2}{e \cos\phi + a}$$

sowie

$$r = \frac{e^2 - a^2}{e \cos\phi - a} .$$

Nur eine von ihnen erfüllt die erforderliche Bedingung $r > 0$ an die Polarkoordinate r, die ja den (positiven) Abstand zum Ursprung angibt.

Es zeigt sich, daß die zweite Darstellung die richtige ist (überprüfe!). Führen wir noch die numerische Exzentrität $\varepsilon = \frac{e}{a}$ ein (ersetzen wir also a durch e/ε), so erhalten wir schließlich die Polarkoordinatendarstellung

$$r = \frac{e\,(1-\varepsilon^2)}{\varepsilon} \, \frac{1}{1 - \varepsilon \cos\phi} = \frac{r_0}{1 - \varepsilon \cos\phi} \qquad (r_0 > 0)$$

der Ellipse.

Übung 2.16 Führe eine analoge Rechnung für die Hyperbel durch. Beachte, daß der nähere Scheitel wieder links vom Brennpunkt liegt.

Bei der Hyperbel gehen wir von der Darstellung

$$\frac{(x-e)^2}{a^2} - \frac{y^2}{b^2} - 1 = 0$$

aus, deren rechter Brennpunkt sich im Ursprung befindet, so daß der nähere Scheitel wieder links vom Brennpunkt liegt.

Wir ersetzen diesmal b^2 durch $e^2 - a^2$ und dann wieder x und y durch ihre Polarkoordinaten $x = r\cos\phi$, $y = r\sin\phi$ und erhalten nach einer Faktorisierung

$$\frac{(e\,r \cos\phi - a^2 - a\,r + e^2)\,(e\,r \cos\phi - a^2 + a\,r + e^2)}{a^2\,(a+e)\,(e-a)} = 0 .$$

Mit $\varepsilon = \frac{e}{a} > 1$ bekommen wir schließlich die Darstellung

$$r = \frac{e\,(\varepsilon^2 - 1)}{\varepsilon} \, \frac{1}{1 - \varepsilon \cos\phi} = \frac{r_0}{1 - \varepsilon \cos\phi} \qquad (r_0 > 0) .$$

Wir sehen also, daß die Polarkoordinatendarstellungen von Ellipse und Hyperbel sich gleichen, nur daß die numerische Exzentrität ε bei der Ellipse kleiner und bei der Hyperbel größer als 1 ist.

Wir zeigen nun, daß die Parabel die Lücke füllt: Sie hat dieselbe Polarkoordinatendarstellung mit $\varepsilon = 1$.

Übung 2.17 Bestimme die Polarkoordinatendarstellung der Parabel. Beachte, daß der Scheitel wieder links vom Brennpunkt liegt.

Der Brennpunkt der verschobenen Parabel

$$(x+e) - \frac{y^2}{4e} = 0$$

liegt im Ursprung und der Scheitel liegt links davon. Ersetzen wir x und y durch ihre Polarkoordinaten $x = r\cos\phi$, $y = r\sin\phi$, erhalten wir nach einer Faktorisierung

$$\frac{(r\cos\phi + 2\,e + r)\,(r\cos\phi + 2\,e - r)}{4\,e} = 0\,.$$

Die Lösung

$$r = 2\,e\,\frac{1}{1-\cos\phi} = \frac{r_0}{1-\cos\phi} \qquad (r_0 > 0)$$

ist positiv und stellt die Polarkoordinatendarstellung der Parabel dar.

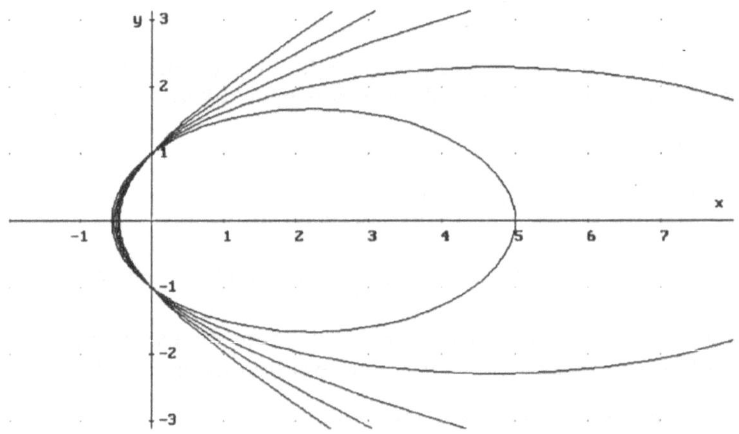

Abbildung 2.8 Quadriken in Polarkoordinatendarstellung

Übung 2.18 Zeichne die Quadriken, deren Polarkoordinatendarstellungen durch

$$r = \frac{1}{1-\varepsilon\cos\phi} \qquad (\varepsilon = 0.8, 0.9, 1, 1.1, 1.2)$$

gegeben sind, s. Abbildung 2.8.

Um in DERIVE Funktionen zu zeichnen, die in Polarkoordinatendarstellung gegeben sind, stellt man mit `Graphik Einstellungen Polar` von rechtwinkligen auf Polarkoordinaten um. Als Parameterbereich für ϕ ist im Prinzip das Intervall $(0, 2\pi)$ geeignet. Beim Zeichen von Hyperbeln liegt dann allerdings der größte Teil der Zeichnung außerhalb des dargestellten Bereichs mit der Wirkung, daß man zu lange warten muß. Abbildung 2.8 wurde mit den Parameterbereichen $(0, 2\pi)$, $(0, 2\pi)$, $(0.1, 2\pi - 0.1)$, $(0.4, 2\pi - 0.4)$, $(0.7, 2\pi - 0.7)$ gezeichnet. Warum braucht man für Ellipsen auf jeden Fall den vollen Parameterbereich $(0, 2\pi)$?

Aufgaben

2.23 *Führe die Berechnung der Parameterdarstellung für den Fall vor, daß der Brennpunkt rechts von Scheitel liegt. Zeige, daß in diesem Fall die Parameterdarstellung die Form*

$$r = \frac{r_0}{1 + \varepsilon \cos \phi}$$

annimmt.

2.24 *Beschreibe die Funktion des Parameters r_0 in der Polarkoordinatendarstellung. Welche Punkte liegen für jedes $\varepsilon > 0$ auf dem Graphen $r = \frac{1}{1-\varepsilon \cos \phi}$? Welchem ϕ entspricht der dem Brennpunkt nächstliegende Scheitel?*

3 Iterationsverfahren

Viele mathematischen Konzepte haben eine graphische Interpretation, die sich allerdings mit Papier und Bleistift im konkreten Fall naturgemäß nur unter großem Aufwand nutzen läßt. In diesem Kapitel wird DERIVE dazu verwendet, Iterationsprozesse graphisch zu veranschaulichen.

3.1 Iteration und Fixpunkte

Übung 3.1 Nimm Deinen Taschenrechner, stelle von Grad in Radiant um und drücke ununterbrochen auf die `COS`-Taste. Beobachte genau, was geschieht! Beschreibe Deine Beobachtungen.

Mit DERIVE kann man eine derartige *Iteration* mit dem `ITERATES`-Befehl durchführen. Beim Aufruf von `ITERATES(g,x,x0,n)` wird beginnend mit der Zahl $x = x_0$ die Rechenvorschrift $x_{\text{neu}} = g(x_{\text{alt}})$ n-mal angewandt.

Die Anwendung von `Vereinfache` auf `ITERATES(COS(x),x,0,5)` liefert also

$$[0, 1, \mathrm{COS}\,(1), \mathrm{COS}\,(\mathrm{COS}\,(1)), \mathrm{COS}\,(\mathrm{COS}\,(\mathrm{COS}\,(1))), \mathrm{COS}\,(\mathrm{COS}\,(\mathrm{COS}\,(\mathrm{COS}\,(1))))]\,,$$

da mit `Vereinfache` immer exakte Rechnungen durchgeführt werden und da sich $\cos 1$ nicht weiter vereinfachen läßt. Möchte man mit dezimalen Näherungswerten arbeiten, wodurch Konvergenz gegebenenfalls erst sichtbar wird, verwendet man `approX` und erhält

$$[0, 1, 0.540302, 0.857553, 0.654289, 0.793480]\,.$$

Übung 3.2 Verwende DERIVE und vereinfache `ITERATES(COS(x),x,0,5)` mit `Vereinfache` sowie mit `approX`. Was geschieht bei der Vereinfachung des Ausdrucks `ITERATES(COS(x),x,0)`? Erkläre!

Noch sieht man die Konvergenz nicht. Läßt man jedoch das vierte Argument von `ITERATES` weg, so wird die Iteration so lange durchgeführt, bis eine Zahl zum wiederholten Male als Iterationswert berechnet wird. Mache Dir klar, daß (und warum) die Anwendung von `Vereinfache` dann in eine Endlosschleife führt, während die Iteration mit `approX` wegen der endlichen Genauigkeit der Dezimalzahlen im allgemeinen abbricht.

Übung 3.3 Versuche, die Iteration `ITERATES(x/2,x,1)` durchzuführen. Berechne dann `ITERATES(x/2,x,1,20)`. Gegen welchen Wert konvergiert das Iterationsverfahren? Warum bricht die Iteration bei DERIVE nicht ab? Stelle eine Vermutung auf, in welchen anderen Fällen `ITERATES(g,x,x0)` nicht abbricht. Teste Deine Vermutung!

Als Resultat von ITERATES(COS(x),x,0) unter Verwendung von approX erhält man nun

$$[0, 1, 0.540302, 0.857553, \ldots, 0.739085, 0.739084, 0.739085, 0.739084, 0.739085].$$

Dieses Ergebnis sieht so aus, als wäre das Verfahren zu spät abgebrochen worden. DERIVE arbeitet intern immer mit rationalen Näherungen.

Wenden wir Vereinfache auf das eben berechnete Ergebnis an, erhalten wir[1]

$$\left[0, 1, \frac{5396}{9987}, \frac{8362}{9751}, \ldots, \frac{7838}{10605}, \frac{4943}{6688}, \frac{34111}{46153}, \frac{7770}{10513}, \frac{34111}{46153}\right],$$

und man sieht, daß das letzte Resultat tatsächlich das erste ist, das bereits in der Iterationsliste vorkam. Konvergiert die Iteration, dann nennt man den erzeugten Wert x einen *Fixpunkt*, da für ihn die Gleichung $g(x) = x$ gilt: Die Anwendung von g auf x führt zu keiner Wertänderung mehr.

Übung 3.4 Führe die beiden Iterationen ITERATES(EXP(-x),x,0) sowie ITERATES(x+SIN(x),x,1) durch. Gibt es einen auffälligen Unterschied zwischen den beiden Berechnungen? Erkennst Du, gegen welchen Wert das zweite Beispiel konvergiert?

Wozu benötigt man Iterationen dieser Art? Nehmen wir einmal an, wir wollen die Zahl π bestimmen. Wir wissen, daß π eine Nullstelle der Sinusfunktion ist, die Zahl π ist also Lösung der Gleichung $\sin x = 0$. Wir haben somit das Problem, eine Nullstelle einer Funktion zu berechnen. Das kann man aber immer, indem man ein *Fixpunktproblem* löst. Dazu formen wir die Gleichung $\sin x = 0$ um in $x = x + \sin x$, indem wir auf beiden Seiten der ursprünglichen Gleichung x addieren.[2] Wenn wir Glück haben und die Iteration

$$x_{\text{neu}} = g(x_{\text{alt}}) = x_{\text{alt}} + \sin(x_{\text{alt}})$$

konvergiert, dann konvergiert sie automatisch gegen einen Fixpunkt, in unserem Fall also gegen eine Nullstelle der Sinusfunktion.

Wir betrachten ein weiteres Beispiel: Das Auffinden der Nullstellen der Funktion $f(x) = x^2 - 6x + 5$ ist offenbar gleichwertig zur Lösung der Gleichung $x^2 = 6x - 5$ bzw. – nach Division durch x – zu der Fixpunktgleichung $x = g(x) = 6 - \frac{5}{x}$.

Mit DERIVE können wir auch schwierigere Iterationen durchführen, die man mit einem Taschenrechner nicht mehr so leicht nachvollziehen kann. Beispielsweise liefert die Approximation des Ausdrucks ITERATES(EXP(-x),x,0) die Liste

$$[0, 1, 0.367879, 0.6922, \ldots, 0.567143, 0.567143, 0.567143, 0.567143, 0.567143].$$

Mit welchen Tastenkombinationen könnte man diese Liste mit einem Taschenrechner erzeugen? Die Iteration ITERATES(x+SIN(x),x,1) generiert eine Approximation der Kreiszahl π

[1] Dieses Ergebnis ist versionsabhängig, kann sogar vom einzelnen Computer abhängen.

[2] Man kann natürlich auf verschiedene Arten ein Fixpunktproblem erzeugen.

$$[1, 1.84147, 2.80506, 3.13527, 3.14159, 3.14159].$$

Warum hier gerade π erzeugt wird, hatten wir uns eben überlegt und werden wir uns bald durch eine graphische Interpretation der Iteration noch klarer machen! Mit `Einstellung Genauigkeit Digits` können wir im übrigen bei größerer Rechenzeit auch mit größerer Rechengenauigkeit arbeiten. Verwende dann gegebenenfalls als Startwert eine (mit einer geringeren Genauigkeit) bereits berechnete gute Näherung!

Übung 3.5 Wie lange braucht DERIVE zur Berechnung der Iteration `ITERATES(COS(x),x,0)` mit 100-stelliger Genauigkeit?[3] Wie groß ist die Rechenzeit dagegen, wenn man zunächst mit 50-stelliger Genauigkeit rechnet und das Ergebnis dieser Rechnung als Eingabe für die 100-stellige Rechnung verwendet?

Die gezeigten Berechnungen lassen sich nun zwar (im konvergenten Fall) auch ohne weiteres mit einem programmierbaren Taschenrechner durchführen, das letzte Beispiel in Pascal z. B. durch das Programm

```
program iteration;
var:epsilon,xalt,xneu:real;
begin
  epsilon:=0.000001;
  xneu:=1;
  repeat
    xalt:=xneu;
    xneu:=xalt+sin(xalt);
  until abs(xneu-xalt)<epsilon;
  writeln(xneu);
end.
```

aber die Frage, warum das Resultat eine Näherung von π ist, bleibt beispielsweise ebenso im Dunkeln wie auch die Frage, warum die Konvergenz gerade bei diesem Beispiel so gut ist.

Hier hilft nun eine graphische Darstellung der Iteration weiter, die wir mit DERIVE erstellen können. Stellt man nämlich bei dem betrachteten Fixpunktverfahren

$$x_{\text{neu}} = g(x_{\text{alt}})$$

sowohl die erste Winkelhalbierende (den Graphen von x) als auch den Graphen von g dar, so ist die Berechnung des nächsten Iterationswerts $x_{\text{neu}} = g(x_{\text{alt}})$ offenbar gleichbedeutend damit, sich auf der graphischen Darstellung vom Punkt $(x_{\text{alt}}, x_{\text{alt}})$ (auf der Winkelhalbierenden) über den Punkt $(x_{\text{alt}}, x_{\text{neu}})$ (auf dem Graphen von g) zum Punkt $(x_{\text{neu}}, x_{\text{neu}})$ (wieder auf der Winkelhalbierenden) entlangzubewegen.

[3] Bei einem langsamen Rechner nehme man statt 100- bzw. 50-stelliger Genauigkeit eine 50- bzw. 30-stellige Genauigkeit.

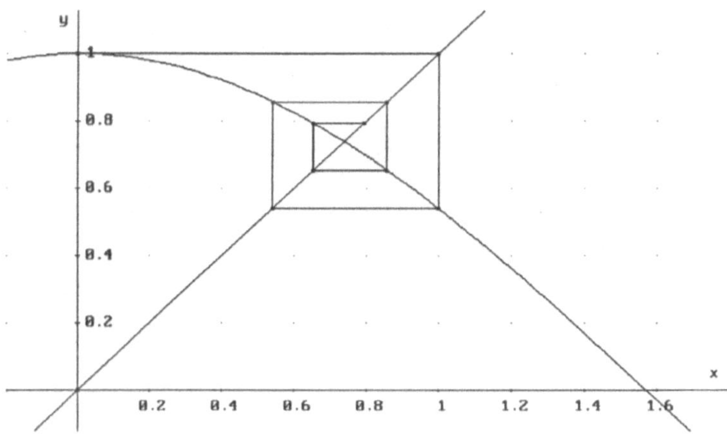

Abbildung 3.1 Graphische Darstellung des Fixpunktverfahrens für $g(x) = \cos x$

Das allgemeine Iterationsverfahren der Kosinusfunktion wird dann graphisch durch die Abbildung 3.1 veranschaulicht. Um die graphische Darstellung zu erzeugen, laden wir mit `Übertrage Laden Zusatzdatei` die Datei `ITER.MTH`, deren Inhalt in Abschnitt 11.3 auf S. 167 beschrieben wird, und damit u. a. die DERIVE-Funktion `FIXPUNKT_GRAPH`.

> **Übung 3.6** Vereinfache `FIXPUNKT_GRAPH(COS(x),x,0,5)` und stelle das Ergebnis mit `Zeichne` dar! Vergleiche das Bild mit dem, welches man durch eine Vereinfachung von `FIXPUNKT_GRAPH(COS(x),x,0)` erhält. Verwende die Zoomfunktion des `Zeichne`-Menüs[4] und betrachte Dir die Umgebung des Fixpunkts etwas näher! Wie sieht die Iteration „von ganz nahem" aus?

`FIXPUNKT_GRAPH(g,x,x0,n)` berechnet die nötigen Informationen für eine graphische Darstellung der Iteration. Läßt man das letzte Argument weg, wird wieder so lange iteriert, bis ein Fixpunkt erzeugt wird, genauer, bis ein Ergebnis berechnet wird, das bereits als Zwischenergebnis vorkam. Das Ergebnis des Aufrufs `FIXPUNKT_GRAPH(g,x,x0,n)` ist ein Vektor, dessen erstes und zweites Element die Ausdrücke x und g sind, welche graphisch dargestellt werden sollen, und dessen dritte Komponente ein Vektor ist, dessen Zeilen die zu zeichnenden Streckensegmente darstellen.

Approximieren wir nun beispielsweise `FIXPUNKT_GRAPH(COS(x),x,0,5)`, so erhalten wir das Resultat

[4] mit `<F9>` und `<F10>`. Ferner ist das Setzen des Cursors auf eine in der Nähe des Fixpunkts liegende Position in Verbindung mit `Zeichne Einstellungen Modus Trace` hilfreich.

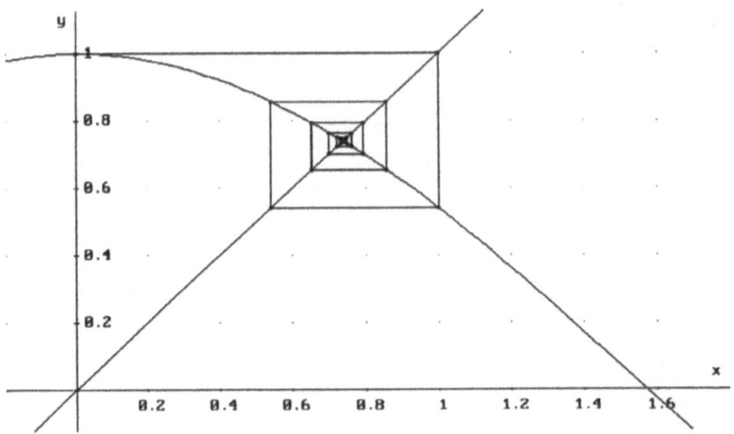

Abbildung 3.2 Graphische Darstellung von `FIXPUNKT_GRAPH(COS(x),x,0)`

$$\left[x, \text{COS}\,(x), \begin{bmatrix} 0 & 0 \\ 0 & 1 \\ 1 & 1 \\ 1 & 0.540302 \\ 0.540302 & 0.540302 \\ 0.540302 & 0.857553 \\ 0.857553 & 0.857553 \\ 0.857553 & 0.654289 \\ 0.654289 & 0.654289 \\ 0.654289 & 0.79348 \\ 0.79348 & 0.79348 \end{bmatrix} \right],$$

und `Zeichne` mit `Einstellungen Modus Connected` [5] liefert Abbildung 3.1. Noch schöner ist natürlich die Darstellung von `FIXPUNKT_GRAPH(COS(x),x,0)`, s. Abbildung 3.2.

Auf Abbildung 3.3 ist die Umwandlung des Nullstellenproblems $f(x) = x^2 - 6x + 5 = 0$ in das Fixpunktproblem $x = g(x) = 6 - \frac{5}{x}$, das wir vorhin betrachteten, graphisch dargestellt. Man sieht deutlich, daß man die Nullstelle $x_2 = 5$ von $f(x)$ als Fixpunkt von $g(x)$ durch Iteration erzeugen kann. Auf der anderen Seite divergiert das Fixpunktverfahren in jeder Umgebung der zweiten Nullstelle $x_1 = 1$ von $f(x)$.

Die Berechnung von `FIXPUNKT_GRAPH(x+SIN(x),x,1)` resultiert in Abbildung 3.4.

Übung 3.7 Erzeuge die graphische Darstellung des Fixpunktverfahrens der Funktion $g(x) = x + \sin x$. Erkläre, warum das Verfahren so schnell konvergiert! Warum konvergiert es gegen die Kreiszahl π?

[5] Dies könnte die Standardeinstellung und mit `Übertrage Speichern System` in der Datei `DERIVE.INI` gesichert sein.

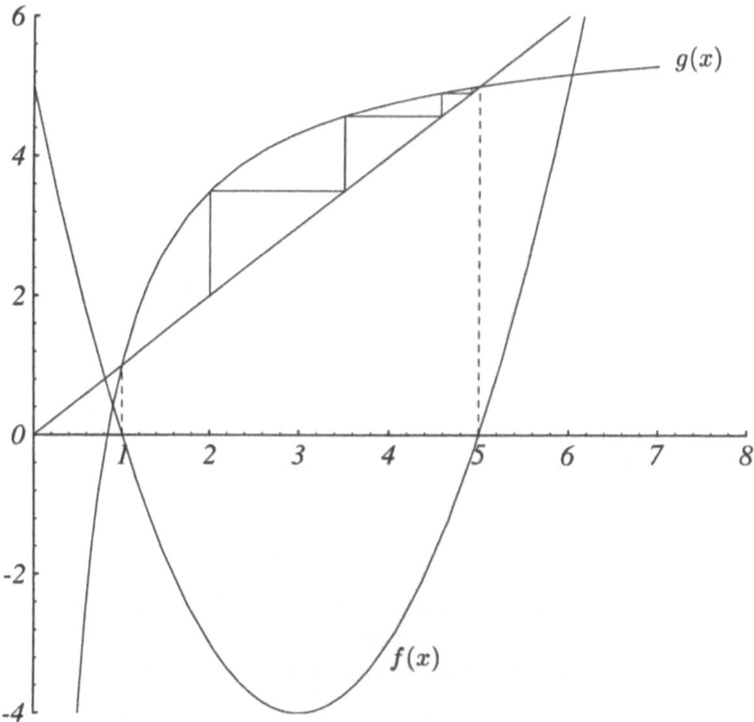

Abbildung 3.3 Nullstellen- und Fixpunktproblem

Unter Zuhilfenahme der erzeugten Bilder können unsere oben gestellten Fragen z. B. leicht beantwortet werden: Konvergiert das Iterationsverfahren, so konvergiert es gegen eine Lösung der Gleichung $x = g(x)$, also gegen einen Schnittpunkt des Graphen von g mit der ersten Winkelhalbierenden, und dies offenbar umso schneller, je flacher der Graph am Schnittpunkt ist. Die Funktion $g(x) = x + \sin x$ hat an der Stelle π eine horizontale Tangente, was optimal ist.

Übung 3.8 Beobachte, was bei folgenden Iterationen geschieht:

1. $g(x) = \frac{x}{2}$, $x_0 = 1$,
2. $g(x) = \frac{x}{2} - \frac{1}{x}$, $x_0 = 1$,
3. $g(x) = 1 - x$, $x_0 = 1$,
4. $g(x) = 1 - 0.9x$, $x_0 = 1$,
5. $g(x) = 1 - 1.1x$, $x_0 = 1$,
6. $g(x) = 1 - x(1 - \frac{x^2}{4})$, $x_0 = \frac{1}{2}, 1, 2$,
7. $g(x) = \tan x$, $x_0 = 1$.

Variiere diese Beispiele und erkläre Deine Beobachtungen! Beschreibe die verschiedenen auftretenden Phänomene! Gegen welche Zahl konvergiert das 2. Beispiel? Erkläre!

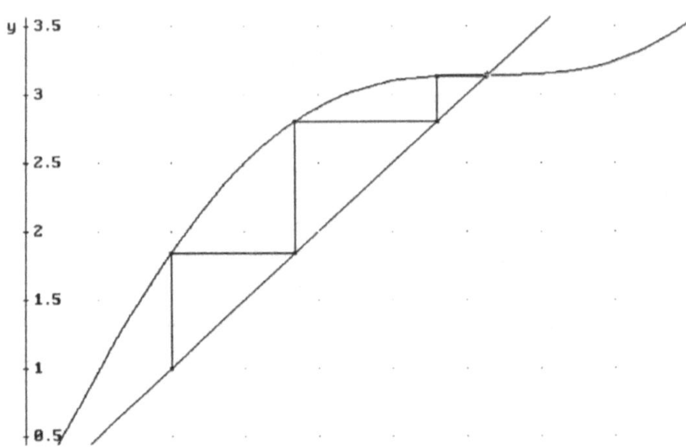

Abbildung 3.4 Graphische Darstellung von `FIXPUNKT_GRAPH(x+SIN(x),x,1)`

AUFGABEN

3.1 *Mit welchen Tastenkombinationen könnte man die Liste, die von DERIVE durch* `ITERATES(EXP(-x),x,0)` *erzeugt wird, mit einem Taschenrechner erzeugen? Welche Tastenkombinationen entsprechen der Iteration* `ITERATES(x+SIN(x),x,1)`*?*

⋆ **3.2** *Sei g in $\mathbb{R}$ differenzierbar. Welche Eigenschaft muß die Funktion $g(x)$ am Fixpunkt x_0, an dem also $g(x_0) = x_0$ gilt, haben, damit das Fixpunktverfahren für Anfangswerte konvergiert, die nahe genug beim Fixpunkt liegen? Wie sieht die Iteration in solchen Fällen „von ganz nahem" generell aus? Gib ein Gegenbeispiel, das zeigt, daß dies im allgemeinen (falls also Differenzierbarkeit nicht vorliegt) nicht so ist.*

3.3 *Löse die folgenden Fixpunktgleichungen $x = g(x)$ numerisch und graphisch mit geeigneten Anfangswerten x_0.*

(a) $g(x) := \sin e^x$, (b) $g(x) := \sin x + x$, (c) $g(x) := e^{x-\sin x} - x$,

(d) $g(x) := \sqrt{1-x^2}$, (e) $g(x) := \sqrt{1-x}$, (f) $g(x) := 2 - \dfrac{e^x + e^{-x}}{2}$.

3.4 *Die Funktion $f(x) = 4x^3 - x^2 + 4x - 2$ hat eine reelle Nullstelle. Wandle das Nullstellenproblem auf verschiedene Weise in ein Iterationsproblem um und untersuche jeweils graphisch, auf wieviele Dezimalen die Lösung nach 10 Iterationsschritten (bei einem Startwert $x_0 = 1$) approximiert wird. Vergleiche die Güte der verschiedenen Iterationsprobleme.*

3.5 *Das* Ulamproblem *ist gegeben durch die Iteration*

$$x_{\text{neu}} = \begin{cases} 3x_{\text{alt}} + 1 & \text{falls } x_{\text{alt}} \text{ ungerade} \\ \frac{x_{\text{alt}}}{2} & \text{falls } x_{\text{alt}} \text{ gerade} \end{cases} .$$

Die Vermutung, daß dieses Iterationsverfahren für jeden Anfangswert $n \in \mathbb{N}$ abbricht, ist bislang unbewiesen.[6] *Definiere eine DERIVE-Funktion* `FOLGE(n)`, *die zu gegebenem $n \in \mathbb{N}$ die Ulam-Iterationsfolge (unter der Annahme, daß diese abbricht) berechnet. Berechne die Iteration für*

(a) $n \leq 100$, (b) $n = 2\,345$, (c) $n = 2\,345\,125\,367\,375$

sowie für weitere 10 Anfangswerte Deiner Wahl. Wie bricht die Iteration immer ab?

Welches ist die kleinste Zahl, die unvorhergesehen große Zwischenergebnisse erzeugt? Warum läßt sich dieses Problem schlecht mit einer numerischen Programmiersprache[7] *wie Pascal behandeln?*

3.2 Das Newtonverfahren

Das *Newtonverfahren* baut letztlich auf der eben gewonnenen Erkenntnis auf. Es liefert ein Iterationsverfahren für die numerische Lösung der Gleichung

$$f(x) = 0 ,$$

das fast immer die angesprochene optimale Eigenschaft besitzt. Newtons Idee besteht darin, eine Folge von Näherungswerten dadurch zu berechnen, daß man ausgehend von einer Näherung x_{alt} eine (hoffentlich bessere) Näherung x_{neu} durch Auflösen der *linearisierten* Hilfsgleichung

$$y = f(x_{\text{alt}}) + (x - x_{\text{alt}})f'(x_{\text{alt}}) = 0$$

nach x, also

$$x_{\text{neu}} = x_{\text{alt}} - \frac{f(x_{\text{alt}})}{f'(x_{\text{alt}})} \tag{3.1}$$

berechnet. Linearisierung bedeutet somit, daß man statt der Gleichung von f die Tangentengleichung im Punkt $(x_{\text{alt}}, f(x_{\text{alt}}))$ verwendet. Geometrisch heißt dies dann, daß man den Graphen von f durch die Tangente durch den Punkt $(x_{\text{alt}}, f(x_{\text{alt}}))$ ersetzt.

Mit dem Laden von `ITER.MTH` steht die Funktion

```
NEWTONS(f,x,x0,n):=ITERATES(x-f/DIF(f,x),x,x0,n)
```

[6] Sie ist überprüft für $n < 10^{40}$.

[7] Unter einer numerischen Programmiersprache verstehen wir eine Programmiersprache, bei der mit Zahlen gerechnet wird, für die ein *fester* Speicherplatz deklariert wird. Ganze Zahlen sowie auch Dezimalzahlen haben dann eine maximale Stellenzahl.

zur Verfügung, welche eine n-fache Iteration des Newtonverfahrens berechnet, und NEWTON_GRAPH(f,x,x0,n) liefert wieder einen zugehörigen Vektor von Streckensegmenten zum Zeichnen.

Übung 3.9 Erzeuge die graphische Darstellung des Newtonverfahrens für NEWTON_GRAPH(COS(x),x,5/2,2) des Newtonverfahrens. Warum haben wir nur 2 Iterationen gewählt? Wie unterscheidet sich das Resultat, wenn man 5 mal iteriert?

Approximieren wir beispielsweise NEWTON_GRAPH(COS(x),x,5/2,2), so erhalten wir

$$\left[\begin{array}{cc} \mathrm{COS}\,(x), & \left[\begin{array}{cc} 2.5 & 0 \\ 2.5 & -0.801143 \\ 1.16135 & 0 \\ 1.16135 & 0.398099 \\ 1.59532 & 0 \end{array}\right] \end{array}\right],$$

und `Zeichne` liefert Abbildung 3.5. Die rasante Konvergenzgeschwindigkeit ist graphisch sehr gut zu erkennen. Schon nach 2 Iterationsschritten hat man die Nullstelle gut approximiert und nach einem weiteren Iterationsschritt kann der iterierte Wert mit dem Auge von der Nullstelle nicht mehr unterschieden werden.

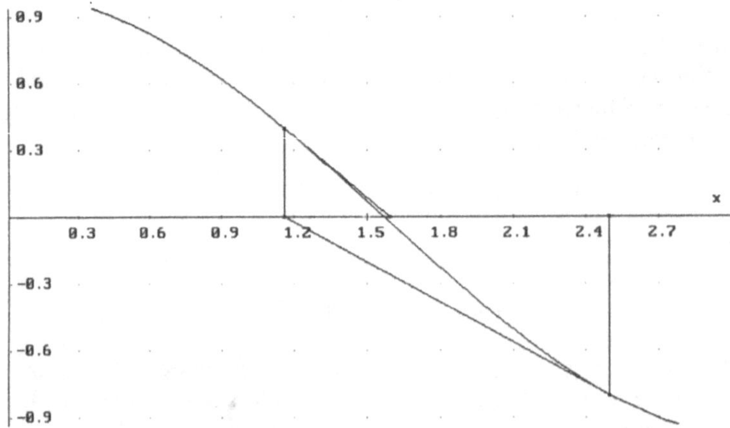

Abbildung 3.5 Graphische Darstellung von NEWTON_GRAPH(COS(x),x,5/2,2)

AUFGABEN

3.6 *Wende für $n = 2, \ldots, 5$ das Newtonverfahren mit geeigneten positiven Anfangswerten auf die Funktionen $f(x) = x^n - 5$ an. Erzeuge graphische Darstellungen und berechne die erzeugten Grenzwerte mit 20-stelliger Genauigkeit. Gegen welche Zahlen konvergiert das Verfahren? Verwende ein geeignetes Newtonverfahren zur Berechnung numerischer Approximationen für*

(a) $\sqrt[3]{4}$, (b) $\sqrt[5]{120}$, (c) $\sqrt[4]{2}$,

(d) $\sqrt[123]{456}$, (e) $\sqrt[3]{27}$, (f) $\sqrt[12]{2^7}$.

3.7 *Man kann mit DERIVE und der* NEWTONS*-Prozedur die rationalen Lösungen von Gleichungen, z. B. die rationalen Nullstellen von Polynomen, exakt bestimmen, wenn man eine ausreichend große Genauigkeit verwendet, da DERIVE reelle Zahlen durch rationale Zahlen approximiert und als solche abspeichert.*

Berechne dazu den Ausdruck LAST(NEWTONS(f,x,x0)) *mit* [approX]*, wobei die Funktion*

```
LAST(liste):=liste SUB DIMENSION(liste)
```

das letzte Element der berechneten Iterationsliste ausgibt. Vereinfache anschließend mit [Vereinfache]*, um den rationalen Wert zu erhalten. Setze das Ergebnis in f ein. Erhälst Du Null, so bist Du fertig. Andernfalls mußt Du die Genauigkeit erhöhen und die Berechnungen erneut durchführen.*

Bestimme die rationalen Nullstellen der Polynome

(a) $f(x) = 12x^2 + 11x - 15$, (b) $f(x) = 3x^2 - 38x + 119$,

(c) $f(x) = 86\,086\,415\,630x^2 - 34\,753\,086\,513x - 5\,555\,555\,505$,

(d) $f(x) = 1\,245x^3 - 82\,236x^2 - 165\,717x - 254\,178$,

(e) $f(x) = 6\,720x^5 - 27\,656x^4 + 45\,494x^3 - 37\,391x^2 + 15\,354x - 2\,520$.

Vergleiche mit den Resultaten, die man mit [faKt] *erhält.*

3.3 Divergente und chaotische Iteration

Aber das Newtonverfahren kann auch divergieren. Dies sieht man schön an der Beispielfunktion[8]

$$f(x) = x^{1/3} = \begin{cases} \sqrt[3]{x} & \text{falls } x \geq 0 \\ -\sqrt[3]{-x} & \text{falls } x < 0 \end{cases},$$

deren Nullstelle $x_0 = 0$ man mit dem Newtonverfahren wegen $\lim\limits_{x \to x_0} f'(x) = \infty$ nicht erzeugen kann.[9]

Übung 3.10 Stelle NEWTON_GRAPH(x^(1/3),x,0.1,5) graphisch dar! Was kannst Du beobachten? Was geschieht bei der Vereinfachung des Ausdrucks NEWTON_GRAPH(x^(1/3),x,0.1) mit [approX]?

[8] Wegen $(-x)^3 = -x^3$ erklären wir die dritte Wurzel wie angegeben. DERIVE mit der Einstellung [zusaTz Wurzel Real] tut dies auch.

[9] Unter welchen Voraussetzung das Newtonverfahren konvergiert, wird im Abschnitt 10.5 des Lehrbuchs [22] ausführlich untersucht.

Die graphische Darstellung des Ausdrucks `NEWTON_GRAPH(x^(1/3),x,0.1,5)` (man verwende `zusaTz Wurzel Real` ![10]) ergibt Abbildung 3.6 und verdeutlicht diesen Sachverhalt.

Nachdem wir nun die Divergenz aus der Graphik abgelesen haben, wollen wir dies auch rechnerisch bestätigen. Dazu berechnen wir die Newtonfolge (3.1) für dieses Beispiel. Man bekommt

$$x_{\text{neu}} = x_{\text{alt}} - \frac{f(x_{\text{alt}})}{f'(x_{\text{alt}})} = x_{\text{alt}} - \frac{x_{\text{alt}}^{1/3}}{\frac{1}{3}x_{\text{alt}}^{-2/3}} = -2x_{\text{alt}} \,. \tag{3.2}$$

Die Rechnung zeigt also, daß sich der Abstand zur Nullstelle $x_0 = 0$ bei jedem Iterationsschritt verdoppelt!

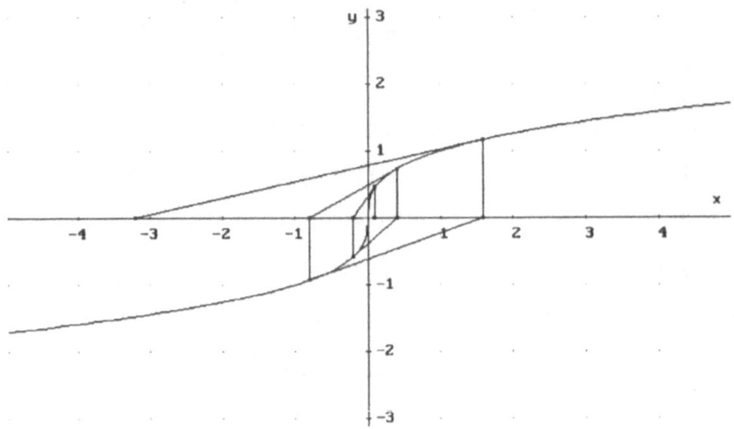

Abbildung 3.6 Graphische Darstellung von `NEWTON_GRAPH(x^{1/3},x,0.1,5)`

Übung 3.11 Wende das Newtonverfahren auf $f(x) = x^{2/3}$ an. Zeige, daß sich hier $x_{\text{neu}} = -x_{\text{alt}}/2$ ergibt. Betrachte die zugehörige graphische Darstellung! Was ergibt sich für $f(x) = e^{-1/x^2}$?[11] Gegen welchen Wert konvergiert das Verfahren? Ist die Konvergenz bei den beiden letzten Beispielen ebenfalls schnell wie bei der Kosinusfunktion? Woran kann man die Konvergenzgeschwindigkeit ablesen?

Die DERIVE-Funktion `NEWTONFOLGE(f,x):=x-f/DIF(f,x)` berechnet die rechte Seite der Formel (3.1) des Newtonverfahrens. Um diese Berechnung automatisch durchführen zu lassen, kommen uns also die symbolischen Fähigkeiten von DERIVE zu Hilfe.

[10] Wieder könnte dies als Standardeinstellung in der Datei `DERIVE.INI` zur Verfügung stehen.

[11] Eine Reihe besonderer Eigenschaften dieser Funktion werden in [22] auf den Seiten 172 und 355 besprochen.

Übung 3.12 Vereinfache `NEWTONFOLGE(x^(1/3),x)` und bestätige die Beziehung (3.2). Führe diese Rechnung auch für $f(x) = x^{2/3}$ sowie $f(x) = e^{-1/x^2}$ aus.

Man kann in diesem Zusammenhang den Spieß auch umdrehen und fragen, für welche Funktionen f das Newtonverfahren divergiert bzw. nur langsam konvergiert. Genauer fragen wir: Für welche Funktion f ergibt sich

$$x - \frac{f(x)}{f'(x)} = g(x)\ ? \tag{3.3}$$

Aus (3.3) erhält man durch Integration

$$\frac{f'(x)}{f(x)} = \frac{1}{x - g(x)} \qquad \text{oder} \qquad \ln f(x) = \int \frac{1}{x - g(x)}\, dx\ ,$$

und schließlich

$$f(x) = \exp\left(\int \frac{1}{x - g(x)}\, dx\right)\ . \tag{3.4}$$

Diese Berechnung wird von der DERIVE-Funktion

```
NEWTONFUNKTION(g,x):=EXP(INT(1/(x-g),x))
```

erledigt.

Übung 3.13 Berechne, welche Funktionen $f(x)$ beim Newtonverfahren die Iterationen

1. $x_{\text{neu}} = -x_{\text{alt}}$,
2. $x_{\text{neu}} = -2x_{\text{alt}}$,
3. $x_{\text{neu}} = 2x_{\text{alt}}$,
4. $x_{\text{neu}} = -x_{\text{alt}}/2$,
5. $x_{\text{neu}} = -x_{\text{alt}} - x_{\text{alt}}^3/2$.

erzeugen.

Nachdem wir nun gesehen haben, daß das Newtonverfahren nicht immer konvergiert, betrachten wir noch einmal das Fixpunktverfahren. Dieses konvergiert erst recht nicht immer. Unter welchen Voraussetzungen aber liegt Konvergenz vor? Wir hatten bereits erkannt, daß es besonders gut konvergiert, wenn die Funktion f an der betreffenden Stelle x_0 eine horizontale Tangente besitzt, also $f'(x_0) = 0$ gilt. Man sieht nun auch leicht graphisch ein, daß im Fall $|f'(x_0)| < 1$ (lokal) immer Konvergenz vorliegt, während wir im Fall $|f'(x_0)| > 1$ Divergenz haben. Besonders interessant sind also Fälle, bei denen entweder $|f'(x_0)| = 1$ oder jedenfalls $|f'(x_0)| \approx 1$ ist. Die Betrachtung solcher Situationen führt schnell zu sehr interessanten und überraschenden Iterationen.

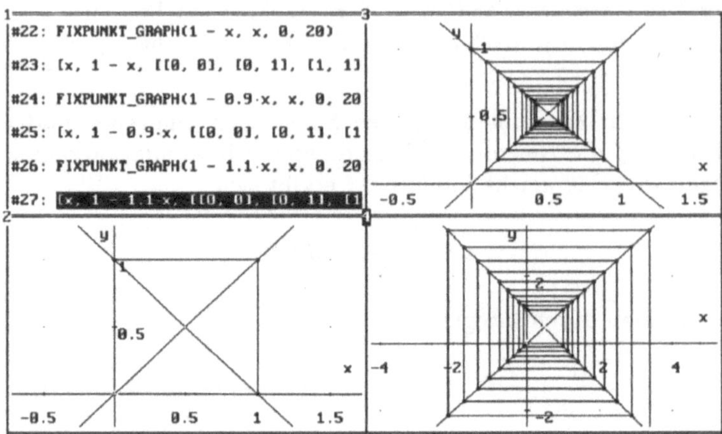

Abbildung 3.7 Iteration für $f(x) = 1 - x, 1 - 0.9x, 1 - 1.01x$

Wählen wir zunächst $f(x) = 1 - x$, so liegt ein *Zyklus* vor, s. Abbildung 3.7 oben links. Hier ist $x_0 = 1/2$ und $|f'(x)| = 1$. Geringfügige Änderung an $f'(x_0)$ liefert die (langsam) konvergente Situation von Abbildung 3.7 oben rechts sowie die divergente Situation aus Abbildung 3.7 unten rechts.

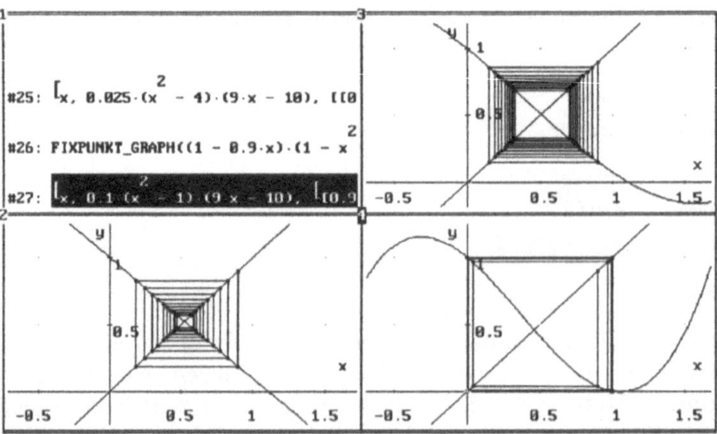

Abbildung 3.8 Iteration für $f(x) = 1 - 0.9x, (1 - 0.9x)(1 - x^2/4), (1 - 0.9x)(1 - x^2)$

Ein anderes Experiment sehen wir in Abbildung 3.8. Ändert man die lineare Iterationsfunktion $f(x) = 1 - 0.9x$ zu der (in der Umgebung von $x_0 = 1/2$ geringfügig) nichtlinearen Iterationsfunktion $f(x) = (1 - 0.9x)(1 - x^2/4)$, so liegt weiter Konvergenz vor, die sich aber verlangsamt. Die stärkere Veränderung von

f zu $f(x) = (1 - 0.9x)(1 - x^2)$ führt schließlich dazu, daß die Konvergenz des Verfahrens ausbleibt und sich wieder ein Zyklus bildet.

Übung 3.14 Erzeuge graphische Darstellungen von Zwischenzuständen der eben betrachteten Situation. Betrachte das Fixpunktverfahren für $f(x) = (1 - 0.9x)(1 - ax^2)$ mit $a > 1$.

Wie verhält sich das Newtonverfahren für die Funktion $f(x) = \sin x$ in bezug auf eine Änderung des Anfangswerts? Verwende nacheinander die Anfangswerte $x_0 = 1.3, 1.4$ und $x_0 = 1.5$.

Ein weiteres interessantes Beispiel betrifft die Tangensfunktion. Da diese jeden reellen Wert unendlich oft annimmt, gibt es hier ein recht *chaotisches* Verhalten. Die graphische Darstellung von `FIXPUNKT_GRAPH(TAN(x),x,1,20)` ist in Abbildung 3.9 dargestellt.

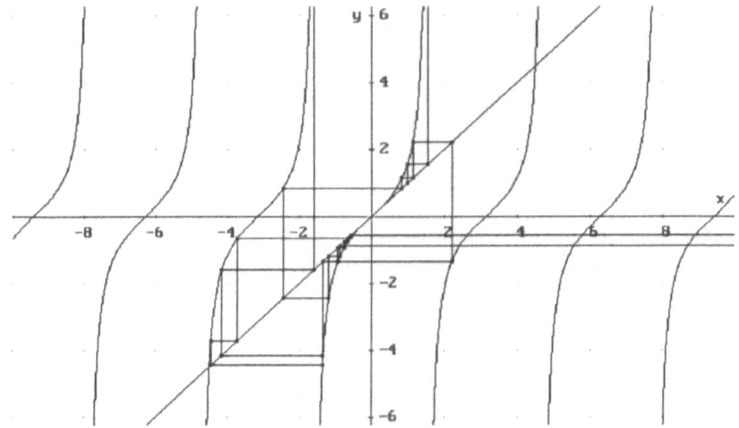

Abbildung 3.9 Graphische Darstellung von `FIXPUNKT_GRAPH(TAN(x),x,1,20)`

Da `NEWTONFUNKTION(x-TAN(x),x)` die Funktion $\sin x$ erzeugt, ist dies im wesentlichen gleichwertig zu dem chaotischen Verhalten des Newtonverfahrens für $\sin x$, das für die drei nahe beieinanderliegenden Anfangswerte 1.3, 1.4 und 1.5 in Abbildung 3.10 dargestellt ist.

Aufgaben

3.8 *Besonders berühmt für chaotisches Verhalten ist die Iteration der* logistischen Funktion

$$x_{\text{neu}} = a\, x_{\text{alt}}\,(1 - x_{\text{alt}})$$

für positive Werte des Parameters a. Je nach Wahl von a ergibt sich völlig verschiedenes Langzeitverhalten der Iteration. Führe die Iteration durch für

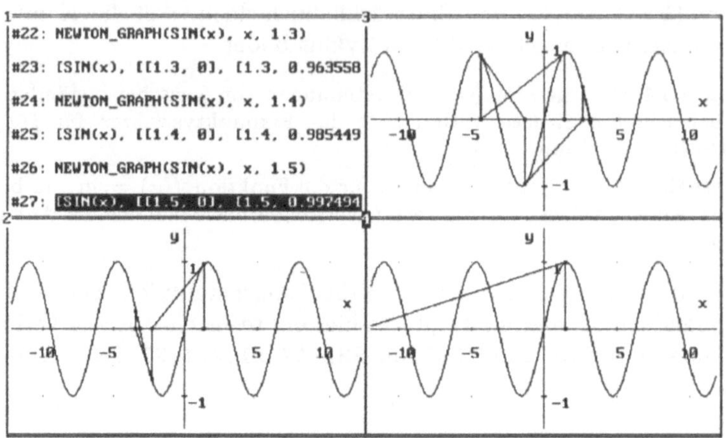

Abbildung 3.10 Chaotisches Newtonverfahren

(a) $a = 2.75\ ,\ \ x_0 = 0.1\ ,$ (b) $a = 3.45\ ,\ \ x_0 = 0.1\ ,$

(c) $a = 3.65\ ,\ \ x_0 = 0.1\ ,$ (d) $a = 3.65\ ,\ \ x_0 = 0.3\ ,$

(e) $a = 4\ ,\ \ x_0 = 0.1\ ,$ (f) $a = 4\ ,\ \ x_0 = 0.11$

und erzeuge jeweils eine graphische Darstellung. Beschreibe die verschiedenen Resultate! Welches Intervall für den Parameter a scheint besonders interessant zu sein? Wähle zwei weitere a-Werte aus und beobachte die logistische Iteration.

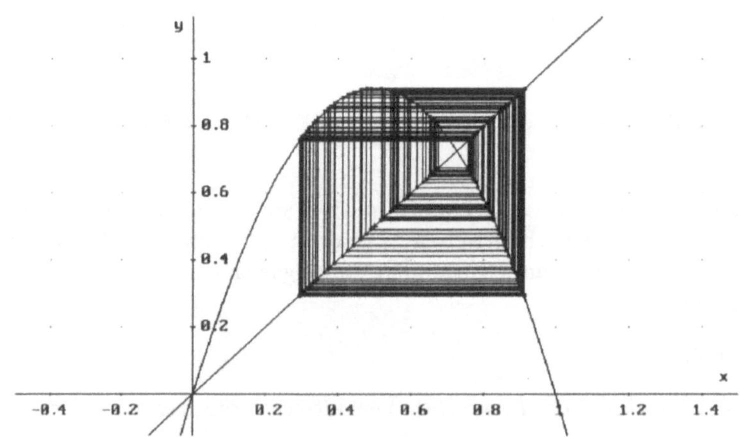

Abbildung 3.11 Logistische Iteration

3.9 *Leite die Formel (3.4) mit DERIVE her. Deklariere hierzu mittels* `F(x):=` *und* `G(x):=` *die beiden Funktionen $f(x)$ und $g(x)$.*

3.10 *Betrachte das Newtonverfahren für $f(x) := x^2$ und berechne die Newtonfolge. Wie sieht es mit der Konvergenzgeschwindigkeit aus? Gib weitere Beispielfunktionen an, für die $|x_{\text{neu}}| \sim a\,x_{\text{alt}}$ mit $a < 1$ ist. Man spricht in diesem Fall von* linearer *Konvergenzgeschwindigkeit.*

3.11 *Untersuche die Fixpunktprobleme $x = f(x)$ numerisch und graphisch mit geeigneten Anfangswerten x_0 für*

$$\text{(a)}\ f(x) := \cos x + \frac{\pi}{2}\,, \qquad \text{(b)}\ f(x) := 2 - x\,, \qquad \text{(c)}\ f(x) := \ln x + 1$$

auf Konvergenz bzw. Divergenz. Was ist das Besondere an diesen Beispielen?

3.4 Das Bisektionsverfahren

Das *Bisektionsverfahren* (auch: Halbierungsmethode) beruht auf der Tatsache, daß eine auf einem abgeschlossenen Intervall $[a, b]$ stetige Funktion f auf Grund des *Zwischenwertsatzes* dort jeden Wert zwischen $f(a)$ und $f(b)$ annimmt. Insbesondere hat f in $[a, b]$ eine Nullstelle, sofern die Vorzeichen von $f(a)$ und $f(b)$ verschieden sind. Dies ist der *Nullstellensatz*. Indem man nun das Intervall sukzessive halbiert, und in demjenigen Teilintervall weitersucht, in dem diese Vorzeichenregel gültig ist, nähert man sich mit Sicherheit einer Nullstelle von f.

Wir wollen uns nun das unterschiedliche Konvergenzverhalten von Newton- und Bisektionsverfahren etwas genauer ansehen. Hierzu verwenden wir die DERIVE-Funktionen `BISEKTIONEN(f,x,a,b,n)` und `BISEKTION_GRAPH(f,x,a,b)`.

Die DERIVE-Funktion `BISEKTIONEN(f,x,a,b,n)` berechnet die numerische Approximation einer Lösung der Gleichung $f(x) = 0$ im Intervall $[a, b]$ mit dem Bisektionsverfahren unter der Voraussetzung, daß f an den Stellen a und b verschiedenes Vorzeichen hat. Die DERIVE-Funktion `BISEKTION_GRAPH(f,x,a,b)` gibt eine graphische Darstellung der ersten 10 Iterationsschritte.

Übung 3.15 Vergleiche die graphischen Darstellungen des Newton- und des Bisektionsverfahrens für die Bestimmung der Nullstellen von

1. $f(x) = \cos x$, $[a, b] = [0, 3]$, $x_0 \in [a, b]$,
2. $f(x) = x^5 - 2$, $[a, b] = [0, 2]$, $x_0 \in [a, b]$.

Welche Unterschiede lassen sich feststellen? Worin besteht der Vorteil des Newton- und worin der des Bisektionsverfahrens?

In Abbildung 3.12 sind das Newtonverfahren `NEWTON_GRAPH(COS(x),x,5/2,3)` und das Bisektionsverfahren `BISEKTION_GRAPH(COS(x),x,0,3)` zur Bestimmung der ersten positiven Nullstelle der Kosinusfunktion gegenübergestellt. Es ist deutlich zu erkennen, um wieviel langsamer das Bisektionsverfahren gegen $\pi/2$ konvergiert.

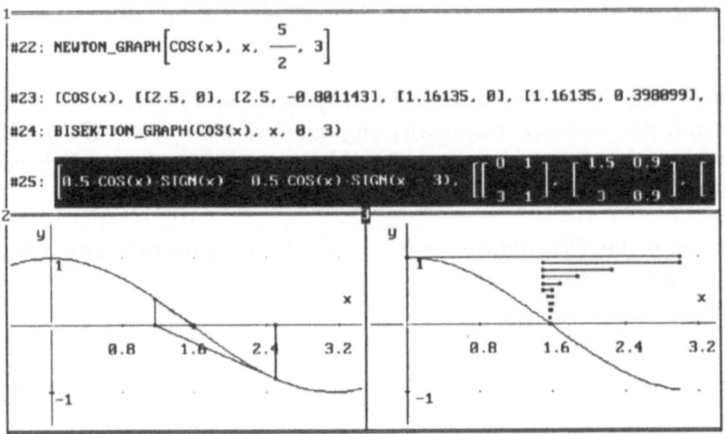

Abbildung 3.12 Vergleich von Newton- und Bisektionsverfahren

Genau wie beim Newtonverfahren verhält sich das Bisektionsverfahren bei der Sinusfunktion chaotisch: Man kann nicht vorhersagen, gegen welche der vielen Nullstellen das Verfahren konvergiert. Einige Beispiele sind in Abbildung 3.13 dargestellt.

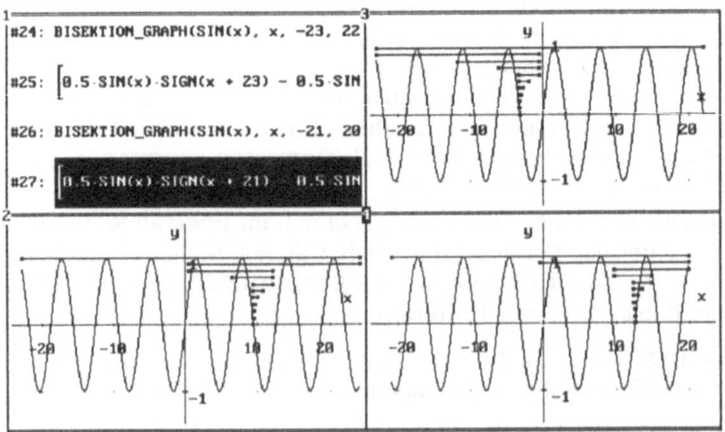

Abbildung 3.13 Chaotisches Bisektionsverfahren

Da das Bisektionsverfahren für f immer konvergiert, sofern $f(a)$ und $f(b)$ verschiedenes Vorzeichen haben, kann Divergenz wie in Abbildung 3.6 nicht auftreten, s. Abbildung 3.14. Aber: Die Konvergenz ist eben nie besonders schnell.

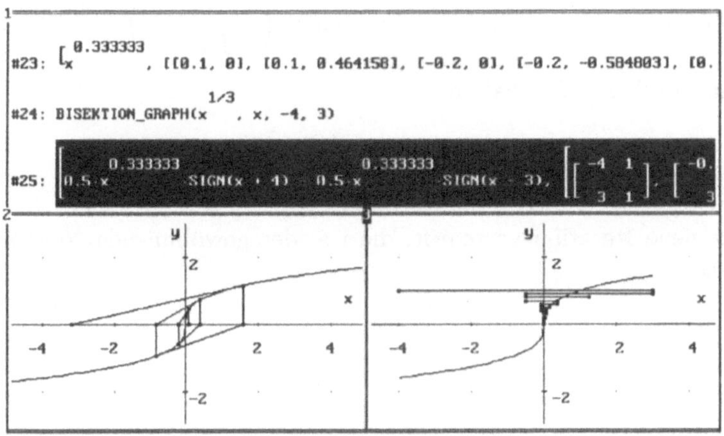

Abbildung 3.14 Konvergentes Bisektionsverfahren bei divergentem Newtonverfahren

AUFGABEN

3.12 *Wie könnte man Newtonverfahren und Bisektionsverfahren kombinieren, um die Nachteile beider Methoden zu vermeiden und ihre jeweiligen Vorteile zu nutzen?*

3.5 Verbessertes Newtonverfahren

Wir haben gesehen, daß das Newtonverfahren manchmal divergiert. Dieser Fall tritt im wesentlichen dann ein, wenn die *Krümmung* des betreffenden Graphen in einer Umgebung der Nullstelle zu groß ist. Wir haben ja zur Herleitung der Newtonschen Iterationsformel nur die erste Ableitung, also die Steigung des Graphen, in Betracht gezogen, während die zweite Ableitung ein Maß für die Krümmung des Graphen darstellt. Dies korrigieren wir nun.

Eine bessere Näherung der Gleichung $f(x) = 0$, welche die Krümmung mit einbezieht, ist durch die Formel[12]

$$y = f(x_{\text{alt}}) + (x - x_{\text{alt}})f'(x_{\text{alt}}) + (x - x_{\text{alt}})^2 \frac{f''(x_{\text{alt}})}{2} = 0 \tag{3.5}$$

gegeben. Da wegen (3.1)

$$x - x_{\text{alt}} \approx -\frac{f(x_{\text{alt}})}{f'(x_{\text{alt}})}$$

gilt, können wir (3.5) dadurch linearisieren, daß wir den Term $(x - x_{\text{alt}})^2$ durch $(x - x_{\text{alt}}) \cdot \left(-\frac{f(x_{\text{alt}})}{f'(x_{\text{alt}})}\right)$ ersetzen:

[12] Dies ist das Taylorpolynom zweiten Grades von f, s. z. B. [22], Abschnitt 12.3.

$$y = f(x_{\mathrm{alt}}) + (x - x_{\mathrm{alt}})f'(x_{\mathrm{alt}}) + (x - x_{\mathrm{alt}}) \cdot \left(-\frac{f(x_{\mathrm{alt}})}{f'(x_{\mathrm{alt}})}\right) \frac{f''(x_{\mathrm{alt}})}{2} = 0 \,.$$

Lösen wir dies nach x auf, erhalten wir

$$x_{\mathrm{neu}} = x_{\mathrm{alt}} - \frac{f(x_{\mathrm{alt}})}{f'(x_{\mathrm{alt}}) - \frac{f''(x_{\mathrm{alt}})}{2} \frac{f(x_{\mathrm{alt}})}{f'(x_{\mathrm{alt}})}} \,. \tag{3.6}$$

Dies ist eine neue Iterationsvorschrift, die i. a. der gewöhnlichen Newtoniteration überlegen ist.

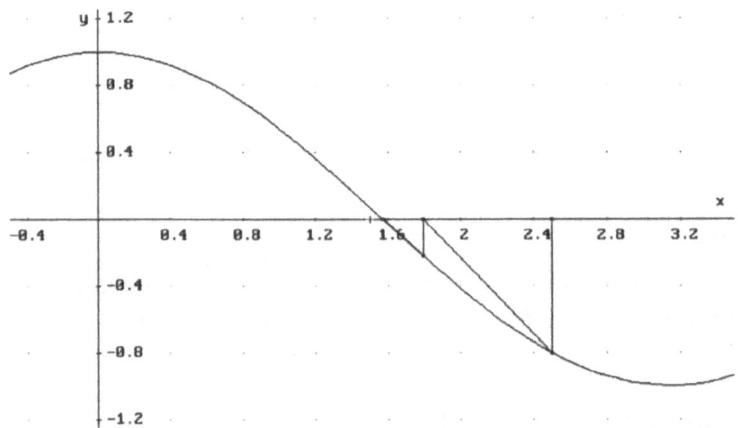

Abbildung 3.15 Verbessertes Newtonverfahren für die Kosinusfunktion

Übung 3.16 Erkläre eine DERIVE-Funktion `NEWTONS2(f,x,x0,n)`, die analog zur Funktion `NEWTONS(f,x,x0,n)` die Iteration (3.6) durchführt. Teste die Prozedur mit den Funktionen, bei denen `NEWTONS(f,x,x0,n)` nur langsam konvergiert oder gar divergiert.

Die DERIVE-Funktionen `NEWTONS2(f,x,x0,n)` sowie `NEWTON2_GRAPH(f,x,x0,n)` berechnen die Iterationsfolge bzw. ihre graphische Darstellung gemäß (3.6).

Auf den Abbildungen 3.15–3.17 sieht man deutlich, daß der Iterationsschritt nun nicht mehr durch die Tangentenbildung beschrieben wird, sondern die Tangente ist durch eine Sekante ersetzt, die – je nach Krümmung des Graphen – mehr oder weniger von der Tangente abweicht.

Es zeigt sich, daß diesmal auch bei der Beispielfunktion $f(x) = x^{1/3}$ Konvergenz vorliegt, s. Abbildung 3.16! Allerdings ist die Konvergenz langsam, nämlich linear, genau wie auch bei der Funktion $f(x) = e^{-1/x^2}$, s. Abbildung 3.17.

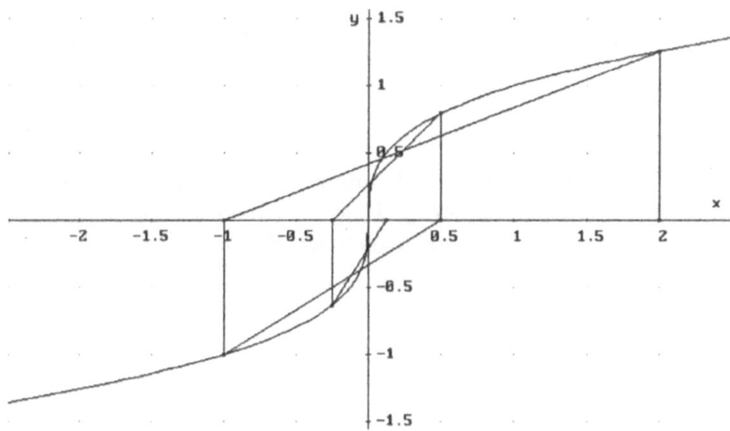

Abbildung 3.16 Verbessertes Newtonverfahren für $f(x) = x^{1/3}$

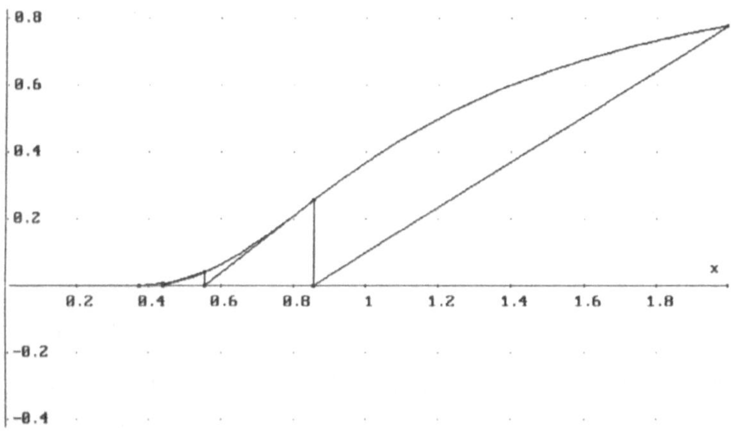

Abbildung 3.17 Verbessertes Newtonverfahren für $f(x) = e^{-1/x^2}$

Aufgaben

3.13 *Zeige, daß die Konvergenz des verbesserten Newtonverfahrens bei den Beispielfunktionen* $f(x) = x^{1/3}$ *und* $f(x) = e^{-1/x^2}$ *jeweils linear ist.*

4 Interpolationspolynome

In diesem Kapitel werden polynomiale Näherungsformeln für die Berechnung trigonometrischer Funktionen hergeleitet, mit deren Hilfe man in die Lage versetzt wird, Werte trigonometrischer Funktionen - im Prinzip auch von Hand - mit 10-stelliger Genauigkeit zu berechnen.[1]

4.1 Die Formel von Lagrange

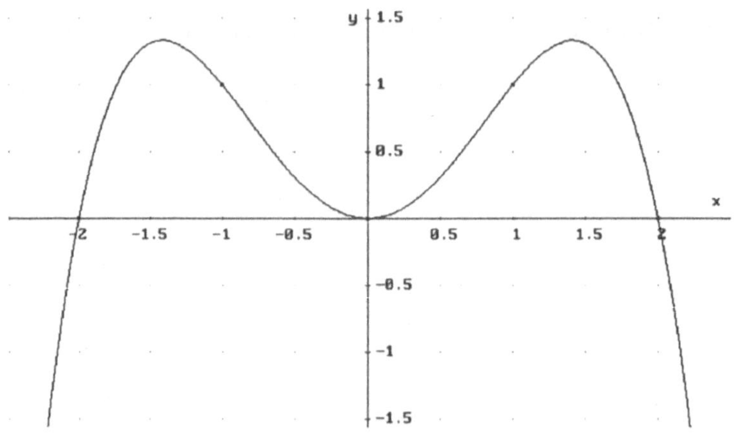

Abbildung 4.1 Interpolationspolynom für 5 gegebene Werte

In der Praxis kennt man die Funktionsgleichung einer reellen Funktion oft nicht, sondern nur einige (oder auch viele) Meßwerte, sagen wir n Stück. Wenn man nun zu Werten kommen will, die man nicht gemessen hat (man kann ja nur eine endliche Zahl von Werten messen), so kann man den Graphen der gemessenen Punkte durch den Graphen eines Polynoms verbinden. Diese Art der Approximation nennt man *Polynominterpolation.*

[1]Einige der in diesem Kapitel dargestellten DERIVE-Funktionen zur Polynomapproximation der Datei `LAGRANGE.MTH` wurden inzwischen von Soft Warehouse, Inc. übernommen und stehen in Version 3 in der Datei `MISC.MTH` unter den Bezeichnungen `POLY_INTERPOLATE` und `POLY_INTERPOLATE_EXPRESSION` zur Verfügung.

Da ein Polynom vom Grad $n-1$ durch n Punkte auf seinem Graphen eindeutig festgelegt wird, gibt es zu diesem Problem also genau eine Lösung, wenn der Grad des Lösungspolynoms $n-1$ nicht übersteigt.

Abbildung 4.1 zeigt ein Beispiel für eine solche Situation. Hier ist das *Interpolationspolynom* für die *Interpolationsdaten* $\{(-2,0),(-1,1),(0,0),(1,1),(2,0)\}$ dargestellt. Die Lösung des allgemeinen Interpolationsproblems kann man leicht hinschreiben und in eine DERIVE-Funktion überführen. Man verwendet dafür bestimmte Produkte, die sog. *Lagrangepolynome.* Dazu seien die Werte y_k an den Stützstellen x_k $(k=1,\ldots,n)$ gegeben, m. a. W. die Punkte (x_k,y_k) $(k=1,\ldots,n)$ des Graphen. Man sieht, daß die Lagrangepolynome

$$L_k(x) := \frac{(x-x_1)(x-x_2)\cdots(x-x_{k-1})}{(x_k-x_1)(x_k-x_2)\cdots(x_k-x_{k-1})}\,\frac{(x-x_{k+1})(x-x_{k+2})\cdots(x-x_n)}{(x_k-x_{k+1})(x_k-x_{k+2})\cdots(x_k-x_n)}$$

den Grad $n-1$ haben und die Werte

$$L_k(x_j) = \begin{cases} 1 & \text{falls } j = k \\ 0 & \text{falls } j \neq k \end{cases}$$

an den Stützstellen x_j $(j=1,\ldots,n)$ annehmen. Also löst das Polynom

$$L(x) := y_1L_1(x) + y_2L_2(x) + \cdots + y_nL_n(x) = \sum_{k=1}^{n} y_kL_k(x) \tag{4.1}$$

das gegebene Problem, da ein direkter Vergleich zeigt, daß

$$L(x_j) = y_1L_1(x_j) + y_2L_2(x_j) + \cdots + y_nL_n(x_j) = y_j$$

für alle $j=1,\ldots,n$ gilt. Diese nach obiger Bemerkung eindeutige Lösung des gegebenen Interpolationsproblems heißt das *Lagrangesche Interpolationspolynom.*

Die Formel (4.1) läßt sich nun mühelos in die DERIVE-Funktion `LAGRANGE(a,x)` umwandeln,

```
LAGRANGE_AUX(a,x,k,n):=
  PRODUCT((x-a SUB j_ SUB 1)/(a SUB k SUB 1-a SUB j_ SUB 1),j_,1,k-1)*
  PRODUCT((x-a SUB j_ SUB 1)/(a SUB k SUB 1-a SUB j_ SUB 1),j_,k+1,n)

LAGRANGE(a,x):=
SUM(ELEMENT(a,k_,2)*LAGRANGE_AUX(a,x,k_,DIMENSION(a)),k_,1,DIMENSION(a))
```

welche das Lagrangesche Interpolationspolynom bzgl. der Variablen x berechnet. Hierbei ist a ein Vektor der Länge n, der die zu interpolierenden Daten (x_k,y_k) $(k=1,\ldots,n)$ enthält. Die Hilfsfunktion `LAGRANGE_AUX(a,x,k,n)` berechnet die Lagrangepolynome $L_k(x)$.

Zur graphischen Darstellung der Interpolationspunkte und des Interpolationspolynoms verwende man

```
LAGRANGE_GRAPH(a,x):=[a,LAGRANGE(a,x)]
```

und `approX`. Diese DERIVE-Funktionen können von der Datei LAGRANGE.MTH mit `Übertrage Laden Zusatzdatei` geladen werden.

Übung 4.1 Berechne das Lagrangesche Interpolationspolynom für die Interpolationsdaten $\{(-2,0),(-1,1),(0,0),(1,1),(2,0)\}$. Zeichne das resultierende Interpolationspolynom. Welche Symmetrieeigenschaft hat es? Warum?

Benutzt man die Funktion LAGRANGE beispielsweise für die Interpolationsdaten $\{(-2,0),(-1,1),(0,0),(1,1),(2,0)\}$, liefert eine Anwendung von `Vereinfache` bzw. `Mult` auf LAGRANGE([[-2,0],[-1,1],[0,0],[1,1],[2,0]],x) die Ausgabe

$$\frac{x^2(x+2)(2-x)}{3} \quad \text{bzw.} \quad \frac{4x^2}{3} - \frac{x^4}{3} .$$

Die graphische Darstellung der Interpolationspunkte[2] und des Interpolationspolynoms liefert Abbildung 4.1.

Übung 4.2 Berechne die Interpolationspolynome der folgenden Daten

(a) $a := \{(-1,1),(0,0),(1,1)\}$,

(b) $a := \{(1,1),(2,1/2),(3,1/3),(4,1/4),(5,1/5)\}$,

(c) $a := \{(0,0),(1,0),(2,0),(1/2,1)\}$,

(d) $a := \{(1,1),(4,8),(9,27),(16,64)\}$,

(e) $a := \{(0,0),(1,1),(2,2),(3,0)\}$,

(f) $a := \{(0,1),(1,5),(2,10),(3,10),(4,5),(5,1)\}$,

(g) $a := \{(-4,0),(-3,1),(-2,1),(-1,1),(0,1),(1,1),(2,1),(3,1),(4,0)\}$.

Stelle die gegebenen Interpolationsdaten und die zugehörigen Interpolationspolynome graphisch dar. Bestimme auch Interpolationen für (b) und (d), die keine Polynome sind, und stelle auch diese graphisch dar.

Weisen die Interpolationsdaten eine gerade oder ungerade Symmetrie auf, so ist das zugehörige Interpolationspolynom gerade bzw. ungerade, s. Aufgabe 4.2.

Aufgaben

4.1 *Die folgenden Fragen betreffen die Definition von* LAGRANGE(a,x).

(a) *Wie könnte man auf die Hilfsfunktion* LAGRANGE_AUX(a,x,k,n) *verzichten? Gibt es irgendeinen Vorteil durch die Benutzung der Hilfsfunktion zur Definition von* LAGRANGE(a,x)*?*

(b) *Was ergibt* LAGRANGE(a,x)*, wenn die Interpolationsdaten* a *zwei Punkte mit dem gleichen x-Wert, aber verschiedenen y-Werten enthalten? Erkläre das Ergebnis!*

---

[2]diesmal mit der Einstellung `Zeichne Einstellungen Modus Discrete`

(c) *Warum wurden als Summations- bzw. Produktvariablen die Symbole* `j_` *und* `k_` *und nicht einfach* `j` *und* `k` *verwendet?*

★ **4.2** *Zeige: Weisen die Interpolationsdaten eine gerade oder ungerade Symmetrie auf, ist das zugehörige Interpolationspolynom gerade bzw. ungerade.*

4.2 Polynomapproximation von Funktionen

Man kann die Lagrangesche Interpolation auch zur Approximation einer gegebenen Funktion f verwenden. Dazu nimmt man sich ein geeignetes Stützstellensystem x_j $(j = 1, \ldots, n)$ und hat als Interpolationsdaten die Punkte $(x_j, f(x_j))$. Die zugehörige DERIVE-Funktion[3]

```
POLYNOMINTERPOLATION(f,x,a):=
   LAGRANGE(VECTOR([a SUB k_,LIM(f,x,a SUB k_)],k_,1,DIMENSION(a)),x)
```

steht ebenfalls in `LAGRANGE.MTH` zur Verfügung und berechnet das durch diese Interpolationsdaten gegebene Interpolationspolynom, wobei a hier für den zugehörigen Stützstellenvektor steht, und

```
POLYNOMINTERPOLATION_GRAPH(f,x,a):=
   [f,VECTOR([a SUB k_,LIM(f,x,a SUB k_)],k_,1,DIMENSION(a)),
   POLYNOMINTERPOLATION(f,x,a)]
```

stellt diese Daten zu einer graphischen Darstellung zusammen.

> **Übung 4.3** Berechne das Approximationspolynom der Sinusfunktion unter Verwendung der Stützstellen $\left\{-\pi, -\frac{\pi}{2}, 0, \frac{\pi}{2}, \pi\right\}$. Wie gut ist die Näherung? Wie kann man den Fehler der Approximation ausrechnen?

So ergibt sich z. B. für die Sinusfunktion unter Verwendung der Stützstellen $\left\{-\pi, -\frac{\pi}{2}, 0, \frac{\pi}{2}, \pi\right\}$ die Polynomapproximation

$$\frac{8x(\pi + x)(\pi - x)}{3\pi^3}.$$

In Abbildung 4.2 ist die Sinusfunktion zusammen mit diesem Interpolationspolynom dargestellt, und man sieht, daß die gegebene Approximation in dem Intervall $[-\pi, \pi]$, in dem die Interpolationsdaten liegen, noch nicht übermäßig gut ist.[4] Im nächsten Abschnitt werden sehr viel bessere Approximationen der Sinusfunktion hergeleitet.

[3] Die verwendete Grenzwertoperation `LIM(f,x,a SUB k_)` wird zur Berechnung des Funktionswerts $f(a_{k\_})$ herangezogen.

[4] Außerhalb dieses Intervalls kann man eine gute Approximation natürlich ohnehin nicht erwarten.

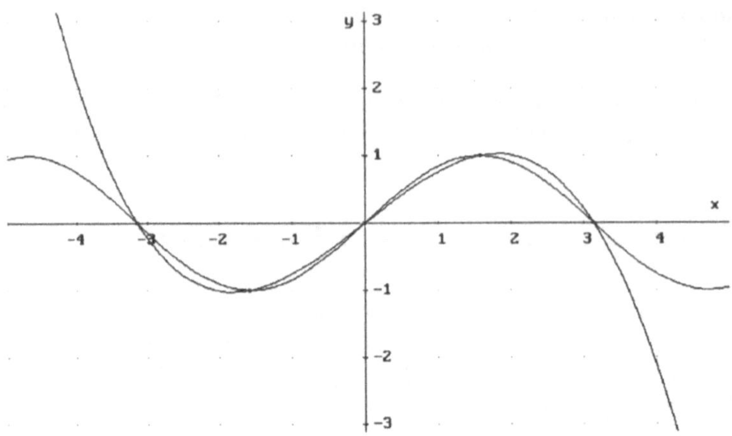

Abbildung 4.2 Interpolationspolynom der Sinusfunktion für 5 Stützstellen

AUFGABEN

4.3 *Bestimme die Polynomapproximation der Funktionen*

(a) $f(x) = x^4$, (b) $f(x) = e^x$, (c) $f(x) = \dfrac{x}{9-x^2}$

für die Vektoren von x*-Werten* $\{-1,0\}$, $\{-1,0,1\}$, $\{-1,0,1,2\}$ *und* $\{-1,0,1,2,3\}$, *stelle sie graphisch dar und berechne jeweils den größten Fehler.*

4.3 Genauere Näherungswerte trigonometrischer Funktionen

Während wir im letzten Abschnitt durch wenige Stützpunkte die Sinusfunktion in dem Intervall $[-\pi, \pi]$ bereits immerhin mäßig genau angenähert haben, wollen wir nun die Approximation durch bekannte Werte der Sinusfunktion so weit treiben, daß wir polynomiale Näherungsformeln bekommen, die auf 5 oder sogar 10 Stellen genaue Sinuswerte ermöglichen, und zwar ausschließlich durch rationale Operationen sowie die Berechnung einiger Wurzeln.

Zunächst ist es bekanntlich auf Grund der Periodizität und Symmetrieeigenschaften der Sinusfunktion hinreichend, ihre Werte im Intervall $\left[-\frac{\pi}{2}, \frac{\pi}{2}\right]$ zu kennen,[5] um alle trigonometrischen Funktionen an beliebigen (reellen) Stellen berechnen zu können. Daher konzentrieren wir uns ganz auf eine Approximation der Sinusfunktion im Intervall $\left[-\frac{\pi}{2}, \frac{\pi}{2}\right]$.

[5] Es würde auch $\left[0, \frac{\pi}{2}\right]$ reichen. Es ist aber vorteilhaft, ein zum Ursprung symmetrisches Intervall zu verwenden.

Im ersten Schritt wollen wir untersuchen, wie man eine rein rationale Näherung erhält. Da wir uns vor allem für die Werte der trigonometrischen Funktionen an rationalen Vielfachen von π, z. B. für Winkelgrade, interessieren, interpolieren wir statt $\sin x$ die Funktion $\sin(\pi x)$ im Intervall $\left[-\frac{1}{2}, \frac{1}{2}\right]$, wobei das Argument x also in Vielfachen eines Winkels von 180° angegeben wird. Wir stellen fest, daß diese Funktion rationale Werte an den Stellen $\left\{-\frac{1}{2}, -\frac{1}{6}, 0, \frac{1}{6}, \frac{1}{2}\right\}$ hat, die den Winkelgraden $\{-90°, -30°, 0°, 30°, 90°\}$ entsprechen.

Übung 4.4 Berechne die Polynomapproximation der Funktion $\sin(\pi x)$ im Intervall $\left[-\frac{1}{2}, \frac{1}{2}\right]$ mit Hilfe der Stützpunkte $\left\{-\frac{1}{2}, -\frac{1}{6}, 0, \frac{1}{6}, \frac{1}{2}\right\}$. Welche rationale Funktion ergibt sich? Stelle die Approximation graphisch dar. Wie gut ist sie? Berechne den größten Fehler der Approximation.

Die Näherungsfunktion ergibt sich zu

$$\sin(\pi x) \approx \frac{x(25 - 36x^2)}{8} . \tag{4.2}$$

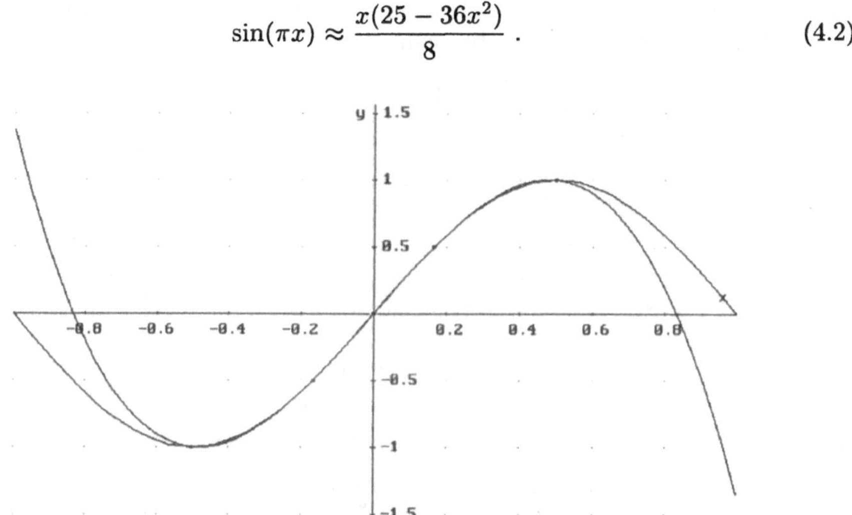

Abbildung 4.3 Interpolationspolynom mit 5 besser gewählten Stützstellen

Dies stellt eine *rein rationale Näherungsformel* dar, die natürlich an den Stellen $x = -\frac{1}{2}, -\frac{1}{6}, 0, \frac{1}{6}, \frac{1}{2}$ exakte Werte liefert. Um ihre Genauigkeit im Intervall $\left[0, \frac{1}{2}\right]$ zu überprüfen, lassen wir DERIVE den größten Fehler der Werte bei ganzzahligen Winkelgraden $0°, 1°, \ldots, 90°$ berechnen:

```
MAX(VECTOR(ABS(x*(25-36*x^2)/8-SIN(pi*x)),x,0,1/2,1/180)),
```

und mittels `approX` erhalten wir den Wert 0.01095 45. Also stimmt das Polynom dritten Grades (4.2) mit $\sin(\pi x)$ im Intervall $\left[-\frac{1}{2}, \frac{1}{2}\right]$ bis auf praktisch zwei Stellen nach dem Komma überein. Dies ist für die meisten Zwecke durchaus ausreichend, was auf Abbildung 4.3 auch deutlich wird.

Übung 4.5 Bekanntlich ist

$$\lim_{x\to 0} \frac{\sin x}{x} = 1\,, \qquad \text{also} \qquad \lim_{x\to 0} \frac{\sin(\pi x)}{\pi x} = 1\,.$$

Benutze diese Relation und die Approximation (4.2), um π durch eine rationale Zahl anzunähern. Welche Näherung bekommst Du? Wie genau ist diese?

Eine weitere rationale Approximation von π ist 22/7. Welche Näherung ist besser?

Damit wollen wir uns jedoch nicht zufrieden geben. Bei der obigen Approximation haben wir rationale Funktionswerte der Sinusfunktion verwendet. Weitere rationale Funktionswerte sind im gegebenen Intervall nicht bekannt. Die Sinusfunktion hat aber an etlichen Stellen algebraische Werte, die sich durch Wurzeln ausdrücken lassen.

Um den Grad des Näherungspolynoms möglichst klein zu halten und möglichst wenige Wurzeln mit ins Spiel zu bringen, wollen wir zunächst lediglich die Werte

$$\sin(\pm 30°) = \pm\frac{1}{2}, \qquad \sin(\pm 45°) = \pm\frac{\sqrt{2}}{2},$$

$$\sin(\pm 60°) = \pm\frac{\sqrt{3}}{2} \qquad \text{und} \qquad \sin(\pm 90°) = \pm 1$$

verwenden.

Übung 4.6 Bestimme eine Polynomapproximation vom Grad 5 der Funktion $\sin(\pi x)$ im Intervall $\left[-\frac{1}{2}, \frac{1}{2}\right]$, die nur die Quadratwurzel $\sqrt{3}$ enthält. Auf wieviele Dezimalen genau ist die Näherung? Berechne einen algebraischen Näherungswert für $\sin 15°$. Welchen exakten Wert hat $\sin 15°$? Vergleiche!

Nur eine Wurzel, nämlich $\sqrt{3}$, taucht in dem Näherungspolynom 5. Grades

```
p:=POLYNOMINTERPOLATION(SIN(pi*x),x,[-1/2,-1/3,-1/6,0,1/6,1/3,1/2])
```

auf, das mit `Vereinfache` zu

$$-\frac{x}{10}\left(324x^4(4\sqrt{3}-7) + 45\sqrt{3}x^2(5\sqrt{3}-8) + 9\sqrt{3} - 47\right)$$

vereinfacht wird. Es ist auf 3 Stellen genau, da

```
MAX(VECTOR(ABS(p-SIN(pi*x)),x,0,1/2,1/180))
```

mit Hilfe von `approX` den Wert $1.89146\,41088\,20669\,8596 \cdot 10^{-4}$ liefert,[6] sofern DERIVEs Rechengenauigkeit mittels `Einstellung Genauigkeit Digits` auf 20 Stellen festgelegt wurde.

Mit 2 Quadratwurzeln, nämlich $\sqrt{2}$ und $\sqrt{3}$, kommt die Approximation 7. Grades

```
p:=POLYNOMINTERPOLATION(SIN(pi*x),x,[-1/2,-1/3,-1/4,-1/6,0,1/6,1/4,1/3,1/2])
```

[6] Zuerst muß der Teilausdruck p vereinfacht werden!

aus. Es ergibt sich das Ergebnispolynom

$$\frac{x}{210}\Big(5184\,x^6\,(256\sqrt{2}-108\sqrt{3}-175)-252\,x^4\,(2048\sqrt{2}-756\sqrt{3}-1589)$$
$$+7\,x^2\,(7168\sqrt{2}-1944\sqrt{3}-6925)-1024\sqrt{2}+243\sqrt{3}+1687\Big) \quad (4.3)$$

und der maximale Fehler

```
MAX(VECTOR(ABS(p-SIN(pi*x)),x,0,1/2,1/180)),
```

der dem Zahlenwert $3.77085\,51962\,7697\dot{5}\,5577\cdot 10^{-6}$, also einer 5-stelligen Genauigkeit entspricht (also die Güte der früher an den Schulen benutzten Zahlentafeln („Logarithmentafeln") erreicht bzw. übertrifft!).

Übung 4.7 Zeige, daß bei der Fehlerrechnung des Näherungspolynoms 5. Grades eine 6-stellige Rechengenauigkeit noch genügt hätte. Wie sieht es diesmal aus? Woher kommt die Ungenauigkeit? Gib eine genaue Begründung und überprüfe sie!

Wir wollen die vorliegende Näherung benutzen, um den Wert von sin 15° zu approximieren. Der korrekte Wert ergibt sich durch `approX` und `Vereinfache` von `SIN(15 deg)` zu

$$\sin 15° = \frac{\sqrt{6}}{4}-\frac{\sqrt{2}}{4} = 0.25881\,90451\,02520\,76234\ldots,$$

während die Approximation gemäß (4.3) durch Einsetzen von $x=\frac{1}{12}$ mit `approX` und `Vereinfache` die Werte

$$\frac{\sqrt{3}}{16}-\frac{5\sqrt{2}}{18}+\frac{313}{576} = 0.25881\,88525\,91639\,53951\ldots$$

erzeugt. Man sieht sehr schön, wie sich diese beiden Zahlen ab der 6. Dezimalen unterscheiden.[7]

Zum Abschluß leiten wir eine polynomiale Näherung der Sinusfunktion her, die auf praktisch 10 Stellen genau ist. Dazu verwenden wir das Stützstellensystem aller Winkelvielfachen von 15°, für die exakte algebraische Werte erhältlich sind, die lediglich die Wurzeln $\sqrt{2}$, $\sqrt{3}$ und $\sqrt{6}=\sqrt{2}\sqrt{3}$ enthalten:

DERIVE Eingabe	DERIVE Ausgabe
`VECTOR(SIN(k*15*deg),k,0,6)`	$\left[0,\frac{\sqrt{6}}{4}-\frac{\sqrt{2}}{4},\frac{1}{2},\frac{\sqrt{2}}{2},\frac{\sqrt{3}}{2},\frac{\sqrt{6}}{4}+\frac{\sqrt{2}}{4},1\right]$.

Der Aufruf `p:=POLYNOMINTERPOLATION(SIN(pi*x),x,VECTOR(k/12,k,-6,6))` ergibt nach `Vereinfache` das Näherungspolynom[8] vom Grad 11

[7] Man beachte, daß wir auf diese Weise zwei „fast identische" algebraische Zahlen konstruiert haben.

[8] In einigen älteren DERIVE-Versionen wurden die Wurzeln $\sqrt{688\,096\,086}$, $\sqrt{4\,210\,802}$ sowie $\sqrt{11\,625\,842}$ erzeugt, da ab einer bestimmten Stellenzahl die Argumente von Quadratwurzeln nicht mehr faktorisiert wurden, weil das Faktorisieren großer Zahlen bekanntlich lange dauern kann, s. Aufgaben 4.6–4.7.

$$-\frac{x}{11\,550}\Big(\;107\,495\,424\,x^{10}\,(71\,\sqrt{6}-44\,\sqrt{3}+49\,\sqrt{2}-167)$$
$$-41\,057\,280\,x^{8}\,(114\,\sqrt{6}-60\,\sqrt{3}+62\,\sqrt{2}-263)$$
$$+171\,072\,x^{6}\,(6\,031\,\sqrt{6}-2\,404\,\sqrt{3}+1929\,\sqrt{2}-13\,337)$$
$$-1\,980\,x^{4}\,(50\,840\,\sqrt{6}-12\,500\,\sqrt{3}-728\,\sqrt{2}-101\,837)$$
$$+11x^{2}(385\,524\sqrt{6}-179\,924\sqrt{2}-46\,296\sqrt{3}-604\,273)$$
$$-59\,580\sqrt{6}+48\,220\sqrt{2}+2\,475\sqrt{3}+37\,175)\;\Big)\,. \tag{4.4}$$

Diesmal haben wir den maximalen Fehler

```
MAX(VECTOR(ABS(p-SIN(pi*x)),x,0,1/2,1/180)),
```

der dem Wert 2.18999 58505 03028 8150$\cdot 10^{-10}$, also einer gut 9-stelligen Genauigkeit entspricht.

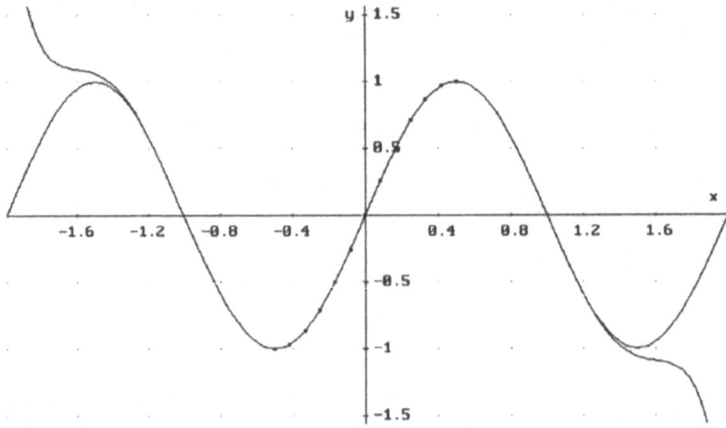

Abbildung 4.4 Interpolationspolynom der Sinusfunktion für 11 Stützstellen

Übung 4.8 Stelle das Interpolationspolynom der Funktion $\sin(\pi x)$ im Intervall $\left[-\frac{1}{2},\frac{1}{2}\right]$ bzgl. des Stützstellensystems der Winkelvielfachen von 15° graphisch dar und vergleiche mit Abbildung 4.4. Deute das Ergebnis!

Versucht man nun, den erhaltenen Ausdruck graphisch darzustellen, wird man enttäuscht: Die Graphik sieht anders aus als in Abbildung 4.4. Warum? Dies liegt daran, daß wir zwar im Algebra-Fenster mit 20-stelliger Genauigkeit rechnen, im Plot-Fenster aber weiterhin mit einer 6-stelligen Genauigkeit gerechnet wird! Das reicht nicht aus, da das Approximationspolynom Summanden mit verschiedenem Vorzeichen hat, die sehr große Werte (um 10^7) haben. Differenzen so großer Zahlen lassen sich natürlich bei einer 6-stelligen Rechengenauigkeit nicht mehr bestimmen. Diesen Effekt nennt man *Subtraktionskatastrophe*.

Wir ändern also `Graphik Einstellungen Genauigkeit Digits` auf 20, und können dann sehen, wie gut diese Näherung die Sinusfunktion approximiert, s. Abbildung 4.4.

Es ist erstaunlich, wie gut diese Näherungsfunktion ist. Obwohl wir nur Stützstellen des Intervalls $[-\frac{1}{2}, \frac{1}{2}]$ verwendet haben, weicht das Polynom von der Sinusfunktion im doppelt so großen Intervall $[-1, 1]$ kaum ab.

Wir approximieren nun den Wert von $\sin 18°$ mit dieser Näherungsformel. Der korrekte Wert ergibt sich durch `approX` und `Vereinfache` von `SIN(18 deg)` zu[9]

$$\sin 18° = \frac{\sqrt{5}}{4} - \frac{1}{4} = 0.30901\,69943\,74947\,42410\ldots, \tag{4.5}$$

während die Approximation gemäß (4.4) durch Einsetzen von $x = \frac{1}{10}$ mit `approX` und `Vereinfache` die Werte

$$\frac{277\,464\,096\sqrt{6}}{1\,220\,703\,125} - \frac{305\,202\,976\sqrt{2}}{1\,220\,703\,125} + \frac{5\,597\,856\sqrt{3}}{1\,220\,703\,125} + \frac{238\,997\,941}{2\,441\,406\,250}$$

$$= 0.30901\,69943\,75459\,70808\ldots$$

ergibt in 11-stelliger Übereinstimmung mit (4.5).

In der numerischen Praxis wird die Polynomapproximation zur Berechnung trigonometrischer Funktionen nicht verwendet. Dies ist nicht schwer zu verstehen: Bei immer höherer Genauigkeit steigt bei der Polynomapproximation der Grad der Polynome immer weiter an. Da ferner die Polynomkoeffizienten immer größer werden, müssen wir immer genauer rechnen, wodurch der Rechenaufwand ins Unermeßliche steigt. Zudem erweist sich die Interpolation als zu „steif", weil eine Konvergenzbeschleunigung an *einzelnen* Stellen nicht erreicht werden kann.

Trotzdem darf festgehalten werden, daß Mathematiker früherer Jahrhunderte nach einer Formel wie (4.4), die zwar recht häßliche Koeffizienten besitzt, sich aber prinzipiell zur 10-stelligen Tabellierung der trigonometrischen Funktionen eignet, vergeblich gesucht haben.

Aufgaben

4.4 *Berechne das Polynom*

```
p:=POLYNOMINTERPOLATION(SIN(pi*x),x,VECTOR(k/12,k,-6,6))
```

mit `Vereinfache`. *Vergleiche mit* (4.4). *Vereinfache diesen Term weiter unter Verwendung von*

1. `approX`,

2. `Mult`,

[9] Der genaue Wert wird in der Schule üblicherweise nicht behandelt. Er hat mit der Konstruktion des regelmäßigen Fünfecks zu tun.

3. erst `Mult`*, dann* `approX`*,*

und stelle die resultierenden Ausdrücke jeweils mit einer 6-stelligen Genauigkeit graphisch dar. Beschreibe die resultierenden Graphen und begründe. Wie werden alle Ausdrücke richtig graphisch dargestellt?

4.5 *Verwende die Methode aus Übung 4.5 und die Approximationen von* $\sin(\pi x)$ *dieses Abschnitts, um Näherungen von* π *anzugeben. Teste die Güte dieser Approximationen.*

4.6 *Sind die* Fermatschen Zahlen

$$F_n := 2^{(2^n)} + 1 \qquad (n = 0, 1, \ldots) .$$

Primzahlen? Berechne die Primfaktorzerlegungen von $F_1, \ldots, F_7$. *Die Zerlegung von* $F_5 = 4\ 294\ 967\ 297$ *war bereits Euler bekannt.*[10] *DERIVE kann auch noch* F_6 *faktorisieren. Die Faktorisierung*

$$F_7 = 59\,649\,589\,127\,497\,217 \cdot 5\,704\,689\,200\,685\,129\,054\,721$$

dauert allerdings zu lange und muß abgebrochen werden. Überprüfe die angegebene Zerlegung!

4.7 *Ist p eine Primzahl, so nennt man die Zahlen*

$$M_p := 2^p - 1 \qquad (p \text{ Primzahl})$$

die Mersenneschen *Zahlen. Mersenne vermutete, daß diese lediglich für die 10 Werte* $p = 2, 3, 5, 7, 17, 19, 31, 67, 127, 257$ *Primzahlen sind. Diese Vermutung ist falsch*[11]*. Im einzelnen:*

(a) M_{13}, M_{61}, M_{89} *und* M_{107} *sind Primzahlen, die nicht in Mersennes Liste stehen.*

(b) M_{67} *ist zusammengesetzt, tatsächlich ist*

$$M_{67} = 147\,573\,952\,589\,676\,412\,927 = 193\,707\,721 \cdot 761\,838\,257\,287 .$$

(c) M_{257} *ist zusammengesetzt.*

Weise mit DERIVE (a) *und* (b)[12] *nach. Versuche,* (c) *nachzuweisen. Diese Berechnung muß abgebrochen werden. Geduld und Speicher des Computers gehen zu Ende, bevor die Antwort gefunden ist.*

4.8 *Berechne eine Polynomapproximation für* $\sin(\pi x)$ *im Intervall* $\left[-\frac{1}{2}, \frac{1}{2}\right]$, *bei der nur die Wurzel* $\sqrt{2}$ $(\sqrt{5})$ *vorkommt.*

[10] Wie er damals auf diese Zerlegung gestoßen ist, ist leider nicht übermittelt.

[11] Zur Zeit sind 28 Mersenne-Primzahlen bekannt. Die größte davon ist die Mersennesche Zahl M_{86243}, eine Zahl mit etwa 26000 Stellen.

[12] Beachte, wie lange die Faktorisierung von M_{67} braucht. Zuerst wurde diese Zahl 1903 von F. N. Cole faktorisiert. Auf die Frage, wie lange er gebraucht habe, M_{67} zu knacken, sagte er „three years of Sundays" ([1], S. 228). Mit DERIVE hätte er 3 Jahre gespart...

4.4 Fehlerrechnung für die Lagrange-Interpolation

In diesem Abschnitt präsentiere ich das theoretische Hintergrundwissen, das man für präzise Fehlerabschätzungen bei der Lagrange-Interpolation braucht. Im letzten Abschnitt hatten wir den größten Fehler des approximierenden Polynoms einfach durch Berechnung des tatsächlichen Fehlers auf einem relativ feinen Gitter bestimmt. Während diese Methode zwar in der Praxis recht genaue Resultate liefert, eignet sie sich jedoch nicht für eine beweiskräftige Fehlerabschätzung: So fein das Gitter auch sein mag, wird jedoch in der Regel der Fehler an anderen Stellen größer sein.

Der folgende Satz, für dessen Beweis die Kenntnis des Mittelwertsatzes der Differentialrechnung vorausgesetzt werden muß und der der Vollständigkeit halber angegeben wird, gibt eine präzise Antwort auf die gestellte Frage (s. [22], Satz 12.6).

Satz Seien x_k $(k = 1, \ldots, n)$ in dem Intervall $[a, b]$ vorgegeben. Die Funktion f sei ferner n-mal differenzierbar in $[a, b]$. Dann gibt es für alle $x \in [a, b]$ einen Punkt $\xi \in (a, b)$ so, daß

$$E(x) := f(x) - \sum_{k=1}^{n} f(x_k) L_k(x) = \frac{f^{(n)}(\xi)}{n!} \prod_{k=1}^{n} (x - x_k) \, . \tag{4.6}$$

Beweis: Zunächst einmal stimmt das Resultat offenbar an den Stellen $x = x_k$ $(k = 1, \ldots, n)$, da dann beide Seiten von (4.6) gleich Null sind. Wir betrachten nun den Fall, daß $x \neq x_k$ ist. Sei die Funktion G im Intervall $[a, b]$ bei gegebenem $x \in [a, b]$ durch

$$G(t) := E(t) - \frac{P(t)}{P(x)} E(x) \tag{4.7}$$

erklärt, wobei P das Polynom

$$P(t) := \prod_{k=1}^{n} (t - x_k) \tag{4.8}$$

bezeichne. Wir stellen fest, daß G Nullstellen hat genau an den Stellen $t = x_k$ $(k = 1, \ldots, n)$ sowie an der Stelle $t = x$, da x nach Voraussetzung keine der Stützstellen x_k ist, d. h. G hat $n{+}1$ verschiedene Nullstellen in $[a, b]$. Wir betrachten nun die Ableitungen von G und zählen deren Nullstellen. Auf Grund des Mittelwertsatzes der Differentialrechnung gibt es zwischen je zwei Nullstellen einer differenzierbaren Funktion mindestens eine Nullstelle ihrer Ableitung. Daher hat zunächst G' also mindestens n Nullstellen in (a, b), G'' dann mindestens $n{-}1$ Nullstellen, und schließlich hat also $G^{(n)}$ mindestens eine Nullstelle, sagen wir an der Stelle $\xi \in (a, b)$, d. h.

$$G^{(n)}(\xi) = 0 \, . \tag{4.9}$$

Da ferner das Interpolationspolynom $\sum\limits_{k=1}^{n} f(x_k) L_k(t)$ von $f(t)$ den Grad $n - 1$ hat, verschwindet seine $n$te Ableitung, so daß aus der Definition des Fehlerterms (4.6)

$$E^{(n)}(t) = f^{(n)}(t) \tag{4.10}$$

folgt. Weiter hat P als Polynom $n$ten Grades eine konstante $n$te Ableitung, und aus (4.8) folgt $P^{(n)}(t) = n!$, und somit erhalten wir schließlich aus (4.7) und (4.10) die Beziehung

$$G^{(n)}(t) = f^{(n)}(t) - \frac{n!}{P(x)} E(x) \, .$$

Zusammen mit (4.9) folgt also das gewünschte Ergebnis

$$E(x) = \frac{f^{(n)}(\xi)}{n!} P(x) . \qquad \square$$

Wenden wir diesen Satz nun auf die Interpolation (4.4) an. Hier ist $f(x) := \sin(\pi x)$ mit den Stützstellen $x_k = -\frac{6}{12}, -\frac{5}{12}, \ldots, \frac{6}{12}$. Folglich gilt für den Fehler

$$E(x) = \frac{f^{(13)}(\xi)}{13!} \prod_{k=-6}^{6} \left(x - \frac{k}{12}\right) .$$

Übung 4.9 Berechne die Fehlerfunktion $E(x)$.

Man erhält

$$E(x) = \frac{\pi^{13} \cos(\pi\xi)}{6\,227\,020\,800} \prod_{k=-6}^{6} \left(x - \frac{k}{12}\right) .$$

Da nun die Kosinusfunktion nur Werte zwischen -1 und 1 annimmt, können wir diesen Ausdruck abschätzen durch

$$|E(x)| \leq |E_0(x)| := \left| \frac{\pi^{13}}{6\,227\,020\,800} \prod_{k=-6}^{6} \left(x - \frac{k}{12}\right) \right| , \qquad (4.11)$$

und es hängt alles ab vom Verhalten der Funktion $E_0(x)$ auf der rechten Seite in (4.11).

Übung 4.10 Stelle die Funktion $|E_0(x)|$ im Intervall $[0, 1/2]$ graphisch dar. Wo ist diese Funktion besonders groß? Bestimme die Ableitungsfunktion $E_0'(x)$ und verwende `Löse` mit `Einstellung Genauigkeit Approximate`, um die Stellen der lokalen Maxima von $|E_0(x)|$ numerisch zu berechnen. Berechne schließlich die entsprechenden Funktionswerte, um das Maximum von $|E_0(x)|$ im Intervall $[0, 1/2]$ zu bestimmen.

Eine graphische Darstellung von $|E_0(x)|$ zeigt (bei einer geeignet gewählen Skalierung, s. Abbildung 4.5), daß diese Funktion, die ja an den Stützstellen $x_k = -\frac{6}{12}, -\frac{5}{12}, \ldots, \frac{6}{12}$ jeweils den Wert Null hat, ihr größtes Maximum zwischen zwischen $\frac{5}{12}$ und $\frac{6}{12}$ hat. Wendet man `Löse` mit `Einstellung Genauigkeit Approximate` für das Intervall $\left[\frac{5}{12}, \frac{6}{12}\right]$ auf die Ableitung

```
DIF(PRODUCT(x-k/12,k,-6,6),x)
```

an, findet man die Extremalstelle $x = 0.47718052892391236304$, und Einsetzen dieses Wertes in die rechte Seite von (4.11) ergibt $-2.2814049882079930777 \cdot 10^{-10}$. Die Werte der anderen Extrema sind betragsmäßig bedeutend kleiner, wie die Wertetabelle 4.1, die mit DERIVE erzeugt wurde, zeigt.

Die restlichen Extrema liegen symmetrisch zum Ursprung, da E_0 diese Symmetrie besitzt. Alles in allem haben wir also bewiesen, daß die Interpolationsformel (4.4) die Funktion $\sin(\pi x)$ im Intervall $\left[-\frac{1}{2}, \frac{1}{2}\right]$ mit einem Fehler von höchstens $2.3 \cdot 10^{-10}$ genau approximiert.

Ableitungsnullstelle x	$E_0(x)$ mit `approX`
0.04300 64566 96020 92055	$7.48258\ 33885\ 52469\ 7526 \cdot 10^{-13}$
0.12906 15602 36862 81655	$-1.03085\ 23578\ 21342\ 7258 \cdot 10^{-12}$
0.21525 51801 71467 40086	$1.99150\ 57545\ 82274\ 0712 \cdot 10^{-12}$
0.30173 00981 86550 0393	$-5.62785\ 64101\ 45542\ 3457 \cdot 10^{-12}$
0.38876 55831 57101 6873	$2.54179\ 33158\ 70924\ 2299 \cdot 10^{-11}$
0.47718 05289 23912 36304	$-2.2814049882079930777 \cdot 10^{-10}$

Tabelle 4.1 Extrema von $E_0(x)$

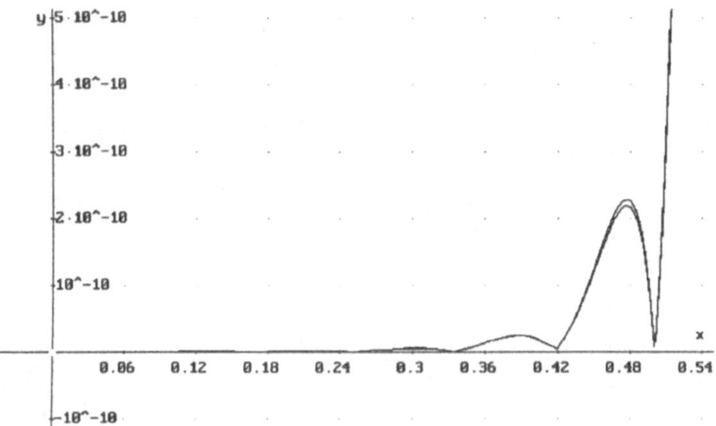

Abbildung 4.5 Graphische Darstellung des echten und des abgeschätzten Fehlers

Die Berechnungen dieses Abschnitts belegen, daß der im letzten Abschnitt heuristisch berechnete Fehlerwert $2.19 \cdot 10^{-10}$ schon sehr genau war.

Übung 4.11 Stelle den echten Fehler $|E(x)|$ im selben Schaubild graphisch dar, in dem $|E_0(x)|$ dargestellt wurde. Wie unterscheiden sich die beiden Funktionen?

In Abbildung 4.5 wurde außer der Funktion $|E_0(x)|$ auch der echte Fehler $|E(x)|$ im selben Schaubild graphisch dargestellt. Diese beiden Funktionen sind praktisch ununterscheidbar.

Aufgaben

★ **4.9** *Zeige folgende Abschätzung für den Fehler bei der Polynomapproximation: Seien die Punkte x_k $(k = 1, \ldots, n)$ in dem Intervall $[a, b]$ vorgegeben, wobei der größte Abstand zweier benachbarter Punkte h sei. Die Funktion f sei n-mal differenzierbar in $[a, b]$. Dann gilt für den Fehler bei der Lagrange-Approximation*

$$|E(x)| = \left| f(x) - \sum_{k=1}^{n} f(x_k) L_k(x) \right| \leq \frac{\max\{|f^{(n)}(x)| \mid x \in [a, b]\}}{n} h^n . \tag{4.12}$$

4.5 Das Sinusprodukt

Abschließend wollen wir die Lagrange-Interpolation dazu verwenden, das *Eulersche Sinusprodukt* herzuleiten. Dazu verwenden wir dieses Mal im wesentlichen die ganzen Zahlen als Stützpunkte einer Interpolation der Funktion $\sin(\pi x)$.

Übung 4.12 Berechne die Lagrange-Interpolation der Funktion $\sin(\pi x)$ bzgl. der Stützpunktsysteme $\{0, \pm 1, \ldots, \pm n\}$ für $n = 1, \ldots, 5$. Begründe die Resultate!

Da die Sinusfunktion $\sin(\pi x)$ an jeder Stelle $x \in \mathbb{Z}$ eine Nullstelle besitzt, ist jedes Lagrangesche Approximationspolynom, das nur ganzzahlige Stützstellen besitzt, automatisch das Nullpolynom.

Daher fügen wir dem Stützstellensystem $\{0, \pm 1, \ldots, \pm n\}$ noch eine weitere Zahl $a \notin \{0, \pm 1, \ldots, \pm n\}$ hinzu.

Übung 4.13 Berechne das Lagrangesche Approximationspolynom der Funktion $\sin(\pi x)$ für das Stützstellensystem $\{a, 0, \pm 1, \ldots, \pm n\}$.

Da die Funktion $\sin(\pi x)$ an allen Stützstellen $x_k = \pm k$ den Wert $y_k = 0$ hat, benötigen wir nur das zu der Stützstelle a gehörige Lagrangepolynom $L_a(x)$. Dieses ergibt sich zu

$$L_a(x) = \frac{(n-x)(n-1-x)\cdots x \cdots(-(n-1)-x)(-n-x)}{(n-a)(n-1-a)\cdots a \cdots(-(n-1)-a)(-n-a)} = \frac{x \prod\limits_{k=1}^{n} \left(1 - \frac{x^2}{k^2}\right)}{a \prod\limits_{k=1}^{n} \left(1 - \frac{a^2}{k^2}\right)},$$

so daß das Polynom

$$L(x) = y_1 L_1(x) + y_2 L_2(x) + \cdots + y_n L_n(x) = \frac{x \prod\limits_{k=1}^{n} \left(1 - \frac{x^2}{k^2}\right)}{a \prod\limits_{k=1}^{n} \left(1 - \frac{a^2}{k^2}\right)} \sin(\pi a) \tag{4.13}$$

das zugehörige Approximationspolynom darstellt.

Jetzt legen wir a fest. Damit die Rechnungen möglichst einfach werden, setzen wir $a = 1/2$. Dann ist nämlich $\sin(\pi a) = \sin \frac{\pi}{2} = 1$. Das Produkt, das dann im Nenner von (4.13) steht, führt uns zum Wallisprodukt

$$\prod_{k=1}^{\infty} \frac{2k}{2k-1} \frac{2k}{2k+1} = \lim_{n \to \infty} \prod_{k=1}^{n} \frac{2k}{2k-1} \frac{2k}{2k+1} = \frac{2}{1} \cdot \frac{2}{3} \cdot \frac{4}{3} \cdot \frac{4}{5} \cdot \frac{6}{5} \cdot \frac{6}{7} \cdots = \frac{\pi}{2}.$$

Diese Formel wird in Kapitel 6 auf Seite 106 bewiesen.

Übung 4.14 Berechne für $a = 1/2$ den Grenzwert

$$\lim_{n \to \infty} a \prod_{k=1}^{n} \left(1 - \frac{a^2}{k^2}\right).$$

Wenden wir das Wallisprodukt nun auf (4.13) mit $a = 1/2$ an, bekommen wir für große $n \in \mathbb{N}$ also ungefähr

$$L(x) \approx \pi x \prod_{k=1}^{n} \left(1 - \frac{x^2}{k^2}\right)$$

und wir dürfen mit $n \to \infty$ erwarten, daß die Beziehung

$$\sin(\pi x) = \pi x \prod_{k=1}^{\infty} \left(1 - \frac{x^2}{k^2}\right) \tag{4.14}$$

gültig ist. Dies ist das *Sinusprodukt*, welches zuerst Euler angegeben hat. Es rekonstruiert die Sinusfunktion $\sin(\pi x)$ also vollständig aus ihrem Nullstellensystem $\mathbb{Z}$.

Aufgaben

4.10 *Verwende die Beziehung* $\sin(2x) = 2\sin x \cos x$, *um eine Produktdarstellung für* $\cos(\pi x)$ *anzugeben.*

4.11 *Berechne den Grenzwert*

$$\lim_{n \to \infty} \frac{\sqrt{n}}{4^n} \binom{2n}{n} .$$

Hinweis: *Verwende das Wallisprodukt und drücke* $\prod_{k=1}^{n} \frac{4k^2}{4k^2-1}$ *durch Fakultäten aus.*

4.12 *Zeige durch eine formale Rechnung, daß das Sinusprodukt eine periodische Funktion mit der Periode 1 darstellt.*

5 Flächenberechnung

In diesem Kapitel behandeln wir das Integrationsproblem der Bestimmung von Flächeninhalten.

Bei einer herkömmlichen Einführung der Integration durch geeignete Rechtecksummen ist man für höhere Funktionen bald am Ende mit seinem Latein. Daher wird üblicherweise sehr schnell der Hauptsatz der Differential- und Integralrechnung verwendet, und Integrale werden durch Antidifferentiation, d. h. durch das Suchen einer Stammfunktion, gelöst.

Mit DERIVE kommt man bei der Bestimmung von Rechtecksummen schon weiter. Dies ist u. a. deshalb interessant, weil die wichtigen Konzepte für die Flächenberechnung immerhin schon über 2 Jahrtausende alt sind, während die Differentiation eine recht junge Disziplin ist.

5.1 Regelmäßige arithmetische Zerlegungen

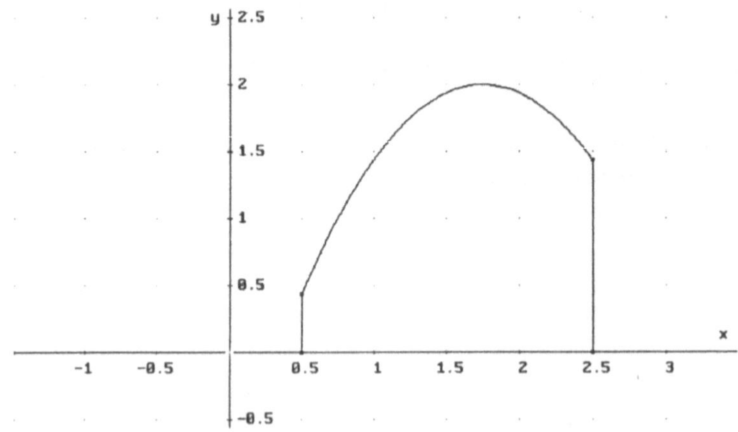

Abbildung 5.1 Der Flächeninhalt A

In diesem Abschnitt wollen wir kurz das Integrationsproblem wiederholen. Gesucht ist der Flächeninhalt A des ebenen Bereichs, der durch

- den Graphen einer positiven Funktion f (oben),
- der x-Achse (unten), und
- den zwei vertikalen Geraden $x = a$ und $x = b$ (links und rechts)

berandet ist, s. Abbildung 5.1. Dazu zerlegen wir das Intervall $[a, b]$ in n Teilintervalle $I_k = [x_{k-1}, x_k]$ $(k = 1, \ldots, n)$ mit Hilfe der Punkte $x_k \in [a, b]$ $(k = 0, \ldots, n)$, für die

$$a =: x_0 < x_1 < x_2 < \cdots < x_{n-1} < x_n := b \tag{5.1}$$

gilt. Insbesondere ist für jede Zerlegung $\mathcal{P}$ von $[a, b]$

$$\begin{aligned} b - a &= (x_n - x_{n-1}) + (x_{n-1} - x_{n-2}) + \cdots + (x_1 - x_0) \\ &= \sum_{k=1}^{n} (x_k - x_{k-1}) = \sum_{k=1}^{n} \Delta x_k \ , \end{aligned} \tag{5.2}$$

wobei wir mit Δx_k die Länge des $k$ten Teilintervalls bezeichnen.[1] Sind alle Längen Δx_k gleich, nennen wir $\mathcal{P}$ eine *regelmäßige arithmetische* oder *äquidistante Zerlegung*. Die gemeinsame Länge ergibt sich gemäß (5.2) zu

$$\Delta x = \frac{b - a}{n} \tag{5.3}$$

und für die Stützpunkte der Zerlegung gilt dann

$$x_k = x_0 + k\,\Delta x = a + k\,\frac{b - a}{n} \qquad (k = 0, \ldots, n) \ . \tag{5.4}$$

Man nennt nun f *integrierbar* von a nach b, wenn die Grenzwerte

$$\lim_{n\to\infty} \sum_{k=1}^{n} f(\xi_k)\,\Delta x_k \tag{5.5}$$

für alle Zerlegungsfolgen des Intervalls und alle möglichen Wahlen der Punkte $\xi_k \in [x_{k-1}, x_k]$ existieren und übereinstimmen.[2] Ist f integrierbar über $[a, b]$, dann heißt der Grenzwert (5.5) das (*bestimmte*) *Integral* von f von a nach b, und man schreibt

$$\int_a^b f(x)\,dx := \lim_{n\to\infty} \sum_{k=1}^{n} f(\xi_k)\,\Delta x_k \tag{5.6}$$

und faßt diesen Wert als den gesuchten Flächeninhalt A auf. Eine Summe der Form

$$\sum_{k=1}^{n} f(\xi_k)\,\Delta x_k \tag{5.7}$$

heißt *Riemannsumme* von f, und sie stellt den Flächeninhalt eines aus Rechtecken bestehenden Näherungsbereichs dar.

[1] Ein Ausdruck mit Pünktchen ... ist in gewisser Weise unbestimmt (warum?) und kann daher beispielsweise nicht in DERIVE verwendet werden. Daher benutzen wir das Summenzeichen Σ. Hiermit wird die Summe genau beschrieben.

[2] Wenn man will, kann man auf die Werte ξ_k auch verzichten. Wir werden lediglich die Randpunkte $\xi_k = x_{k-1}$ bzw. $\xi_k = x_k$ verwenden.

Auf Grund der geometrischen Deutung sieht man nun, daß für monoton wachsende oder fallende Funktionen – und alle elementaren Funktionen haben diese Eigenschaft in geeigneten Intervallen – die Werte $\xi_k \in [x_{k-1}, x_k]$ für alle Zerlegungen als Intervallendpunkte gewählt werden können und so untere und obere Schranken für das zu berechnende Integral liefern.

Wählt man nun eine arithmetische Unterteilung, bekommen wir also die linke Riemannsumme

$$\text{LINKS}\,(f, [a,b], n) := \sum_{k=1}^{n} f\left(a + (k-1)\,\frac{b-a}{n}\right)\frac{b-a}{n} \tag{5.8}$$

bzw. die rechte Riemannsumme

$$\text{RECHTS}\,(f, [a,b], n) := \sum_{k=1}^{n} f\left(a + k\,\frac{b-a}{n}\right)\frac{b-a}{n}\,, \tag{5.9}$$

welche beispielsweise für eine in $[a, b]$ monoton wachsende Funktion f immer unterhalb bzw. oberhalb des Integralwerts $\int\limits_a^b f(x)\,dx$ liegen. Stimmen ihre Grenzwerte für $n \to \infty$ also überein (was bei monotonen Funktionen sogar immer der Fall ist), so bestimmt dieser gemeinsame Grenzwert den Integralwert.

Die Riemannsummen (5.8) und (5.9) lassen sich nun ohne Mühe als DERIVE-Funktionen deklarieren. Nach Laden der Datei `INT.MTH` stehen die Funktionen `LINKS(f,x,a,b,n)` und `RECHTS(f,x,a,b,n)` zur Verfügung, die die linke bzw. rechte Riemannsumme (5.8) bzw. (5.9) berechnen.

Übung 5.1 Deklariere mit `Def Variable` oder durch die Eingabe `F(x):=` die willkürliche Funktion $F(x)$. Was ergeben `LINKS(F(x),x,a,b,n)` und `RECHTS(F(x),x,a,b,n)`? Berechne für beliebiges a, b, n die linke Riemannsumme der Funktionen

(1.) $f(x) = x^2$,	(2.) $f(x) = x^3$,	(3.) $f(x) = \frac{1}{x}$,
(4.) $f(x) = e^x$,	(5.) $f(x) = a^x$,	(6.) $f(x) = \ln x$,
(7.) $f(x) = \sin x$,	(8.) $f(x) = \cos x$,	(9.) $f(x) = \tan x$,
(10.) $f(x) = \frac{1}{1+x^2}$,	(11.) $f(x) = \sqrt{1-x^2}$,	(12.) $f(x) = \arcsin x$.

Berechne jeweils den Grenzwert für $n \to \infty$. Verwende hierfür `Mult`. Für welche Beispiele findet DERIVE den Grenzwert? Kannst Du ein Muster bei den Ergebnissen erkennen?

Die gegebenen Prozeduren können mit Erfolg z. B. auf folgende Beispielfunktionen angewendet werden, wobei die Variable immer x, die Integration immer von a nach b und die Anzahl der Teilintervalle immer n ist.

DERIVE Eingabe	DERIVE Ausgabe[3]
`LINKS(x^3,x,a,b,n)`	$\dfrac{\Big(a(n+1)+b(n-1)\Big)(b-a)\Big(a^2(n+1)+b^2(n-1)\Big)}{4n^2}$
`LINKS(EXP(x),x,a,b,n)`	$\dfrac{e^{a/n}(b-a)\left(e^a-e^b\right)}{n\left(e^{a/n}-e^{b/n}\right)}$
`LINKS(SIN(x),x,a,b,n)`	$\dfrac{(a-b)\cos\left(a\left(\frac{1}{2n}+1\right)-\frac{b}{2n}\right)}{2n\sin\left(\frac{a}{2n}-\frac{b}{2n}\right)}+\dfrac{(b-a)\cos\left(\frac{a}{2n}+\frac{b(2n-1)}{2n}\right)}{2n\sin\left(\frac{a}{2n}-\frac{b}{2n}\right)}$
`LINKS(COS(x),x,a,b,n)`	$\dfrac{(b-a)\sin\left(a\left(\frac{1}{2n}+1\right)-\frac{b}{2n}\right)}{2n\sin\left(\frac{a}{2n}-\frac{b}{2n}\right)}+\dfrac{(a-b)\sin\left(\frac{a}{2n}+\frac{b(2n-1)}{2n}\right)}{2n\sin\left(\frac{a}{2n}-\frac{b}{2n}\right)}$

Die Prozedur RECHTS liefert ähnliche Resultate. Man kann nun auf all diese Ausdrücke die eingebaute Grenzwertfunktion anwenden und erhält dann für $n \to \infty$

$f(x)$	DERIVE Eingabe	DERIVE Ausgabe[4]
x^3	`LIM(LINKS(x^3,x,a,b,n),n,inf)`	$\dfrac{b^4}{4}-\dfrac{a^4}{4}$
e^x	`LIM(LINKS(EXP(x),x,a,b,n),n,inf)`	$e^b - e^a$
$\sin x$	`LIM(LINKS(SIN(x),x,a,b,n),n,inf)`	$\cos a - \cos b$
$\cos x$	`LIM(LINKS(COS(x),x,a,b,n),n,inf)`	$\sin b - \sin a$

Dieselben Resultate bekommt man ganz entsprechend mit der Prozedur RECHTS. Damit haben wir u. a. die Flächeninhalte unter den Graphen der Exponential-, Sinus- und Kosinusfunktion *für beliebige Intervallendpunkte a und b* hergeleitet.

Der schwierigste Teil der Berechnung besteht darin, für die auftretende Summe von $k = 1$ bis n eine Formel zu finden. Daran scheitert i. a. die Berechnung. Bei dem Beispiel der Funktion $f(x) = \frac{1}{x}$ findet DERIVE zwar keine summenfreie Formel für die auftretende Summe, aber erstaunlicherweise trotzdem den entsprechenden Grenzwert:

$f(x)$	DERIVE Eingabe	DERIVE Ausgabe
$1/x$	`LINKS(1/x,x,a,b,n))`	$(a-b)\sum_{k\_=1}^{n}\dfrac{1}{k\_(a-b)-a(n+1)+b}$
	`LIM(LINKS(1/x,x,a,b,n),n,inf)`	$\ln b - \ln a$

Sehr viele Funktionen lassen sich auf diese Art allerdings *nicht* behandeln, da die auftretenden Summen und Grenzwerte auch für DERIVE zu schwierig sind.

---

[3] Ein DERIVE-Detail: Beim ersten Ausdruck dieser Liste wurde statt `Vereinfache` das `faKt` Kommando verwendet.

[4] Hier braucht man beim ersten Ausdruck das `Mult` Kommando.

Aufgaben

5.1 *Verwende den Grenzwert*

$$\lim_{n\to\infty} n\left(1 - e^{c/n}\right) = -c$$

zur Berechnung von

$$\lim_{n\to\infty} \text{LINKS}\,(e^x, [a,b], n)$$

unter Verwendung des DERIVE-Resultats `LINKS(EXP(x),x,a,b,n)`.

5.2 *Verwende den Grenzwert*

$$\lim_{n\to\infty} n \sin\frac{c}{n} = c$$

zur Berechnung von

$$\lim_{n\to\infty} \text{LINKS}\,(\sin x, [a,b], n)$$

sowie

$$\lim_{n\to\infty} \text{LINKS}\,(\cos x, [a,b], n)$$

unter Verwendung der DERIVE-Resultate `LINKS(SIN(x),x,a,b,n)` *sowie* `LINKS(COS(x),x,a,b,n)`.

5.3 *Welche Summenformeln verwendet DERIVE zur Berechnung der Summen* `LINKS(EXP(x),x,a,b,n)`, `LINKS(SIN(x),x,a,b,n)` *und* `LINKS(COS(x),x,a,b,n)`*?*

5.4 *Bei positiven Funktionen deuten wir das Integral als Flächeninhalt. Welche Bedeutung hat das Integral für negative Funktionen?*

5.5 *Eine Funktion $F(x)$, mit deren Hilfe man das allgemeine Integral der Funktion $f(x)$ in der Form*

$$\int_a^b f(x)\,dx = F(b) - F(a)$$

schreiben kann, heißt Integralfunktion *von $f(x)$.*

Bestimme zu den folgenden Funktionen $f(x)$ eine Integralfunktion.

(a) $f(x) = x$, (b) $f(x) = x^2$, (c) $f(x) = x^3$, (d) $f(x) = \frac{1}{x}$,

(e) $f(x) = e^x$, (f) $f(x) = a^x$, (g) $f(x) = \sin x$, (h) $f(x) = \cos x$.

5.2 Regelmäßige geometrische Zerlegungen

Will man nun nicht gleich DERIVEs eingebaute Integrationsprozedur `INT(f,x,a,b)` verwenden und will man auch noch nicht direkt zur Antidifferentiation, d. h. zum Suchen einer Stammfunktion, übergehen, dann muß man sich jetzt etwas Neues einfallen lassen, um noch weitere Funktionen behandeln zu können. Einfluß haben wir auf die Wahl der Punkte ξ_k, und wählt man z. B. den jeweiligen Mittelpunkt der Teilintervalle

$$\xi_k = \frac{x_k - x_{k-1}}{2} \,,$$

so kann man die Formel für die entsprechende Riemannsumme `MITTEL(f,x,a,b,n)` ebenfalls sofort hinschreiben, s. Aufgabe 5.6. Es ergeben sich aber ganz analoge Resultate wie bei `LINKS` und `RECHTS`, und somit lassen sich keine neuen Funktionen behandeln.[5]

Einfluß haben wir aber auch auf die Wahl der Zerlegung. Um eine möglichst einfache Formel zu bekommen, sollte die Zerlegung allerdings so regelmäßig wir möglich sein. Bei den bisherigen arithmetisch regelmäßigen Zerlegungen waren immer die Abstände, d.h. die Differenzen aufeinanderfolgender Punkte x_{k-1} und x_k gleich. Was geschieht, wenn wir nun statt dessen die Quotienten aufeinanderfolgender Punkte x_{k-1} und x_k als gleich annehmen? Wir nennen dies eine *regelmäßige geometrische Zerlegung*. Hierbei müssen wir voraussetzen, daß die Intervallendpunkte a und b gleiches Vorzeichen haben, z. B. beide positiv sind. Dann ergibt sich aus

$$\frac{x_k}{x_{k-1}} = c \,,$$

daß

$$\frac{b}{a} = \frac{x_n}{x_0} = \frac{x_n}{x_{n-1}} \cdot \frac{x_{n-1}}{x_{n-2}} \cdots \frac{x_2}{x_1} \cdot \frac{x_1}{x_0} = c^n \,,$$

also $c = \left(\frac{b}{a}\right)^{1/n}$, und folglich

$$x_k = \frac{x_k}{x_{k-1}} \cdot \frac{x_{k-1}}{x_{k-2}} \cdots \frac{x_2}{x_1} \cdot \frac{x_1}{x_0} \cdot a = c^k a = \left(\frac{b}{a}\right)^{k/n} a \,.$$

Die entsprechenden linken und rechten Riemannsummen sind also gegeben durch

$$\begin{aligned} \text{LINKS\_GEOM}\,(f,[a,b],n) &:= \sum_{k=1}^{n} f\,(x_{k-1})\,(x_k - x_{k-1}) \\ &= \sum_{k=1}^{n} f\left(\left(\frac{b}{a}\right)^{\frac{k-1}{n}} a\right) \left(\left(\frac{b}{a}\right)^{\frac{k}{n}} - \left(\frac{b}{a}\right)^{\frac{k-1}{n}}\right) a \end{aligned}$$

bzw.

[5] Allerdings wird der Fehlerterm i. a. kleiner, s. Aufgabe 5.7.

$$\begin{aligned}\text{RECHTS\_GEOM}(f,[a,b],n) &:= \sum_{k=1}^{n} f(x_k)\,(x_k - x_{k-1}) \\ &= \sum_{k=1}^{n} f\left(\left(\frac{b}{a}\right)^{\frac{k}{n}} a\right)\left(\left(\frac{b}{a}\right)^{\frac{k}{n}} - \left(\frac{b}{a}\right)^{\frac{k-1}{n}}\right) a\,.\end{aligned}$$

Mit den entsprechenden DERIVE-Funktionen `LINKS_GEOM(f,x,a,b,n)` und `RECHTS_GEOM(f,x,a,b,n)` können wir nun einige Funktionen behandeln, deren Integrale wir mit arithmetischen Riemannsummen nicht bestimmen konnten.

Übung 5.2 Berechne die geometrischen Riemannsummen für

(1.) $f(x) = x^m$, (2.) $f(x) = \frac{1}{x}$, (3.) $f(x) = \ln x$,

(4.) $f(x) = \tan x$, (5.) $f(x) = \frac{1}{1+x^2}$, (6.) $f(x) = \sqrt{1-x^2}$,

und führe jeweils den Grenzprozeß $n \to \infty$ durch. Deklariere hierzu vorher die Zahlen a und b mit `Def Variable Domain` als positiv. Warum? Was geschieht, wenn Du diese Deklaration nicht vornimmst?

Beispielsweise bekommen wir

DERIVE Eingabe	DERIVE Ausgabe[6]
`LINKS_GEOM(x^m,x,a,b,n)`	$\dfrac{a^{m/n}(b^{1/n} - a^{1/n})\left(a^{m+1} - b^{m+1}\right)}{a^{m/n+1/n} - b^{m/n+1/n}}$
`LINKS_GEOM(1/x,x,a,b,n)`	$n\dfrac{b^{1/n}}{a^{1/n}} - n$
`LINKS_GEOM(LN(x),x,a,b,n)`	

$$\frac{na^{1/n}(a\ln a - b\ln b) + b^{1/n}\Big((a+b(n-1))\ln b - (a(n+1)-b)\ln a\Big)}{n\left(b^{1/n} - a^{1/n}\right)}$$

wenn wir vorher die Zahlen a und b mit `Def Variable Domain` als positiv deklarieren. Das heißt, diese Methode liefert z. B. durch Grenzübergang $n \to \infty$ ohne Mühe die Integrale der allgemeinen Potenzfunktion x^m ($m \in \mathbb{R}$) für einen *beliebigen* Exponenten:

$f(x)$	DERIVE Eingabe	DERIVE Ausgabe
x^m	`LIM(LINKS_GEOM(x^m,x,a,b,n),n,inf)`	$\dfrac{b\,b^m - a\,a^m}{m+1}$
$1/x$	`LIM(LINKS_GEOM(1/x,x,a,b,n),n,inf)`	$-\ln\dfrac{a}{b}$
$\ln x$	`LIM(LINKS_GEOM(LN(x),x,a,b,n),n,inf)`	$-a\ln a + b\ln b + a - b$

[6] Der erste Ausdruck wurde wieder faktorisiert.

Aufgaben

5.6 *Sieh Dir die DERIVE-Definitionen der Funktionen* `LINKS(f,x,a,b,n)` *und* `RECHTS(f,x,a,b,n)` *an und definiere* `MITTEL(f,x,a,b,n)` *analog.*

5.7 *Berechne für die Approximationen* LINKS $(f, [a,b], n)$, RECHTS $(f, [a,b], n)$ *und* MITTEL $(f, [a,b], n)$ *den Fehlerterm, d. h. ihren Abstand vom Grenzwert, bei den Potenzen* x^m $(m = 1, \ldots, 4)$. *Für welche der drei Approximationen ist der Fehler am kleinsten?*

5.8 *Verwende den Grenzwert*

$$\lim_{n\to\infty} n\left(\sqrt[n]{c} - 1\right) = \ln c$$

zur Berechnung von

$$\lim_{n\to\infty} \text{LINKS\_GEOM}\,(\frac{1}{x}, [a,b], n)$$

unter Verwendung des DERIVE-Resultats `LINKS_GEOM(1/x,x,a,b,n)`.

5.9 *Das Ergebnis der Integration von* x^m *ist für* $m = -1$ *undefiniert. Was geschieht im Grenzfall* $m \to -1$?

5.10 *Bestimme zu den folgenden Funktionen* $f(x)$ *eine Integralfunktion (s. Aufgabe 5.5).*

(a) $f(x) = x^m$, (b) $f(x) = \ln x$, (c) $f(x) = x \ln x$.

5.3 Numerische Integration

Es verbleiben viele Funktionen, die wir nicht direkt integrieren können. Aber auch durch Antidifferentiation lassen sich bekanntlich nicht alle Integrale lösen. Eine große Anwendungsrelevanz hat also die *numerische Integration*. Meist behandelt man in diesem Zusammenhang die *Trapezregel* und die *Simpsonregel*. Diese Formeln können allerdings kaum in Beispielen verarbeitet werden, da die Rechnungen – selbst unter Verwendung eines Taschenrechners – sehr umfänglich werden. Auf gar keinen Fall kann man bei Handberechnung die Schrittiefe n höher als vielleicht 10 wählen. Das bedeutet aber, daß man i. a. gar keine Chance hat, das Konvergenzverhalten des jeweiligen Verfahrens zu beobachten. Unter Benutzung von DERIVE können wir bei vernünftigen Berechnungszeiten auch sehr viel höhere Werte für n wählen und die Konvergenz untersuchen.

Die Trapezregel und die Simpsonregel entstehen unter Verwendung einer regelmäßigen arithmetischen Zerlegung durch Approximation des Graphen von f durch einen Polygonzug, bestehend aus Trapezen, bzw. durch parabolische Kurvenstücke. Bei einer Zerlegung des Intervalls $[a,b]$ in n Teile bekommen wir die Formeln

$$\mathrm{TRAPEZ}(f,[a,b],n) := \left(\frac{1}{2}f(x_0)+f(x_1)+\cdots+f(x_{n-1})+\frac{1}{2}f(x_n)\right)\frac{b-a}{n} \quad (5.10)$$

und

$$\begin{aligned}\mathrm{SIMPSON}(f,[a,b],n) \quad := \quad & \left(\frac{1}{3}f(x_0)+\frac{4}{3}f(x_1)+\frac{2}{3}f(x_2)+\cdots\right.\\ & \left.+\frac{2}{3}f(x_{n-2})+\frac{4}{3}f(x_{n-1})+\frac{1}{3}f(x_n)\right)\frac{b-a}{n}\end{aligned}$$

wobei bei der Simpsonregel eine gerade Zahl n vorausgesetzt wird.[7] Die entsprechenden DERIVE-Funktionen sind `TRAPEZ(f,x,a,b,n)` sowie `SIMPSON(f,x,a,b,n)`. Wir können nun z. B. die Trapez- und Simpsonregel zur Approximation der Kreiszahl π verwenden. Da ein Kreis mit Radius 1 den Flächeninhalt π hat, folgt aus der Kreisgleichung die Beziehung

$$\pi = 4\int_0^1 \sqrt{1-x^2}\,dx\,. \quad (5.11)$$

Übung 5.3 Wende die Trapez- und Simpsonregel mit $n = 2^k$ $(k = 2,\ldots,8)$ auf das Integral (5.11) an. Welche Approximationen von π erhält man? Vergleiche diese mit dem Zahlenwert von π. Begründe, warum die Näherungen so schlecht sind!

n	4	8	16	32	64	128
4 TRAPEZ $(\sqrt{1-x^2}, x, 0, 1, n)$	2.99570	3.08981	3.12325	3.13510	3.13929	3.14078
4 SIMPSON $(\sqrt{1-x^2}, x, 0, 1, n)$	3.08359	3.12118	3.13439	3.13905	3.14069	3.14127

Tabelle 5.1 Schlechte Konvergenz bei der numerischen Integration

Verwendet man die Trapez- und Simpsonregel mit $n = 2^k$ $(k = 2,\ldots,7)$ so bekommt man die Wertetabelle 5.1, während eine 6-stellige Näherung von π durch 3.14159 gegeben ist. Bei dem gegebenen Beispiel sind beide Methoden besonders schlecht und einer Handberechnung nicht zugängig. Dies liegt an der Tatsache, daß die Einheitskreislinie an der Stelle $x = 1$ eine senkrechte Tangente hat. Mache Dir geometrisch klar, warum in diesem Fall beide Methoden besonders schlecht sind! Im nächsten Abschnitt wird eine graphische Darstellung von Trapez- und Simpsonregel behandelt, die diesen Sachverhalt unterstreicht.

Übung 5.4 Wende die Trapez- und Simpsonregel mit $n = 2^k$ $(k = 2,\ldots,8)$ auf das Integral

$$\int_0^\pi \sin x\,dx \quad (5.12)$$

[7]Eine Herleitung von Trapez- und Simpsonregel kann beispielsweise in [22], Kapitel 8, nachgelesen werden.

an. Welche Approximationen des Integrals erhält man? Vergleiche diese mit dem exakten Integralwert. Begründe, warum die Näherungen diesmal so gut sind!

Berechnet man dagegen einen Näherungswert für das Integral (5.12), so zeigt sich, daß beide Methoden viel besser sind, aber die Simpsonregel den Integralwert deutlich schneller approximiert. Mit 6-stelliger Genauigkeit bekommen wir Tabelle 5.2.

n	4	8	16	32	64	128
TRAPEZ ($\sin x, x, 0, \pi, n$)	1.89611	1.97423	1.99357	1.99839	1.99959	1.99989
SIMPSON ($\sin x, x, 0, \pi, n$)	2.00455	2.00026	2	2	2	2

Tabelle 5.2 Gute Konvergenz bei der numerischen Integration

Rechnet man nun mit einer 10-stelligen Genauigkeit, so liefert die Simpsonregel Tabelle 5.3.

n	4	8	16	32
SIMPSON ($\sin x, x, 0, \pi, n$)	2.004559754	2.000269169	2.000016591	2.000001033

Tabelle 5.3 Höhere Genauigkeit bei der numerischen Integration

Daß die Simpsonregel bei diesem Beispiel so gut ist, ist kein Zufall. Der Graph der Sinusfunktion weicht im Intervall $[0, \pi]$ von einer (nach unten gerichteten) Parabel kaum ab, und da bei der Simpsonregel der Graph durch parabolische Kurvenstücke approximiert wird, ist der Fehler sehr klein.

DERIVE besitzt auch eingebaute numerische Integrationsfähigkeiten. Das Benutzen dieser ist allerdings eine gewisse Unwägbarkeit: Während man beim formalen Integrieren wenigstens grundsätzlich weiß, was DERIVE tut, ist es überhaupt nicht klar, welche Methode zum numerischen Integrieren verwendet wird und wie groß der Approximationsfehler im konkreten Fall ist. Bevor Du diese Fähigkeiten von DERIVE benutzt, solltest Du Dir ein Gefühl für den Anwendungsbereich einer Methode angeeignet haben.

Übung 5.5 Berechne das Integral

$$\int_{-1}^{1} \frac{1}{x^2}\, dx$$

mit DERIVE und deute das Ergebnis!

Als ein typisches Beispiel für die unüberlegte Anwendung von DERIVE sei das folgende Integrationsergebnis erwähnt

$$\int_{-1}^{1} \frac{1}{x^2}\, dx = -2\,,$$

welches offenbar völlig unsinnig ist, da der Integrand überall positiv ist. DERIVE erzielt dieses Ergebnis durch formales Anwenden des Hauptsatzes der Differential- und Integralrechnung

$$\int_{-1}^{1} \frac{1}{x^2}\,dx = -\left.\frac{1}{x}\right|_{-1}^{1} = -1 - 1 = -2\,,$$

welcher im gegebenen Fall allerdings gar nicht angewendet werden darf: der Integrand hat ja im Integrationsintervall $[-1,1]$ eine Polstelle![8] Als Benutzer von DERIVE muß man schon selbst dafür Sorge tragen, daß die Bedingungen, unter denen korrekte Ergebnisse erzielt werden, eingehalten werden. Kritik an DERIVE ist aber durchaus auch angebracht, da es den Integranden nicht auf Singularitäten im Integrationsbereich untersucht.

AUFGABEN

5.11 *Zeige, daß die Trapezsumme* (5.10) *der Mittelwert der linken Riemannsumme* (5.8) *und der rechten Riemannsumme* (5.9) *ist, daß also die Gleichung*

$$\text{TRAPEZ}\,(f,[a,b],n) = \frac{1}{2}\Big(\text{LINKS}(f,[a,b],n) + \text{RECHTS}(f,[a,b],n)\Big)$$

gilt.

5.12 *Die Simpsonregel gibt auf Grund ihrer Herleitung für quadratische Polynome unabhängig von n immer den exakten Integralwert. Zeige mit DERIVE, daß dies auch noch für kubische Polynome zutrifft. Berechne den Fehler bei einem Polynom vierten Grades.* Hinweis: *Berechne die Differenz*

$$\int_a^b f(x)\,dx - \text{SIMPSON}\,(f,[a,b],n)$$

für $f(x) = A + Bx + Cx^2 + Dx^3$ bzw. für $f(x) = A + Bx + Cx^2 + Dx^3 + Ex^4$.

5.13 *Berechne das Integral*[9]

$$I_n := \int_0^1 x^n\, e^{x-1}\,dx$$

für $n = 1, 10, 100$ mit dem Simpsonverfahren. Ist das Verfahren effizient?

[8] Daher ist das Integral eigentlich gar nicht erklärt!

[9] Dieses Integral wird in Abschnitt 6.4 genauer untersucht.

5.14 *Berechne einen Näherungswert von π mit der Simpsonmethode gemäß der Formel*

$$\pi = 8\left(\int_0^{\sqrt{2}/2} \sqrt{1-x^2} - \frac{1}{4}\right).$$

Begründe die angegebene Formel mit Hilfe von Abbildung 5.2. Warum ist die Konvergenz diesmal erheblich schneller?

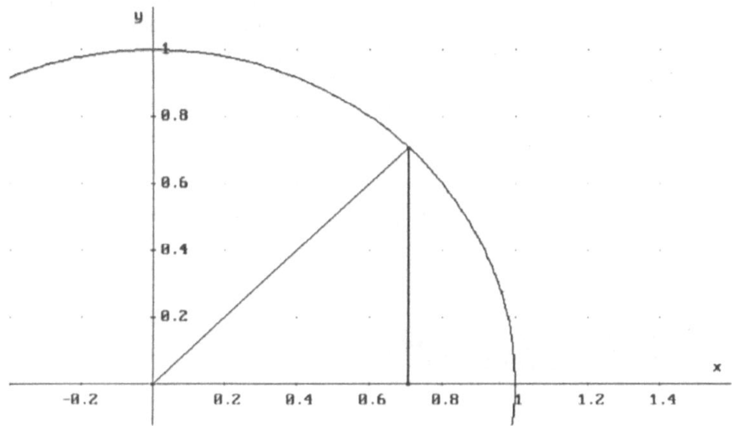

Abbildung 5.2 Approximation von π

5.4 Graphische Darstellung der Integrationsverfahren

Bei der numerischen Integration werden von Graphen berandete Flächen durch Rechtecke, Trapeze oder Kurven höherer Ordnung angenähert. Um die Güte dieser Approximationen besser beurteilen zu können, ist es hilfreich, auf graphische Darstellungen der Näherungsgebiete zurückzugreifen.

Zur graphischen Darstellung arithmetischer Rechtecksummen, der Trapezregel sowie der Simpsonregel benutzen wir die folgenden DERIVE-Funktionen.

Die Funktionen `LINKS_GRAPH(f,x,a,b,n)` bzw. `RECHTS_GRAPH(f,x,a,b,n)` generieren eine graphische Darstellung des Flächeninhalts zwischen dem Graphen von f und der x-Achse im Intervall $[a,b]$ durch Approximation durch n gleich breite Rechtecke, deren Höhe sich nach den Funktionswerten von f am jeweiligen linken bzw. rechten Intervallende richtet, während `TRAPEZ_GRAPH(f,x,a,b,n)` eine analoge Approximation mit Trapezen darstellt. Die Funktion `SIMPSON_GRAPH(f,x,a,b,n)` schließlich erzeugt eine graphische Darstellung der Approximation des Flächeninhalts durch passende Parabelstücke (also durch quadratische Funktionen) in jedem der n Teilintervalle gemäß der Simpsonregel. Die in `INT.MTH` gegebene DERIVE-Definition wurde mit Hilfe von DERIVE berechnet.

Übung 5.6 Erzeuge graphische Darstellungen der rechten und linken Rechtecksummen für die beiden Integrale

$$\int_0^{\pi/2} \sin x \, dx \qquad \text{sowie} \qquad \int_0^1 \sqrt{1-x^2}\, dx \, .$$

Beobachte, was geschieht, wenn die Anzahl der Teilintervalle immer größer wird. Stelle die Integrale auch mit Hilfe von Trapez- und Simpsonverfahren dar. Mache Dir Gedanken über die Vor- und Nachteile der einzelnen Approximationsverfahren. Unter welcher Bedingung ist selbst das Simpsonverfahren sehr ungenau und konvergiert daher schlecht? Warum?

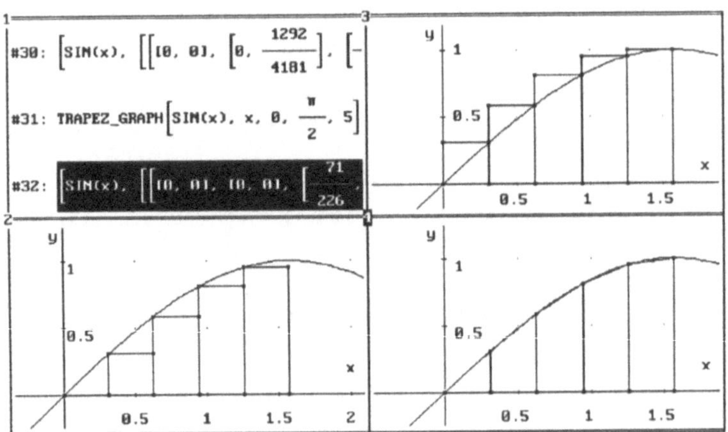

Abbildung 5.3 Linke und rechte Rechteck- und Trapezapproximation

In Abbildung 5.3 wird das Integral

$$\int_0^{\pi/2} \sin x \, dx \, , \tag{5.13}$$

d. h., der Flächeninhalt, der vom Graphen der Sinusfunktion, der x-Achse und den vertikalen Geraden $x = 0$ und $x = \pi/2$ berandet ist, durch Rechteckapproximationen von links und rechts sowie durch eine Trapezapproximation angenähert. Man sieht sehr schön, daß auf Grund der Monotonie der Sinusfunktion in dem betrachteten Intervall die linken Rechtecke allesamt zu klein und die rechten Rechtecke allesamt zu groß sind, so daß der Integralwert die linken bzw. rechten Rechtecksummen als untere bzw. obere Schranken besitzt.

Es macht auch keine Mühe, sich Approximationen für größere Werte von n zu beschaffen, s. Abbildung 5.4.

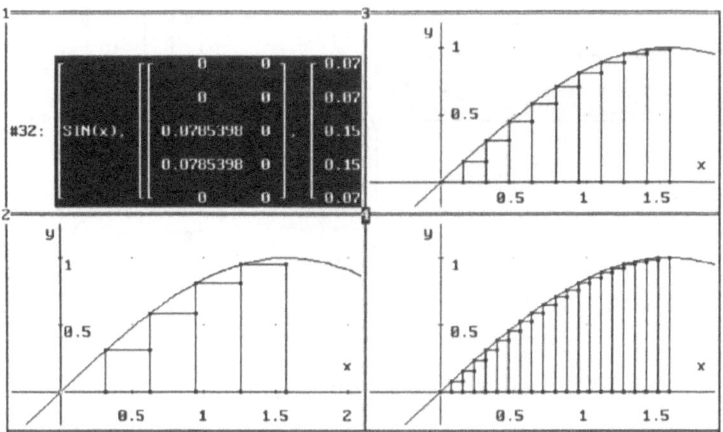

Abbildung 5.4 Rechteckapproximationen für verschiedene n

Ferner sieht man, daß die Qualität der Trapezapproximation bedeutend besser ist, daß sie aber generell einen zu kleinen Wert liefert, s. Aufgabe 5.15. Die Simpsonapproximation ist bei diesem Beispiel so gut, daß man die Approximationsfunktion schon bei $n = 5$ nicht mehr von f unterscheiden kann,[10] so daß wir auf eine Darstellung verzichten können.

Dies ist natürlich nicht bei allen Funktionen so. In welchen Fällen sind die gegebene Approximationen besonders schlecht? Dies sieht man schön bei der der Betrachtung des Integrals

$$\int_0^1 \sqrt{1-x^2}\, dx ,$$

s. Abbildung 5.5.

Besonders schlecht geeignet zur numerischen Integration sind offenbar Stellen, an denen die Steigung des Integranden f besonders groß wird, und am schlimmsten ist die Situation, wenn wie in unserem Beispiel $f(x) = \sqrt{1-x^2}$ eine vertikale Tangente besitzt. Nicht einmal das Simpsonverfahren kann einen solchen Kurvenverlauf korrekt modellieren, da ja quadratische Funktionen bekanntlich niemals vertikale Tangenten haben. In solchen Fällen müssen Programme wie DERIVE zur numerischen Approximation gegebenenfalls andere Verfahren anwenden.

[10] Hierbei werden bei der Simpsonregel allerdings bereits 10 Funktionswerte zur Approximation verwendet, da die Anzahl der Stützpunkte immer gerade sein muß.

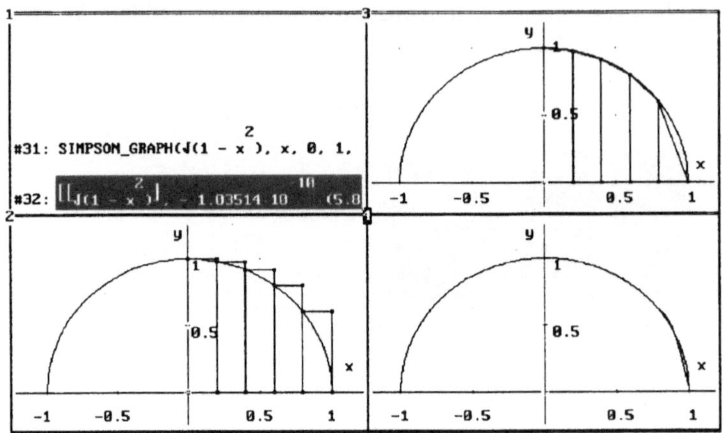

Abbildung 5.5 Approximationen zur Flächenberechnung des Kreises

Übung 5.7 Völlig chaotisch wird die Situation bei schnell oszillierenden Integranden wie beispielsweise $f(x) = \sin \frac{1}{x}$. Stelle einmal einige Approximationen des (Riemann-konvergenten) Integrals

$$\int_0^{2/\pi} \sin \frac{1}{x} \, dx$$

dar! Führe eine numerische Berechnung durch! Verwende dazu nacheinander eine Genauigkeit von 6,7 und 8 Dezimalen. Erkläre, was geschieht!

Aufgaben

5.15 *Die Trapezregel liefert für das Integral* (5.13) *generell einen zu kleinen Wert. Welche Eigenschaft des Integranden ist hierfür verantwortlich?.*

5.16 *Berechne die Integrale*

$$\int_0^{0.9} \sqrt{1-x^2} \, dx \qquad \textit{und} \qquad \int_{0.9}^{1} \sqrt{1-x^2} \, dx$$

mit DERIVEs `approX` *Kommando numerisch! Mache einen Zeitvergleich bei einer Genauigkeit von 20 Dezimalstellen. Wie schnell geht die Berechnung mit* `Vereinfache` *und anschließendem* `approX` *? Erkläre die verschiedenen Rechenzeiten! Gib ein Beispiel, bei dem* `Vereinfache` *die Berechnung nicht beschleunigt!*

5.5 Volumina und Oberflächen von Rotationskörpern

Als eine Anwendung der Integration behandeln wir in diesem Abschnitt die Volumen- und Oberflächenberechnung von Rotationskörpern. Hierzu sei G ein Gebiet der xy-Ebene, das oberhalb der x-Achse liege und das nun um die x-Achse gedreht wird. Den erhaltenen Körper K nennt man einen *Rotationskörper*. Beachte, daß man einen völlig anderen Rotationskörper bekommt, wenn man G um die y-Achse dreht.

Wir wollen nun Volumen und Oberflächeninhalt eines solchen Rotationskörpers bestimmen. Sei dazu die Funktion f auf $[a, b]$ positiv, das Gebiet G sei durch

- den Graphen von f (oben),
- die x-Achse (unten) und (5.14)
- die zwei vertikalen Geraden $x = a$ und $x = b$ (links und rechts)

bestimmt und sei K der Rotationskörper, den man erhält, wenn man G um die x-Achse dreht. Schneiden wir K bei $x = \xi$, so ist die Schnittfläche eine Kreisscheibe mit Radius $f(\xi)$, d. h. sie hat einen Flächeninhalt $\pi\, f(\xi)^2$. Summiert man nun die einer Zerlegung $\mathcal{P}$ entsprechenden zylindrischen Teilvolumina, erhält man die Approximation

$$V\,(K) = V\,(f, x, a, b) \approx \pi \sum_{k=1}^{n} f(\xi_k)^2\, \Delta x_k$$

für das Volumen $V(K)$. Gemäß (5.5) erhalten wir durch Grenzübergang

$$V\,(f, x, a, b) = \pi \int_a^b f(x)^2\, dx\,. \tag{5.15}$$

Wir betrachten ein Beispiel: Die Kugel

$$x^2 + y^2 + z^2 = r^2$$

definiert einen Rotationskörper, den man erhält, wenn man das Gebiet (5.14) um die x-Achse dreht, wobei hier $f(x) = \sqrt{r^2 - x^2}$, $a = -r$ und $b = r$ ist. Man kann deshalb das Kugelvolumen V durch die Rechnung

$$V = \pi \int_{-r}^{r} (r^2 - x^2)\, dx = \pi \left(r^2 x - \frac{x^3}{3} \right) \Bigg|_{-r}^{r} = \frac{4}{3} \pi r^3$$

bestimmen.

Die DERIVE-Funktion

```
ROTATIONSVOLUMEN(f,x,a,b):=pi INT(f^2,x,a,b)
```

oder kurz

```
RV(f,x,a,b):=ROTATIONSVOLUMEN(f,x,a,b)
```

berechnet das Volumen des betrachteten Rotationskörpers.

Übung 5.8 Verwende die angegebene DERIVE-Funktion zur Berechnung des Volumens einer Kugel.

Weitere Beispiele für Volumenberechnungen von Rotationskörpern sind

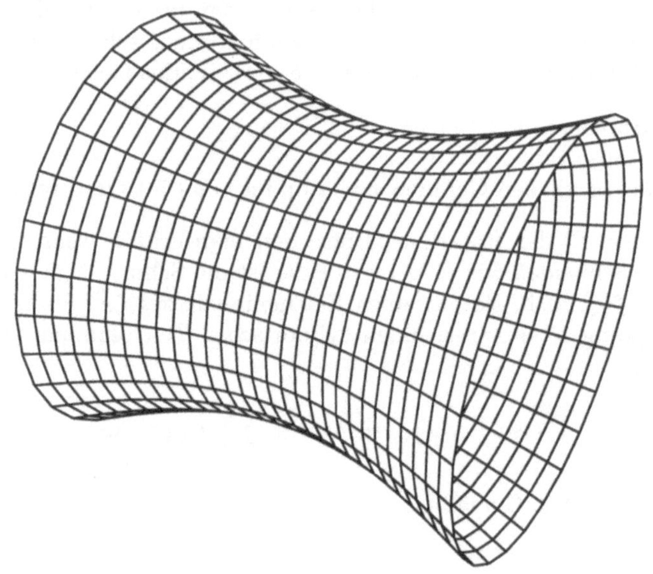

Abbildung 5.6 Einschaliges Hyperboloid

Bezeichnung	DERIVE Eingabe	DERIVE Ausgabe[11]
Sinusfunktion	`RV(SIN(x),x,0,pi)`	$\frac{\pi^2}{2}$,
einschaliges Hyperboloid	`RV(b SQRT(x^2/a^2+1),x,0,h)`	$\frac{\pi\, b^2\, h^3}{3\, a^2} + \pi\, b^2\, h$,
zweischaliges Hyperboloid	`RV(b SQRT(x^2/a^2-1),x,a,h)`	$\frac{\pi b^2 (2a^3 - 3a^2 h + h^3)}{3\, a^2}$,
Ellipsoid	`RV(b SQRT(1-x^2/a^2),x,-a,a)`	$\frac{4\, \pi\, a\, b^2}{3}$,
Paraboloid	`RV(SQRT(x),x,0,h)`	$\frac{\pi\, h^2}{2}$,
Kegel der Öffnung α	`RV(TAN(alpha/2)x,x,0,h)`	$\frac{\pi\, h^3\, \mathrm{TAN}\left[\frac{\alpha}{2}\right]^2}{3}$.

[11] Die Ergebnisse wurden mit [Vereinfache], [Mult] bzw. [faKt] erzielt. Finde heraus, welches Kommando an welcher Stelle sinnvoll ist!

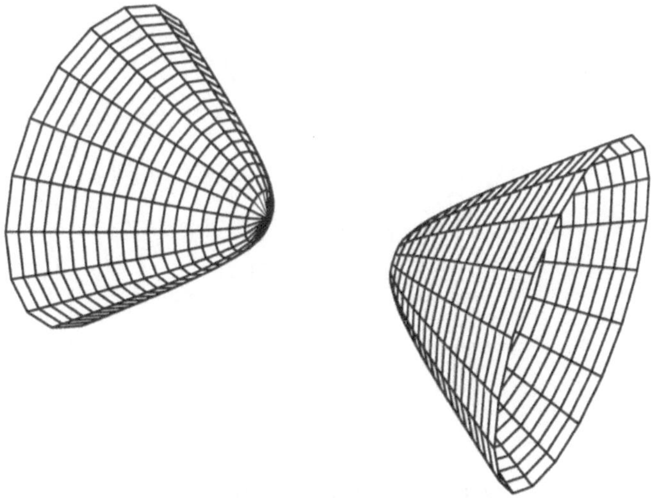

Abbildung 5.7 Zweischaliges Hyperboloid

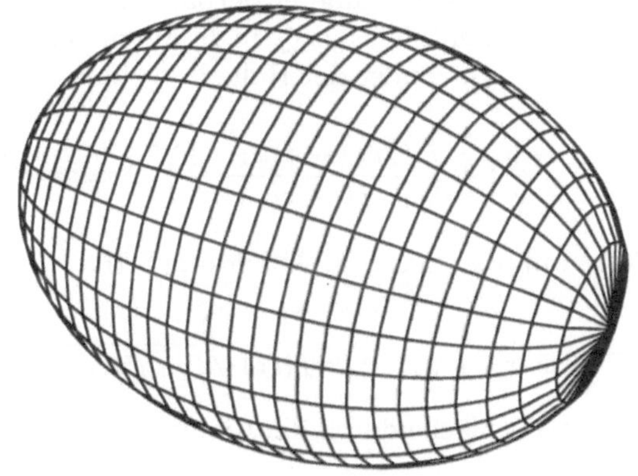

Abbildung 5.8 Ellipsoid

Übung 5.9 Betrachte den Körper, der durch Rotation der Hyperbel $f(x) = \frac{1}{x}$ zwischen $a = 1$ und $b > 1$ entsteht. Berechne das Volumen des Körper. Was geschieht, wenn $b \to \infty$ strebt? Deute das Ergebnis!

Man kann auch den Oberflächeninhalt eines Rotationskörpers bestimmen. Diesen Oberflächeninhalt $F\,(f, x, a, b)$ eines Rotationskörpers erhalten wir wie folgt: Zerlegen wir das Intervall $[a, b]$ in n Teilintervalle $I_k = [x_{k-1}, x_k]$, so wird die Rotationsfläche in n Streifen zerlegt

$$F\,(f, x, a, b) = \sum_{k=1}^{n} F\,(f, x, x_{k-1}, x_k)\ .$$

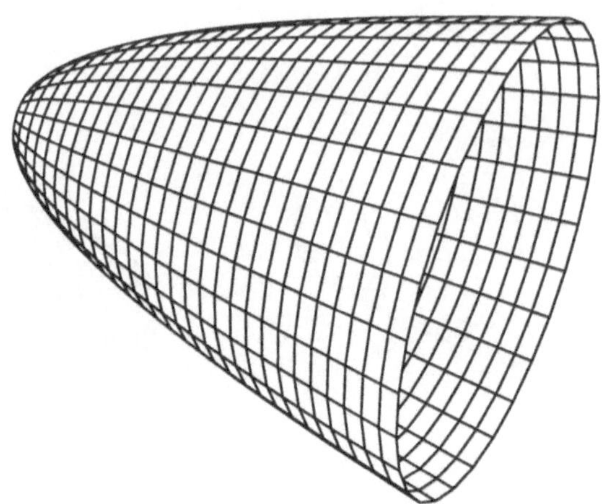

Abbildung 5.9 Paraboloid

Wir nehmen in der Folge an, daß f differenzierbar ist. Ist Δx_k hinreichend klein, dann können wir den k. Streifen für jedes ξ_k in I_k durch einen Kegelabschnitt oder gleichwertig durch einen Kreiszylinder der Höhe

$$\sqrt{\Delta x_k^2 + \Delta f(x_k)^2} = \sqrt{1 + \left(\frac{f(x_k) - f(x_{k-1})}{x_k - x_{k-1}}\right)^2} \Delta x_k \approx \sqrt{1 + f'(\xi_k)^2}\, \Delta x_k$$

und dem Radius $f(\xi_k)$ approximieren, s. Abbildung 5.10.

Wir erhalten also

$$F(f, x, x_{k-1}, x_k) \approx 2\pi f(\xi_k)\sqrt{1 + f'(\xi_k)^2}\, \Delta x_k$$

und können so die Rotationsfläche durch die Riemannsumme

$$F(f, x, a, b) \approx 2\pi \sum_{k=1}^{n} f(\xi_k)\sqrt{1 + f'(\xi_k)^2}\, \Delta x_k$$

annähern. Im Grenzfall ergibt sich

$$F(f, x, a, b) = 2\pi \int_a^b f(x)\sqrt{1 + f'(x)^2}\, dx\,. \tag{5.16}$$

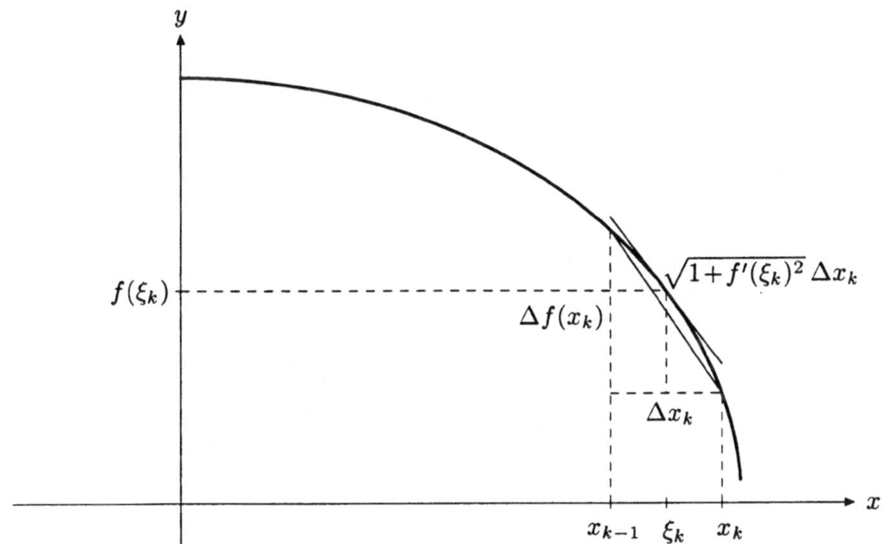

Abbildung 5.10 Zur Berechnung des Flächeninhalts einer Rotationsfläche

Wir wollen nun den Oberflächeninhalt F einer Kugel mit Radius r berechnen und wählen hierzu wieder den Ursprung als Mittelpunkt. Die Kugel war ja die Rotationsfläche von $\sqrt{r^2 - x^2}$ zwischen $x = -r$ und $x = r$. Damit ergibt sich

$$\begin{aligned} F &= 4\pi \int_0^r f(x)\sqrt{1+f'(x)^2}\,dx = 4\pi \int_0^r \sqrt{r^2-x^2}\sqrt{1+\left(\frac{-x}{\sqrt{r^2-x^2}}\right)^2}\,dx \\ &= 4\pi \int_0^r \sqrt{r^2-x^2}\sqrt{\frac{r^2}{r^2-x^2}}\,dx = 4\pi r \int_0^r dx = 4\pi r^2 \,. \end{aligned}$$

Die DERIVE-Funktion

```
ROTATIONSFLÄCHE(f,x,a,b):=2 pi INT(f SQRT(1+DIF(f,x)^2),x,a,b)

RF(f,x,a,b):=ROTATIONSFLÄCHE(f,x,a,b)
```

berechnet den Oberflächeninhalt des Rotationskörpers, den man erhält, wenn man den Graphen von f zwischen $x = a$ und $x = b$ um die x-Achse dreht, entsprechend Gleichung (5.16).

Übung 5.10 Verwende die angegebene DERIVE-Funktion zur Berechnung der Kugeloberfläche.

Weitere Beispiele für Oberflächenberechnungen von Rotationskörpern sind

DERIVE Eingabe	Ausgabe nach `Vereinfache`
`RF(SQRT(r^2-x^2),x,-r,r)`	$4\pi r\,|r|$,
`RF(SIN(x),x,0,pi)`	$2\sqrt{2}\pi - \pi\,\mathrm{LN}\left(3-2\sqrt{2}\right)$,
`RF(TAN(alpha/2)x,x,0,h)`	$\dfrac{\sqrt{2}\pi\,h^2\,\mathrm{SIN}\,(\alpha)}{(\mathrm{COS}\,(\alpha)+1)^{3/2}}$.

Übung 5.11 In Tabelle 5.4 sind numerische Näherungen der Oberflächeninhalte der Rotationskörper, die sich für $f(x) = x^n$ zwischen $a = 0$ und $b = 1$ für große $n \in \mathbb{N}$ ergeben. Erzeuge diese Tabelle mit DERIVE und erkläre, warum sich die Werte für $n \to \infty$ anscheinend dem Wert π annähern.

n	1	10	100	1000
$F(x^n, x, 0, 1)$	4.4288	3.22326	3.14331	3.14159

Tabelle 5.4 Oberfläche der Rotationskörper der Potenzen

Aufgaben

5.17 *Wir haben den Fall der Drehung eines ebenen Gebiets um die x-Achse behandelt. Stelle das Volumen des Körpers, den man erhält, wenn man das Gebiet* (5.14) *für eine streng monotone Funktion f um die y-Achse dreht, durch ein Integral dar.*

5.18 *Betrachte das Gebiet G, das durch die Geraden*

$$y = 1 + x, \quad y = 2x, \quad y = 6 - x$$

begrenzt wird. Berechne das Volumen des Rotationskörpers, der entsteht, wenn man G um folgende Achsen dreht:

(a) *die x-Achse,* (b) *die horizontale Gerade $y = -1$,*

(c) *die y-Achse,* (d) *die vertikale Gerade $x = -1$.*

5.19 *Berechne das Volumen der Kugel mit dem Radius r, bei der ein rundes Loch mit dem Radius $s < r$ zentral durch die Kugel gebohrt ist.*

5.20 *Vereinfache das für die Mantelfläche eines Kegels des Öffnungswinkels α durch* `RF(TAN(alpha/2)x,x,0,h)` *erzeugte Resultat.*

5.21 *Berechne das Volumen und die Oberfläche des Körpers, den man erhält, wenn man die Kreisscheibe* $(0 < a \le r)$

$$x^2 + (y - r)^2 \le a^2$$

um die x-Achse dreht. Der entstehende Rotationskörper ist ein sog. Torus, *s. Abbildung* 5.11.

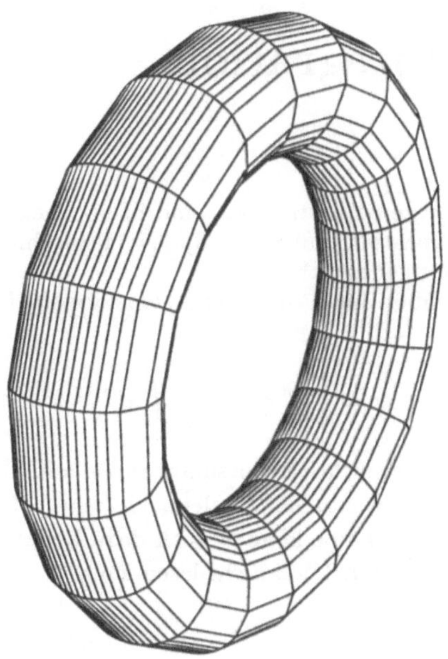

Abbildung 5.11 Torus

5.22 *Berechne die Rotationsflächen*

(a) *des einschaligen Hyperboloids* $y^2 + z^2 = b^2(x^2/a^2 + 1)$ *im Intervall [0,h], s. Abbildung* 5.6,

(b) *des zweischaligen Hyperboloids* $y^2 + z^2 = b^2(x^2/a^2 - 1)$ *im Intervall [a,h], s. Abbildung* 5.7,

(c) *des Ellipsoids* $y^2 + z^2 = b^2(1 - x^2/a^2)$ *im Intervall [-a,a], s. Abbildung* 5.8,

(d) *des Paraboloids* $y^2 + z^2 = x$ *im Intervall [0,h], s. Abbildung* 5.9.

Hinweis: *Erkläre* a, b *und* h *mit* `Def Variable` *als positive Variable und verwende zur Vereinfachung die Einstellung* `zusaTz Wurzel Any` *bzw. vereinfache die sich ergebenden Integranden von Hand. Teste die Korrektheit der Resultate durch eine numerische Probe.*

5.23 *Begründe geometrisch, warum bei dem in Tabelle* 5.4 *betrachteten Beispiel in der Tat* `ROTATIONSFLÄCHE(x^n,x,0,1)` $\rightarrow \pi$ *konvergiert.*

6 Partielle Integration

DERIVEs Fähigkeiten, Integrale zu bestimmen, sind beeindruckend. Die Integrale, die in der Integralsammlung von Bronstein und Semendjajew [4] geschlossen dargestellt werden, werden von DERIVE *allesamt* generiert! [1]

In dieser Sammlung sind aber auch viele Rekursionsformeln für Integrale verzeichnet wie z. B. Integral Nr. 450

$$\int x^n e^{ax}\,dx = \frac{1}{a} x^n e^{ax} - \frac{n}{a}\int x^{n-1} e^{ax}\,dx\,.$$

Eine rein mechanische Erzeugung solcher Rekursionsformeln mit DERIVE ist nicht möglich.

In diesem Kapitel zeigen wir, wie DERIVE dennoch behilflich sein kann, Rekursionsformeln für Integrale herzuleiten. Diese können auch dazu benutzt werden, den Wert bestimmter Integrale zu finden, die DERIVE nicht lösen kann.

6.1 Unbestimmte Integration

Bekanntlich folgt aus der Produktregel der Differentialrechnung

$$\Big(u(x)\,v(x)\Big)' = u'(x)\,v(x) + v'(x)\,u(x) \tag{6.1}$$

durch Integration mit dem Hauptsatz der Differential- und Integralrechnung die Regel der *partiellen Integration*

$$u(x)\,v(x) = \int u'(x)\,v(x)\,dx + \int v'(x)\,u(x)\,dx\,.$$

Man verwendet diese meist in der Form

$$\int u'(x)\,v(x)\,dx = u(x)\,v(x) - \int v'(x)\,u(x)\,dx\,. \tag{6.2}$$

Übung 6.1 Deklariere mit `Def Variable` oder durch die Eingaben `U(x):=` und `V(x):=` die willkürlichen Funktionen $U(x)$ und $V(x)$ und überprüfe für diese Funktionen die Regel der partiellen Integration.

DERIVE nimmt keine Vereinfachung vor. Da ein unbestimmtes Integral nur bis auf eine Konstante bestimmt ist, kannst Du die Aussage durch Ableiten überprüfen!

[1] Der Wertebereich von Parametern muß dazu teilweise mit `Def Variable` eingeschränkt werden.

Um die Regel der partiellen Integration gewinnbringend anzuwenden, ist es nötig, für einen Integranden $f(x)$ eine Zerlegung der Form $f(x) = u'(x)\,v(x)$ zu finden, für die das auf der rechten Seite von (6.2) stehende Integral entweder direkt lösbar oder leichter zu lösen ist oder aber wenigstens in irgendeiner Form wieder mit dem Ausgangsintegral in Verbindung steht. Der letztere Fall führt häufig auf Rekursionsformeln.

Wir betrachten ein Beispiel: Für $n \in \mathbb{N}_0$ wollen wir das Integral

$$I_n(x) := \int x^n\, e^x\, dx$$

berechnen. Wir wählen die Zerlegung $f(x) = u'(x)\,v(x)$ des Integranden $f(x) = x^n\, e^x$ mit $u'(x) = e^x$ und $v(x) = x^n$. Integration von $u'(x)$ ergibt $u(x) = e^x$. Die Wahl von $u'(x)$ und $v(x)$ wird dadurch suggeriert, daß beim Ableiten von $v(x)$ – beachte, daß $v'(x) = n\,x^{n-1}$ ja beim Integranden auf der rechten Seite von (6.2) auftaucht! – der Exponent $n-1$ kleiner ist mit der Folge, daß der Integrand auf der rechten Seite einfacher ist als jener auf der linken Seite.

Anwendung von (6.2) liefert nun

$$I_n(x) = \int x^n\, e^x\, dx = x^n\, e^x - \int n\,x^{n-1}\, e^x\, dx = x^n\, e^x - n\, I_{n-1}(x)\ .$$

Die Rechnungen haben uns also zu der Rekursionsformel

$$I_n(x) = x^n\, e^x - n\, I_{n-1}(x) \tag{6.3}$$

für unser Integral geführt.

Im vorliegenden Fall kann man die Rekursionsformel dazu benutzen, eine andere Darstellung für das gesuchte Integral zu finden. Wir bekommen nämlich iterativ

$$\begin{aligned} I_n(x) &= x^n\, e^x - n\, I_{n-1}(x) \\ &= x^n\, e^x - n\left(x^{n-1}\, e^x - (n-1)\, I_{n-2}(x)\right) \\ &= x^n\, e^x - n\,x^{n-1}\, e^x + n(n-1)\left(x^{n-2}\, e^x - (n-2)\, I_{n-3}(x)\right), \end{aligned}$$

mit Induktion also

$$I_n(x) = \int x^n\, e^x\, dx = \left(x^n - n\,x^{n-1} + n(n-1)\,x^{n-2} \mp \cdots + (-1)^n\, n!\right) e^x\ . \tag{6.4}$$

Die DERIVE-Funktion

```
INT_PARTIELL(ustrich,v,x):=v*INT(ustrich,x)-INT(INT(ustrich,x)*DIF(v,x),x)
```

der Datei `INT.MTH` berechnet die rechte Seite von (6.2) und kann daher zum Herleiten von Rekursionsformeln benutzt werden.

Übung 6.2 Wende `INT_PARTIELL(ustrich,v,x)` an, um die Rekursionsformel (6.3) zu erzeugen. Mit der Definition

```
I(n):=IF(n=0,EXP(x),x^n*EXP(x)-n*I(n-1))
```

kann man die Werte I_n rekursiv aus dem Anfangswert $I_0 = e^x$ berechnen. Bestimme $I_n(x)$ auf diese Weise für $n = 1, \ldots, 10$ und vergleiche mit DERIVEs Ergebnissen für die entsprechenden Integrale!

Versuche, eine Rekursionsformel für das Integral

$$\int \sin^n x \, dx$$

zu finden! Wo liegt das Problem?

Als nächstes wollen wir eine Rekursionsformel für das Integral

$$J_n(x) := \int \sin^n x \, dx$$

unter Verwendung einer besonders geschickten partiellen Integration herleiten. Dazu geben wir die Identität

$$\int \mathrm{SIN}\,(x)^n \, dx = \mathrm{INT\_PARTIELL}\,(\mathrm{SIN}\,(x), \mathrm{SIN}\,(x)^{n-1}, x)$$

ein. `Vereinfache` liefert[2]

$$\int \mathrm{SIN}\,(x)^n \, dx = (1-n)\left[\int \mathrm{SIN}\,(x)^n \, dx - \int \mathrm{SIN}\,(x)^{n-2} \, dx\right] - \mathrm{SIN}\,(x)^{n-1}\,\mathrm{COS}\,(x)\,.$$

Um alle auftretenden Terme $\int \sin^n x \, dx$ auf die linke Seite zu bringen, bilden wir den Ausdruck[3] `(<F4>-(1-n) INT (SIN (x)^n, x))/n` und erhalten nach erneutem `Vereinfache`[4]

$$\int \mathrm{SIN}\,(x)^n \, dx = \frac{(n-1)\int \mathrm{SIN}\,(x)^{n-2} \, dx}{n} - \frac{\mathrm{SIN}\,(x)^{n-1}\,\mathrm{COS}\,(x)}{n}\,,$$

die gewünschte Rekursionsformel:

$$J_n(x) = \frac{n-1}{n} J_{n-2}(x) - \frac{\sin^{n-1}(x)\,\cos x}{n}\,. \tag{6.5}$$

---

[2] Du mußt die richtige Einstellung `Toward: Sines` bei `zusaTz Trig.umformungen` vornehmen. Sonst bleiben Terme $\cos^2 x$ stehen und werden nicht durch $1 - \sin^2 x$ ersetzt.

[3] Mit der Taste `<F4>` wird der gesamte invers dargestellte Ausdruck – in unserem Fall also die eingegebene Gleichung – mit Klammern versehen und in die Editierzeile kopiert.

[4] Du kannst auch den Ausdruck auf der linken Seite der Gleichung mit den Cursortasten hervorheben, ihn dann mit `zusaTz Substituiere` durch j ersetzen und schließlich die neue Gleichung mit `Löse` nach j auflösen.

Aufgaben

6.1 *Stelle die Formel (6.4) mit dem Summenzeichen Σ dar. Teste sie für* $n = 1, \ldots, 10$ *mit DERIVE.*

6.2 *Leite die folgenden Rekursionsformeln her:*

(a) $$\int (a^2 + x^2)^n \, dx = \frac{x\,(x^2 + a^2)^n}{2n+1} + \frac{1}{2n+1} \int (a^2 + x^2)^{n-1} \, dx \qquad (a \in \mathbb{R}) \; ,$$

(b) $$\int x^n \, e^{\alpha x} \, dx = \frac{1}{\alpha}\, x^n \, e^{\alpha x} - \frac{n}{\alpha} \int x^{n-1} \, e^{\alpha x} \, dx \; ,$$

(c) $$\int x^n \; \sin x \, dx = x^{n-1} \, (n \, \sin x - x \, \cos x) - n\,(n-1) \int x^{n-2} \; \sin x \, dx \; ,$$

(d) $$\int x^n \; \cos x \, dx = x^{n-1} \, (n \, \cos x + x \, \sin x) - n\,(n-1) \int x^{n-2} \; \cos x \, dx \; ,$$

(e) $$\int x^n \, e^{-x^2} \, dx = -\frac{1}{2} x^{n-1} \, e^{-x^2} + \frac{n+1}{2} \int x^{n-2} \, e^{-x^2} \, dx \; .$$

Verwende diese, um die Integrale für $n = 1, \ldots, 10$ *zu berechnen und vergleiche die Ergebnisse mit DERIVEs eingebauter Integration.*

6.3 *Finde eine Rekursionsformel für* $\int \cos^n x \, dx$.

6.4 *Leite aus einer Rekursionsformel eine explizite Formel für die Integralfunktionen* $\int \ln^n x \, dx$ $(n \in \mathbb{N}_0)$ *ab.*

6.5 *Bestätige die Rekursionsformel* $(n \geq 2)$

$$\int \arcsin^n x \, dx = n \, \sqrt{1 - x^2} \arcsin^{n-1} x + x \; \arcsin^n x + n\,(1-n) \int \arcsin^{n-2} x \, dx \; .$$

Hinweis: *Wende partielle Integration sowohl mit* $u'(x) = 1$ *als auch mit* $u'(x) = \arcsin x$ *an und fasse die beiden Resultate in geeigneter Weise zusammen.*

6.6 *Versuche, die Rekursionsformel*

$$\int \tan^n t \, dt = \frac{\tan^{n-1} t}{n-1} - \int \tan^{n-2} t \, dt \qquad (n \neq 1) \; ,$$

die in Kapitel 7 (auf Seite 115) mit Substitution hergeleitet wird, durch partielle Integration zu zeigen. Wo liegt das Problem?

6.2 Integrale von Potenzen

Hat man ein Integral der Form $\int x^n \, f(x) \, dx$, wobei f eine stetige Funktion und $n \in \mathbb{N}$ ist, so kann man mit der partiellen Integration $u'(x) = f(x)$, $v(x) = x^n$ bzw. $u(x) = \int f(x) \, dx$ und $v'(x) = n \, x^{n-1}$ die gültige Formel

$$\int x^n f(x)\,dx = x^n \int f(x)\,dx - n \int x^{n-1} \left(\int f(x)\,dx\right) dx \tag{6.6}$$

erzeugen. Unter der Voraussetzung, daß die iterierten Integrale

$$\int f(x)\,dx\,, \quad \int \left(\int f(x)\,dx\right) dx, \ldots$$

berechnet werden können, stellt dies eine Rekursionsformel zur Bestimmung von $\int x^n f(x)\,dx$ dar. Zum Beispiel bekommen wir

$$\int x \cos x\,dx = x \sin x - \int \sin x\,dx = x \sin x + \cos x$$

oder durch eine zweimalige Anwendung

$$\begin{aligned}\int x^2 e^{-x}\,dx &= -x^2 e^{-x} + 2\int x e^{-x}\,dx \\ &= -x^2 e^{-x} + 2\left(-x e^{-x} + \int e^{-x}\,dx\right) \\ &= -x^2 e^{-x} + 2\left(-x e^{-x} - e^{-x}\right) = -e^{-x}\left(x^2 + 2x + 2\right)\,.\end{aligned}$$

Auch für Integrale vom Typ $\int (f(x))^n\,dx$ mit einer stetigen Funktion f und einer Zahl $n \in \mathbb{N}$ kann eine Rekursion gefunden werden. Mit der partiellen Integration $u'(x) = (f(x))^{n-1}$, $v(x) = f(x)$ bzw. $u(x) = \int (f(x))^{n-1}\,dx$ und $v'(x) = f'(x)$ folgt

$$\int (f(x))^n\,dx = f(x)\left(\int (f(x))^{n-1}\,dx\right) - \int f'(x)\left(\int (f(x))^{n-1}\,dx\right) dx\,. \tag{6.7}$$

Die DERIVE-Funktionen `INTX_N(f,x,n)` bzw. `INT_N(f,x,n)` berechnen die Integrale $\int x^n f(x)\,dx$ bzw. $\int (f(x))^n\,dx$ gemäß (6.6) bzw. (6.7) rekursiv.

Aufgaben

6.7 *Berechne mit* `INTX_N(f,x,n)` *bzw.* `INT_N(f,x,n)` *die Integrale*

$$\int x^n \cos x\,dx \qquad \text{bzw.} \qquad \int \cos^n x\,dx$$

für $n = 1, \ldots, 10$ und vergleiche die Resultate mit denen von DERIVEs eingebauter Integration. Welche Einstellung bei `zusaTz Trig.umformungen` *ist sinnvoll?*

6.3 Bestimmte Integration

Während DERIVE, wie bereits erwähnt, die unbestimmten Integrale, die in der Integralsammlung von Bronstein und Semendjajew ([4], Tabelle 1.1.3.3) geschlossen dargestellt werden, allesamt generiert, scheitert DERIVE genauso einheitlich an der Tabelle 1.1.3.4 der dort aufgelisteten bestimmten Integrale.

Dies liegt daran, daß in dieser Tabelle auf der einen Seite nur solche bestimmten Integrale aufgenommen sind, die sich *nicht* mit Hilfe eines unbestimmten Integrals auswerten lassen, DERIVE aber auf der anderen Seite bestimmte Integrale *ausschließlich* durch Berechnung des unbestimmten Integrals und Einsetzen der Grenzen bestimmt. In diesem Abschnitt zeigen wir, wie man dennoch mit DERIVE bestimmte Integrale auswerten kann, deren Integranden nicht elementar integrierbar sind.

Integriert man die Produktregel (6.1) von a bis b, erhält man die Regel der partiellen Integration für bestimmte Integrale

$$\int_a^b u'(x)v(x)\,dx = u(x)\cdot v(x)\Big|_a^b - \int_a^b v'(x)u(x)\,dx\ , \tag{6.8}$$

welche sich zum Herleiten von Rekursionsgleichungen für bestimmte Integrale eignet. Hierbei bedeutet die Schreibweise

$$F(x)\Big|_a^b := F(b) - F(a)$$

wie üblich die Bildung der Differenz.

Die DERIVE-Funktion `BEST_INT_PARTIELL(ustrich,v,x,a,b)` wendet Gleichung (6.8) an zur Umformung des bestimmten Integrals

$$\int_a^b u'(x)v(x)\,dx\ .$$

Übung 6.3 Benutze `BEST_INT_PARTIELL(ustrich,v,x,a,b)` zur Bestimmung der Rekursion $I_n = n\,I_{n-1}$ für das bestimmte Integral

$$I_n := \int_0^\infty x^n\,e^{-x}\,dx\ .$$

Beachte, daß DERIVE wissen muß, daß $n \geq 0$ ist (warum?)!

Schließe aus $I_0 = 1$ die Beziehung

$$\int_0^\infty x^n\,e^{-x}\,dx = n!$$

Leite ferner eine Rekursionsgleichung für das Integral

$$W_n := \int_0^{\pi/2} \sin^n x \, dx \quad (n \in \mathbb{N}_0) \tag{6.9}$$

her! Da DERIVE trotz der Deklaration $n \geq 2$ die nötigen Funktionswerte

$$\sin^{n-1} x \cos x\Big|_{x=0} = \sin^{n-1} x \cos x\Big|_{x=\frac{\pi}{2}} = 0$$

nicht bestimmen kann, mußt Du gegebenenfalls die DERIVE-Funktion `INT_PARTIELL(ustrich,v,x,a,b)` verwenden und die Randwerte selbst bestimmen.

Für das Integral (6.9) erhält man aus (6.5) die Rekursionsformel

$$W_n = \frac{n-1}{n} W_{n-2} \, . \tag{6.10}$$

Diese Rekursion ermöglicht uns, das *Wallisprodukt* zu berechnen, das uns schon in Abschnitt 4.5 begegnet ist.

Satz Es gilt die Produktformel

$$\prod_{k=1}^{\infty} \frac{4k^2}{4k^2-1} = \lim_{n\to\infty} \prod_{k=1}^{n} \frac{2k}{2k-1} \, \frac{2k}{2k+1} = \lim_{n\to\infty} \frac{2}{1} \cdot \frac{2}{3} \cdot \frac{4}{3} \cdot \frac{4}{5} \cdot \frac{6}{5} \cdot \frac{6}{7} \cdots \frac{2n}{2n-1} \cdot \frac{2n}{2n+1} = \frac{\pi}{2} \, .$$

Beweis: Mit den Anfangsbedingungen

$$W_0 = \int_0^{\pi/2} 1 \, dx = \frac{\pi}{2} \qquad \text{sowie} \qquad W_1 = \int_0^{\pi/2} \sin x \, dx = -\cos x\Big|_0^{\pi/2} = 1$$

erhält man aus der Rekursion (6.10) für gerade bzw. ungerade n mittels Induktion die Werte

$$W_{2n} = \frac{(2n-1)(2n-3)\cdots 3\cdot 1}{2n(2n-2)\cdots 4\cdot 2} \, \frac{\pi}{2} \quad (n \in \mathbb{N}) \, , \tag{6.11}$$

$$W_{2n+1} = \frac{2n(2n-2)\cdots 4\cdot 2}{(2n+1)(2n-1)\cdots 3\cdot 1} \quad (n \in \mathbb{N}) \, . \tag{6.12}$$

Nun folgt andererseits aus der Beziehung $0 \leq \sin x \leq 1$, die für $x \in \left[0, \frac{\pi}{2}\right]$ gilt, für alle $n \in \mathbb{N}$

$$0 \leq \sin^{2n+1} x \leq \sin^{2n} x \leq \sin^{2n-1} x$$

und daher

$$0 \leq \int_0^{\pi/2} \sin^{2n+1} x \, dx \leq \int_0^{\pi/2} \sin^{2n} x \, dx \leq \int_0^{\pi/2} \sin^{2n-1} x \, dx \, .$$

Folglich ist W_n fallend und nach unten beschränkt und somit konvergent. Daher gilt auch

$$\lim_{n\to\infty} \frac{W_{2n+1}}{W_{2n}} = 1$$

und wegen (6.11) und (6.12) folglich die Behauptung. □

Aufgaben

6.8 *Drücke die Formeln (6.11)–(6.12) für W_n durch die Fakultätsfunktion aus!*

6.9 *Verwende das Resultat aus Aufgabe 6.4, um die Rekursion*

$$\int_0^1 \arcsin^n x\,dx = \left(\frac{\pi}{2}\right)^n + n\,(1-n)\int_0^1 \arcsin^{n-2} x\,dx$$

herzuleiten.

6.10 *Berechne:*

(a) $\displaystyle\int_0^1 x^m \ln^n x\,dx \quad (m,n \in \mathbb{N}_0)$, (b) $\displaystyle\int_0^1 x^n\,(1-x)^m\,dx \quad (m,n \in \mathbb{N}_0)$,

(c) $\displaystyle\int_0^\infty \frac{1}{(1+x^2)^n}\,dx \quad (n \in \mathbb{N}_0)$, (d) $\displaystyle\int_0^1 \frac{x^n}{\sqrt{1-x^2}}\,dx \quad (n \in \mathbb{N}_0)$.

Hinweis: *Bestimme geeignete Rekursionsformeln und löse sie.*

6.11 *Berechne die folgenden uneigentlichen Integrale mit partieller Integration*

(a) $\displaystyle\int_0^1 \frac{x^5}{\sqrt{1-x^3}}dx$, (b) $\displaystyle\int_0^1 \frac{x^7}{\sqrt{1-x^4}}dx$, (c) $\displaystyle\int_0^1 \frac{x^9}{\sqrt{1-x^5}}dx$,

(d) $\displaystyle\int_0^1 \arcsin^5 x\,dx$, (e) $\displaystyle\int_2^\infty \frac{1}{\sqrt{x}\,(1-x)}dx$, (f) $\displaystyle\int_0^1 \frac{-\ln x}{\sqrt{x}}dx$.

6.4 Schlecht konditionierte Probleme

In diesem Abschnitt betrachten wir sehr detailliert die Berechnung des Integrals

$$I_n := \int_0^1 x^n\,e^{x-1}\,dx \tag{6.13}$$

für große $n \in \mathbb{N}_0$, beispielsweise für $n = 10^6$. Dabei werden wir allerhand Überraschungen erleben! Da für $x \in [0,1]$ die Beziehung

$$ex \le e^x \le e \tag{6.14}$$

gilt, s. Abbildung 6.1, folgt für I_n die Ungleichungskette

$$\int_0^1 x^{n+1}\,dx < I_n < \int_0^1 x^n\,dx$$

oder

$$\frac{1}{n+2} < I_n < \frac{1}{n+1}\,. \tag{6.15}$$

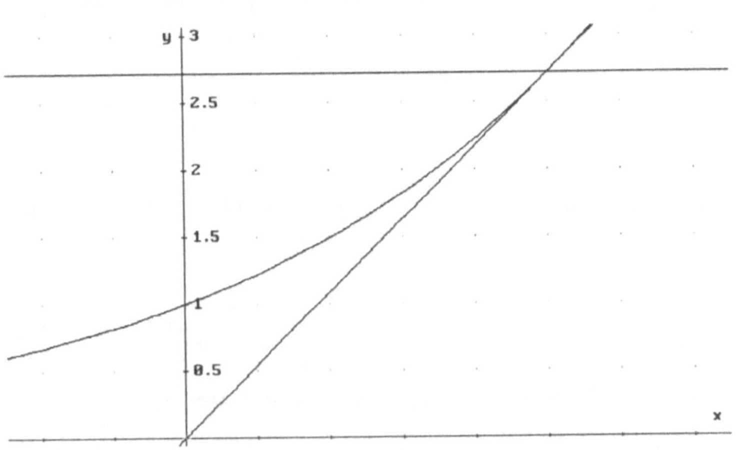

Abbildung 6.1 Die Ungleichung $ex \le e^x \le e$

Folglich ist I_n fallend und hat den Grenzwert $\lim_{n\to\infty} I_n = 0$:

$$1 > I_0 > \frac{1}{2} > I_1 > \frac{1}{3} > \cdots > \frac{1}{n+2} > I_n > \frac{1}{n+1} > \cdots > \lim_{n\to\infty} I_n = 0\,. \tag{6.16}$$

Dies sieht man auch auf Abbildung 6.2, auf der die Integranden für $n = 0, \ldots, 15$ abgebildet sind.

Übung 6.4 Stelle die Integranden $x^n\,e^{x-1}$ für $n = 0, \ldots, 20$ graphisch dar. Berechne die zugehörigen Integralwerte

1. mit numerischer Integration durch Anwendung von `approX`,
2. exakt (durch Bestimmung des unbestimmten Integrals) mit `Vereinfache`
3. und schließlich durch Approximation (mit `approX`) der exakten Resultate.

Vergleiche die Ergebnisse, teste die Ungleichungen (6.15) und deute Deine Resultate!

Versuche ferner auf dieselbe Art, I_{1000} sowie I_{10^6} auf 6 bzw. 20 Dezimalen zu bestimmen. Was geschieht?

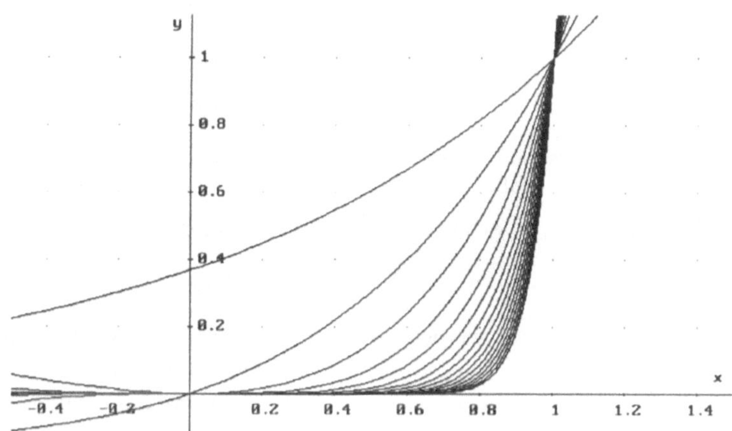

Abbildung 6.2 Die Integranden $x^n\, e^{x-1}$

Um den numerischen Wert des Integrals (6.13) für ein gegebenes $n \in \mathbb{N}_0$ zu bestimmen, können wir numerisch integrieren. Wegen der großen Steigung des Integranden bei $x = 1$ (nämlich $n + 1$) ist dies für großes n allerdings unpraktikabel und ineffizient. Dieser Sachverhalt wurde in Abschnitt 5.3 genauer untersucht. Für unser anvisiertes $n = 10^6$ ist dieses Unterfangen aussichtslos.

Wir können das Integral natürlich auch symbolisch auswerten und das exakte Ergebnis dann numerisch berechnen. Aber schon für kleines n stellt sich heraus, daß diese Aufgabe *schlecht konditioniert* ist: Mit 20-stelliger Genauigkeit ist für $n = 15$ beispielsweise

$$\begin{aligned} I_{15} &= \frac{1\,307\,674\,368\,000}{e} - 481\,066\,515\,734 \\ &= 481\,066\,515\,734.05901\,754... \\ &\quad - 481\,066\,515\,734\,. \end{aligned}$$

Das heißt also, daß nach der Differenzbildung von den exakt berechneten 20 Stellen nur noch 8 Dezimalen verbleiben. Je größer n wird, desto schlimmer wird dieser Effekt, und die berechneten Werte sind völlig unbrauchbar, es sei denn, man stellt fest, wie groß dieser Stellenverlust ist, und verwendet von vornherein eine entsprechend große Rechengenauigkeit. Daß dies höchst ineffizient ist, steht außer Frage.

Dazu kommt, daß die symbolische Berechnung des unbestimmten Integrals für großes n äußerst rechen- und speicheraufwendig ist. Mit dieser Methode können wir I_{10^6} also auch nicht berechnen.

Wir wollen nun einen anderen Weg beschreiten und eine Rekursionsgleichung für I_n benutzen.

Übung 6.5 Bestimme eine Rekursionsgleichung für I_n.

Für I_n gilt die Rekursion

$$\begin{aligned} I_n &= 1 - n\,I_{n-1} \qquad (n > 0) \\ I_0 &= 1 - \frac{1}{e} = 0.63212\,05588\,28557\,6784\ldots. \end{aligned}$$

Übung 6.6 Verwende die Rekursion zur rekursiven Berechnung der Werte I_n für $n = 1, \ldots, 20$. Was beobachtest Du?

Iteriert man die Rekursion, so erhält man mit Induktion die Formel

$$I_n = 1 - n + n(n-1) + \cdots + (-1)^n\,n! - \frac{(-1)^n\,n!}{e} = \alpha_n - \frac{(-1)^n\,n!}{e} \qquad (6.17)$$

für I_n. Diese Formel bestätigt, was wir oben bereits andeuteten: Der exakte Wert berechnet sich immer als Differenz eines ganzzahligen Terms $\alpha_n \in \mathbb{N}$ sowie des Quotienten $\frac{(-1)^n\,n!}{e}$. Wegen $\lim\limits_{n\to\infty} I_n = 0$ ist dies also immer die Differenz zweier ungefähr gleich großer Terme der Größenordnung $n!/3$.

Benutzen wir nun die Rekursion zur Berechnung von I_n beginnend bei I_0, so ergibt sich unglücklicherweise derselbe Effekt (diesmal allerdings sogar bei *jedem* Iterationsschritt!) wie bei der Verwendung der exakten Formel: Da wegen (6.15)

$$\lim_{n\to\infty} n\,I_{n-1} = 1$$

ist, subtrahiert man bei jeder Anwendung der Rekursionsvorschrift zwei ungefähr gleich große Zahlen, was wieder zur Auslöschung von Dezimalstellen führt: Die Rekursionsgleichung ist also ebenfalls sehr schlecht konditioniert. Ist $n \approx 10$, so verliert man bei jedem Iterationsschritt ungefähr eine Dezimale, ist allerdings $n \approx 10^6$, so verliert man bei jedem Iterationsschritt sogar ungefähr 6 Dezimalstellen! Eine Anwendung der Rekursion in dieser Form kommt also zur Lösung unseres Problems auf gar keinen Fall in Frage, abgesehen davon, daß eine 10^6-fache Iteration ohnehin recht aufwendig wäre.

Was bleibt uns? Genauso, wie die Rekursionsvorschrift $I_n := 1 - n\,I_{n-1}$ wegen der Multiplikation mit der (großen) Zahl n besonders schlecht konditioniert ist, ist die Anwendung der Rekursion in *Rückwärtsrichtung* $I_{n-1} = \frac{1-I_n}{n}$ bzw.

$$I_n := \frac{1 - I_{n+1}}{n+1} \qquad (6.18)$$

durch die Division durch $n+1$ besonders gut konditioniert: Es gibt keine Auslöschung, sondern wir *gewinnen* bei jedem Iterationsschritt in Rückwärtsrichtung Dezimalstellen, und zwar ungefähr eine Dezimale, falls $n \approx 10$ ist, und ungefähr 6 Dezimalstellen, falls $n \approx 10^6$ ist! Das hört sich vielversprechend an.

Die Sache hat aber zunächst einen Haken: Während wir bei der Rekursion in Vorwärtsrichtung eine Initialisierung $I_0 = 1 - \frac{1}{e}$ hatten, fehlt uns ein derartiger Anfangswert nun. Das macht aber nichts: Da sich bei jeder Iteration in Rückwärtsrichtung die Präzision erhöht, beginnen wir einfach mit dem (zunächst schlechten) Startwert $I_{n+k} = 0$ und iterieren (6.18) k-mal, um I_n zu berechnen. Wir müssen uns nur überlegen, wie hoch wir k wählen müssen, um sicherzustellen, daß alle berechneten Dezimalstellen korrekt sind.

Übung 6.7 Verwende die Iteration in Rückwärtsrichtung zur Bestimmung von I_{1000} sowie I_{10^6} auf 20 sowie auf 100 Dezimalstellen. Wie oft mußt Du jeweils iterieren, um die Gültigkeit aller berechneter Dezimalen sicherzustellen? Führe Kontrollrechnungen durch mit doppelt so vielen Iterationen wie nötig. Teste jeweils auch die Ungleichungen (6.15)!

Mit nur 20 Iterationen stellen wir 50 Dezimalen von

$$I_{1000} = 0.00099\;80049\;85051\;79787\;28810\;31699\;38385\;79102\;38591\;42748\;629...$$

sicher, und sogar nur 10 Iterationen braucht man für die Berechnung von

$$I_{10^6} = 0.00000\;09999\;98000\;00499\;99850\;00051\;99979\;70008\;76995\;86002\;11468\;8...\,.$$

Dazu definiert man

```
IBACK(n):=IF(n=1020,0,(1-IBACK(n+1))/(n+1))
```

und berechnet `IBACK(1000)` bzw. man erklärt

```
IBACK(n):=IF(n=1000010,0,(1-IBACK(n+1))/(n+1))
```

und vereinfacht `IBACK(1000000)` mit `approX`.

Aufgaben

6.12 *Zeige mit Methoden der Differentialrechnung die Ungleichungskette* (6.14).

6.13 *Welchen Wert hat die Steigung des Integranden $x^n\, e^{x-1}$ an der Stelle $x = 1$?*

6.14 *Berechne I_{10^9} sowie $I_{10^{12}}$ auf 100 gültige Dezimalen.*

6.15 *Das Integral I_n hat gemäß* (6.17) *die exakte Form*

$$I_n = \alpha_n - \frac{(-1)^n\, n!}{e}$$

mit ganzzahligem $\alpha_n \in \mathbb{Z}$. Beweise die Rekursion

$$\begin{aligned} \alpha_n &= -n\,\alpha_{n-1} + 1 \qquad (n > 0) \\ \alpha_0 &= 1\,. \end{aligned}$$

Zeige, daß die Lösung dieser Rekursion durch[5]

$$\alpha_n = 1 + \left[\frac{(-1)^n\, n!}{e}\right] \tag{6.19}$$

gegeben ist. Berechne α_{1000} mit der Rekursion sowie mit der Formel (6.19). *Was ergibt sich für die Differenz der beiden Resultate? Erkläre!*

[5] Hierbei ist $[x]$ die größte ganze Zahl $\leq x$.

6.5 Integrale, bei denen DERIVE scheitert

Mit partieller Integration ist es leicht möglich, Integrale zu finden, die DERIVE nicht lösen kann. Dazu nehme man ein einfach lösbares Integral und integriere es auf „ungeschickte Weise" partiell. Wenn man sich ungeschickt genug anstellt, kann DERIVE das Integral auf der rechten Seite von (6.2) nicht lösen, was unsere Suche erfolgreich abschließt! Dies ist insbesondere in Fällen erfolgreich, bei denen weitere Parameter im Spiel sind.

Als Beispiel betrachten wir das Integral

$$\int \sin x \, dx = -\cos x$$

und wenden partielle Integration an mit $u'(x) = \frac{1}{x^n}, v(x) = x^n \sin x$.

Übung 6.8 Verwende die angegebene partielle Integration, um ein Integral zu finden, das DERIVE nicht lösen kann!

Die Gleichung `INT(SIN(x),x)=INT_PARTIELL(1/x^n,SIN(x)*x^n,x)` wird von DERIVE vereinfacht zu

$$-\mathrm{COS}(x) = \frac{x^n \,\mathrm{SIN}(x) + (1-n)\,\mathrm{COS}(x) - \int x^n \,\mathrm{COS}(x)\, dx - n \int x^{n-1}\,\mathrm{SIN}(x)\, dx}{n-1} .$$

Berechnen wir nun `-((n-1)*<F4>-x^n*SIN(x)-(1-n)*COS(x))`, so erhalten wir

$$x^n \,\mathrm{SIN}\,(x) = \int x^n \,\mathrm{COS}\,(x)\, dx + n \int x^{n-1}\,\mathrm{SIN}\,(x)\, dx.$$

Ganz offenbar also kann DERIVE das Integral

$$\int \left(x^n \cos x + n\, x^{n-1} \sin x\right) dx$$

nicht lösen. Ein Test bestätigt dies:

DERIVE Eingabe[6]	DERIVE Ausgabe
`DIF(x^n*SIN(x),x)`	$x^{n-1}\,(x\,\mathrm{COS}\,(x) + n\,\mathrm{SIN}\,(x))$
`INT(n*x^(n-1)*SIN(x)+x^n*COS(x),x)`	$\int \left[n\, x^{n-1}\,\mathrm{SIN}\,(x) + x^n\,\mathrm{COS}\,(x)\right] dx$

Aufgaben

6.16 *Kann DERIVE unser Beispielintegral lösen, falls wir n mit* `Def Variable` *als positive ganze Zahl deklarieren? Gilt die betrachtete Integralformel für alle* $n \in \mathbb{Z}$*?*

6.17 *Finde 5 weitere Integrale, die DERIVE nicht lösen kann, und verifiziere Deine Ergebnisse durch Differentiation!*

[6]Verwende die `<F4>`-Taste oder das `Analysis Integriere` Menü!

7 Potenzreihen

In diesem Kapitel wird ein elementarer Zugang zur Behandlung von Potenzreihenentwicklungen behandelt, der auf der Integration durch Substitution beruht. Dieser ist eigentlich unabhängig von einem Hilfsmittel wie DERIVE. Es wird aber vorgeführt, wie Formeln mit DERIVE entdeckt und dann bewiesen werden können.

7.1 Integralformeln mit DERIVE

DERIVE kann, wie wir schon in Kapitel 6 bemerkt haben, sehr gut integrieren. Das Integral

$$\int\limits_0^x \tan t\, dt \quad \longrightarrow \quad \ln\cos x$$

wird von DERIVE genauso gefunden wie das Integral

$$\int\limits_0^x \tan^2 t\, dt \quad \longrightarrow \quad \tan x - x\ .$$

Setzt man allerdings einen symbolischen Exponenten ein

$$\int\limits_0^x \tan^n t\, dt\ ,$$

scheitert DERIVE und gibt wieder die Eingabe aus. Dies ist nicht weiter verwunderlich, da eine explizite (summenfreie) Darstellung für dieses Integral gar nicht existiert.

Übung 7.1 Berechne mit DERIVE obiges Integral `INT(TAN(t)^n,t,0,x)`. Da DERIVE keine Antwort findet, sollst Du die ersten 11 Integrale

$$\int\limits_0^x \tan^n t\, dt\ , \qquad (n = 0, 1, \ldots, 10)$$

bestimmen. Benutze den `VECTOR`-Befehl! Was fällt Dir an DERIVEs Ergebnis auf?

Wir können jedoch DERIVEs Fähigkeiten dazu benutzen, eine Summenformel für dieses symbolische Integral herzuleiten. Dazu berechnen wir zunächst einmal die ersten 11 Integrale dieser Liste ($n = 0, \ldots, 10$) durch Vereinfachung der Eingabe[1]

```
VECTOR(INT(TAN(t)^n,t,0,x),k,0,10)
```

welche die Ausgabe

$$\left[x, -\mathrm{LN}\,(\mathrm{COS}\,(x)), \mathrm{TAN}\,(x) - x, \mathrm{LN}\,(\mathrm{COS}\,(x)) + \frac{\mathrm{TAN}\,(x)^2}{2}, -\mathrm{TAN}\,(x) + \frac{\mathrm{TAN}\,(x)^3}{3} + x, \ldots\right]$$

erzeugt. Selbst bei ausschließlicher Betrachtung des momentan sichtbaren Bereichs dieser Formeln[2] stellt jeder sofort fest, daß die Darstellungen für gerade k-Werte sehr stark von den Darstellungen für ungerade k-Werte abweichen.

Übung 7.2 Wir wollen uns also die geraden und ungeraden k-Werte getrennt ansehen! Vereinfache hierzu die Ausdrücke

```
VECTOR(INT(TAN(t)^(2n),t,0,x),n,0,5)
```

und

```
VECTOR(INT(TAN(t)^(2n+1),t,0,x),n,0,5) !
```

Kannst Du nun erraten, wie das allgemeine Ergebnis aussehen könnte?

Die Integrale für gerade bzw. ungerade Exponenten erzeugen die Ausgaben

$$\left[x, \mathrm{TAN}\,(x) - x, -\mathrm{TAN}\,(x) + \frac{\mathrm{TAN}\,(x)^3}{3} + x, \mathrm{TAN}\,(x) - \frac{\mathrm{TAN}\,(x)^3}{3} + \frac{\mathrm{TAN}\,(x)^5}{5} - x,\right.$$
$$-\mathrm{TAN}\,(x) + \frac{\mathrm{TAN}\,(x)^3}{3} - \frac{\mathrm{TAN}\,(x)^5}{5} + \frac{\mathrm{TAN}\,(x)^7}{7} - x,$$
$$\left.\mathrm{TAN}\,(x) - \frac{\mathrm{TAN}\,(x)^3}{3} + \frac{\mathrm{TAN}\,(x)^5}{5} - \frac{\mathrm{TAN}\,(x)^7}{7} + \frac{\mathrm{TAN}\,(x)^9}{9} - x\right]$$

bzw.

$$\left[-\mathrm{LN}\,(\mathrm{COS}\,(x)), \mathrm{LN}\,(\mathrm{COS}\,(x)) + \frac{\mathrm{TAN}\,(x)^2}{2}, -\mathrm{LN}\,(\mathrm{COS}\,(x)) - \frac{\mathrm{TAN}\,(x)^2}{2} + \frac{\mathrm{TAN}\,(x)^4}{4},\right.$$
$$\mathrm{LN}\,(\mathrm{COS}\,(x)) + \frac{\mathrm{TAN}\,(x)^2}{2} - \frac{\mathrm{TAN}\,(x)^4}{4} + \frac{\mathrm{TAN}\,(x)^6}{6},$$
$$-\mathrm{LN}\,(\mathrm{COS}\,(x)) - \frac{\mathrm{TAN}\,(x)^2}{2} + \frac{\mathrm{TAN}\,(x)^4}{4} - \frac{\mathrm{TAN}\,(x)^6}{6} + \frac{\mathrm{TAN}\,(x)^8}{8},$$
$$\left.\mathrm{LN}\,(\mathrm{COS}\,(x)) + \frac{\mathrm{TAN}\,(x)^2}{2} - \frac{\mathrm{TAN}\,(x)^4}{4} + \frac{\mathrm{TAN}\,(x)^6}{6} - \frac{\mathrm{TAN}\,(x)^8}{8} + \frac{\mathrm{TAN}\,(x)^{10}}{10}\right].$$

Übung 7.3 Versuche, für

[1]Man kann auch `VECTOR(INT(TAN^n(t),t,0,x),k,0,10)` eingeben, den Exponenten also direkt nach Aufruf der Funktion setzen.

[2]Mit Hilfe der Cursortasten kann man sich allerdings alle erzeugten Ausdrücke genau ansehen.

$$\int_0^x \tan^{2n} t\,dt \qquad \text{sowie} \qquad \int_0^x \tan^{2n+1} t\,dt \qquad (n \in \mathbb{N})$$

jeweils eine Vermutung aufzustellen! Da das Vorzeichen von x bzw. $\ln\cos x$ offenbar immer abwechselt, ist es einfacher, die Terme

$$(-1)^n \int_0^x \tan^{2n} t\,dt \qquad \text{sowie} \qquad (-1)^{n+1} \int_0^x \tan^{2n+1} t\,dt \qquad (n \in \mathbb{N})$$

zu betrachten!

Aufgaben

7.1 *Führe analoge Betrachtungen für die Stammfunktionen $\int \cot^n x\,dx$ durch!*

7.2 *Errate eine Formel für $\int_0^1 \arcsin^n t\,dt$? Ein Beweis für diese Formel wird in Aufgabe 7.4 erarbeitet.*

7.2 Beweis durch Substitution

Nachdem wir im letzten Abschnitt Formeln für

$$\int_0^x \tan^{2n} t\,dt \qquad \text{sowie} \qquad \int_0^x \tan^{2n+1} t\,dt \qquad (n \in \mathbb{N})$$

gefunden haben, wollen wir diese nun durch eine geeignete Substitution beweisen.

Wegen $(\tan t)' = 1 + \tan^2 t$ folgt mit der Substitution $u = \tan t$ für $n \neq 1$

$$\begin{aligned}\int \tan^n t\,dt + \int \tan^{n-2} t\,dt &= \int \tan^{n-2} t\,(1+\tan^2 t)\,dt = \int u^{n-2}\,du\Big|_{u=\tan t}\\ &= \frac{u^{n-1}}{n-1}\Big|_{u=\tan t} = \frac{\tan^{n-1} t}{n-1}\,,\end{aligned}$$

und folglich gilt die Rekursionsformel

$$\int \tan^n t\,dt = \frac{\tan^{n-1} t}{n-1} - \int \tan^{n-2} t\,dt \qquad (n \neq 1)\,. \tag{7.1}$$

Dies ist die Rekursionsformel einer Summe, und mit den Anfangswerten

$$\int_0^x \tan^0 t\,dt = \int_0^x 1\,dt = x \qquad \text{sowie} \qquad \int_0^x \tan^1 t\,dt = \int_0^x \tan t\,dt = -\ln\cos x$$

folgen für $n \in \mathbb{N}$ die beiden Aussagen

$$(-1)^n \int_0^x \tan^{2n} t\,dt = x - \tan x + \frac{\tan^3 x}{3} - \frac{\tan^5 x}{5} \pm \cdots + \frac{(-1)^n}{2n-1} \tan^{2n-1} x \quad (7.2)$$

sowie

$$(-1)^{n+1} \int_0^x \tan^{2n+1} t\,dt = \ln\cos x + \frac{\tan^2 x}{2} - \frac{\tan^4 x}{4} \pm \cdots + \frac{(-1)^{n+1}}{2n} \tan^{2n} x\,. \quad (7.3)$$

Aufgaben

7.3 *Benutze die Rekursion* (7.1), *um die Summendarstellungen für die Integrale*

$$\int \cot^{2n} t\,dt \qquad \textit{sowie} \qquad \int \cot^{2n+1} t\,dt \qquad (n \in \mathbb{N})\ ,$$

die in Aufgabe 7.1 *zu erraten waren, zu beweisen.*

7.4 *Beweise die Formel für* $\int_0^1 \arcsin^n t\,dt$ *aus Aufgabe* 7.2. *Verwende dazu die Rekursion aus Aufgabe* 6.9.

7.3 Die Logarithmus- und Arkustangensreihe

Setzen wir nun in (7.2) und (7.3) für $\tan x$ den Wert y ein und nennen den zu y gehörigen x-Wert $\arctan y$, also

$$y = \tan x \qquad \text{bzw.} \qquad x = \arctan y\ ,$$

welches für $x \in [0, \pi/4)$ bzw. $y \in [0,1)$ eindeutige Werte liefert, erhalten wir für $n \in \mathbb{N}$ die Formeln

$$(-1)^n \int_0^x \tan^{2n} t\,dt = \arctan y - y + \frac{y^3}{3} - \frac{y^5}{5} \pm \cdots + \frac{(-1)^n}{2n-1} y^{2n-1}$$

sowie

$$(-1)^{n+1} \int_0^x \tan^{2n+1} t\,dt = \ln\cos\arctan y + \frac{y^2}{2} - \frac{y^4}{4} \pm \cdots + \frac{(-1)^{n+1}}{2n} y^{2n}\,.$$

Wir machen weiter folgende Feststellung: Da für $x \in [0, \pi/4)$ die Tangensfunktion Werte kleiner als 1 hat, konvergieren die Integranden $\tan^n t$ im ganzen Intervall $[0, x]$ für $n \to \infty$ gegen Null, und somit konvergieren die Integrale auf der linken Seite für alle $x \in [0, \pi/4)$ ebenfalls gegen Null.

Übung 7.4 Betrachte die Integrandenfunktionen $\tan^n t$ im Intervall $[0, \pi/4)$ für $n = 0, \ldots, 10$ graphisch, vgl. Abbildung 7.1, und beobachte, wie diese Funktionen für jedes $x \in [0, \pi/4)$ für $n \to \infty$ gegen den Wert 0 streben.

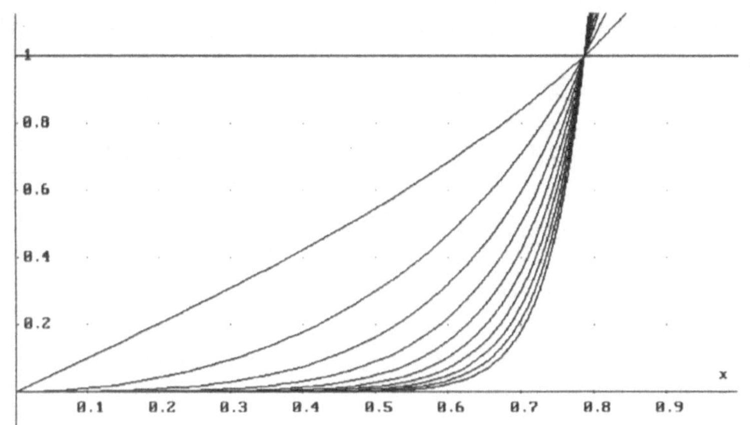

Abbildung 7.1 Die Potenzen der Tangensfunktion im Intervall $[0, \pi/4)$

Wir erhalten also für $n \to \infty$ die Formeln

$$0 = \arctan y - y + \frac{y^3}{3} - \frac{y^5}{5} \pm \cdots + \frac{(-1)^n}{2n-1} y^{2n-1} + \cdots$$

sowie

$$0 = \ln \cos \arctan y + \frac{y^2}{2} - \frac{y^4}{4} \pm \cdots + \frac{(-1)^{n+1}}{2n} y^{2n} + \cdots ,$$

oder auch für $y \in [0, 1)$

$$\arctan y = y - \frac{y^3}{3} + \frac{y^5}{5} - \frac{y^7}{7} \pm \cdots \tag{7.4}$$

sowie

$$-\ln \cos \arctan y = \frac{y^2}{2} - \frac{y^4}{4} + \frac{y^6}{6} \mp \cdots . \tag{7.5}$$

Die Reihe (7.4) ist die *Arkustangensreihe*, die wir auf diese Weise hergeleitet haben.[3] Die zweite Reihe stellt sich als die *Logarithmusreihe* heraus. Aus der Beziehung

$$1 = \sin^2 x + \cos^2 x = (1 + \tan^2 x) \cos^2 x$$

folgt nämlich

[3] Man beachte, daß weder der Satz von Taylor noch Überlegungen zur gleichmäßigen Konvergenz für dieses Ergebnis nötig sind!

$$\cos x = \frac{1}{\sqrt{1+\tan^2 x}} ,$$

und somit (wir schreiben wieder $y = \tan x$)

$$\begin{aligned} -\ln\cos\arctan y &= -\ln\cos x = -\ln\frac{1}{\sqrt{1+\tan^2 x}} = \ln\sqrt{1+\tan^2 x} \\ &= \frac{1}{2}\ln(1+\tan^2 x) = \frac{1}{2}\ln(1+y^2) . \end{aligned}$$

Ersetzen wir schließlich y^2 durch z, erhalten wir zusammen mit (7.5)

$$\frac{1}{2}\ln(1+z) = \frac{z}{2} - \frac{z^2}{4} + \frac{z^3}{6} \mp \cdots$$

oder nach Multiplikation mit 2 die Logarithmusreihe

$$\ln(1+z) = z - \frac{z^2}{2} + \frac{z^3}{3} \mp \cdots \quad (z \in [0,1)) . \tag{7.6}$$

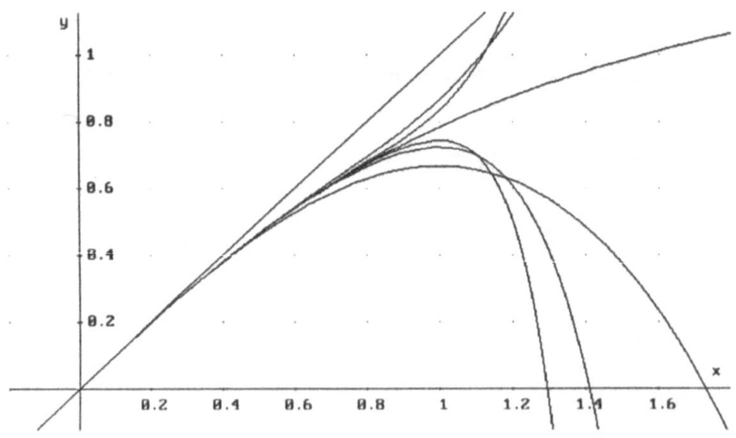

Abbildung 7.2 Die Partialsummen der Arkustangensreihe

Übung 7.5 Schreibe die Reihen (7.4) und (7.6) unter Verwendung des Summenzeichens Σ auf und gib sie in DERIVE ein. Betrachte die Partialsummen der Arkustangens- sowie der Logarithmusreihe, s. Abbildungen 7.2 und 7.3, und beobachte mit DERIVE graphisch deren Konvergenz gegen die Arkustangens- bzw. Logarithmusfunktion. In welchem Intervall liegt Konvergenz vor?

Aufgaben

7.5 *Zeige, daß die Funktionen $f_n(x) := \tan^n(x)$ für jedes $x \in [0, \pi/4)$ für $n \to \infty$ monoton fallend gegen den Wert 0 streben.*

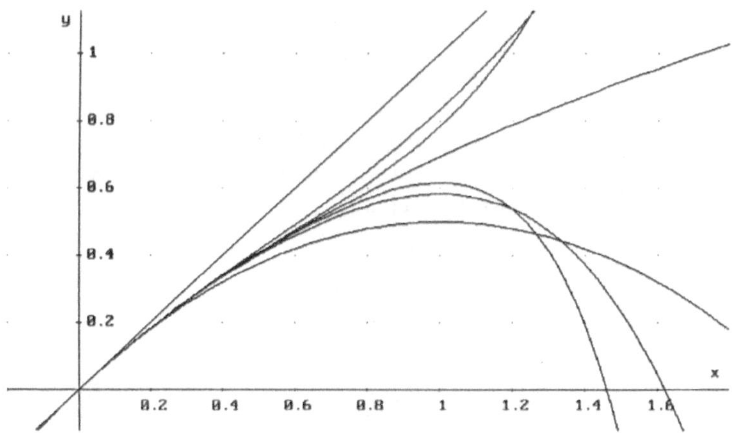

Abbildung 7.3 Die Partialsummen der Logarithmusreihe

7.6 *Zeige, daß die Arkustangensreihe* (7.4) *für alle* $y \in (-1, 1)$ *und daß die Logarithmusreihe* (7.6) *für alle* $z \in (-1, 1)$ *gültig sind.*

7.7 *Führe die Umformung*

$$-\ln\cos\arctan y \quad\longrightarrow\quad \frac{1}{2}\ln\left(1+y^2\right)$$

mit DERIVE durch.

7.8 *Benutze die Logarithmusreihe, um die Funktion* $\ln\frac{1+x}{1-x}$ *für* $x \in (-1, 1)$ *durch eine Reihe darzustellen. Betrachte die Konvergenz der Partialsummen wieder graphisch.*

7.4 Randverhalten der Reihen

Übung 7.6 Verwende die in Übung 7.5 erstellte Darstellung der Reihen (7.4) und (7.6) und führe mit DERIVE den Grenzübergang $y \to 1$ bzw. $z \to 1$ durch.

Die hergeleiteten Reihen (7.4) und (7.6) gelten zunächst für $y, z \in [0, 1)$, es macht aber keinerlei Mühe, dieses Intervall auf $y, z \in (-1, 1)$ auszudehnen. Dies wurde in Aufgabe 7.6 durchgeführt.

Schwieriger ist die Fragestellung: Gelten die Formeln (7.4) und (7.6) auch noch für $y = 1$ bzw. $z = 1$? Daß dies so ist, daß also

$$1 - \frac{1}{3} + \frac{1}{5} - \frac{1}{7} \pm \cdots = \arctan 1 = \frac{\pi}{4} \tag{7.7}$$

und

$$1-\frac{1}{2}+\frac{1}{3}-\frac{1}{4}\pm\cdots=\ln 2 \tag{7.8}$$

gelten, ist nicht mehr ganz so elementar, kann aber durch eine geschickte Argumentation gezeigt werden.[4] Dies wollen wir uns zunächst geometrisch klarmachen.

Wir setzen nämlich bei unseren ursprünglichen Integralen speziell $x = \pi/4$ und betrachten $n \to \infty$. Die Grenzwertbeziehung

$$\lim_{n\to\infty} \int_0^{\pi/4} \tan^n t\, dt = 0 \tag{7.9}$$

ist aus geometrischen Gründen einleuchtend, da im Innern des Intervalls $(0, \pi/4)$ die Ungleichung $0 < \tan t < 1$ gilt und daher die Integrale immer kleineren Flächen entsprechen. Aus (7.9) folgt aber, daß die Herleitung, die im letzten Abschnitt gegeben wurde, auch noch für $x = \pi/4$ bzw. $y = 1$ bzw. $z = 1$ gültig ist und damit die Arkustangensreihe (7.4) noch für $y = 1$ und die Logarithmusreihe (7.6) noch für $z = 1$ gültig sind.

Die gegebene geometrische Begründung kann auf folgende Weise rechnerisch gerechtfertigt werden: Sei $\varepsilon > 0$ gegeben, dann ist wegen $y := \tan \pi/4 - \varepsilon/2 < 1$

$$\left|\int_0^{\pi/4} \tan^n t\, dt\right| \le \left|\int_0^{\pi/4-\varepsilon/2} \tan^n t\, dt\right| + \left|\int_{\pi/4-\varepsilon/2}^{\pi/4} \tan^n t\, dt\right| \le y^n \frac{\pi}{4} + \frac{\varepsilon}{2}\,,$$

und es gibt somit ein $N \in \mathbb{N}$ derart, daß für alle $n \ge N$ der Term $y^n \frac{\pi}{4} \le \frac{\varepsilon}{2}$ ist, was die Behauptung (7.9) zeigt.

Aufgaben

7.9 *Die Reihen (7.7)–(7.8) konvergieren sehr langsam. Zeige, daß man genau 250 bzw. 2500 Terme der Arkustangensreihe aufsummieren muß, um den Grenzwert $\pi/4$ mit einer Abweichung von weniger als 10^{-3} bzw. 10^{-4} zu approximieren. Entsprechend braucht man genau 500 bzw. 5000 Terme der Logarithmusreihe, um den Grenzwert $\ln 2$ mit einer Genauigkeit von 10^{-3} bzw. 10^{-4} zu approximieren. Wie viele Terme braucht man bei beiden Reihen für eine Approximation der Genauigkeit von 10^{-5}?*

Für diese Aufgabe ist es sehr wichtig, mit einer jeweils genügend großen Genauigkeit zu rechnen! Warum? Wie kann man vermeiden, mit einer größeren Genauigkeit zu rechnen, als es die Aufgabe erfordert?

7.10 *Benutze die Reihe*

$$\ln\frac{1+x}{1-x} = 2\left(x+\frac{x^3}{3}+\frac{x^5}{5}+\ldots\right)\,, \tag{7.10}$$

[4] Ohne Benutzung des Abelschen Grenzwertsatzes.

die in Aufgabe 7.8 hergeleitet wurde, zur Berechnung von $\ln 2$. *Ist die Konvergenz wieder so langsam wie bei der Verwendung der Formel (7.8)? Warum? Wie viele Terme braucht man, um* $\ln 2$ *mit einer Genauigkeit von* 10^{-6} *zu berechnen?*

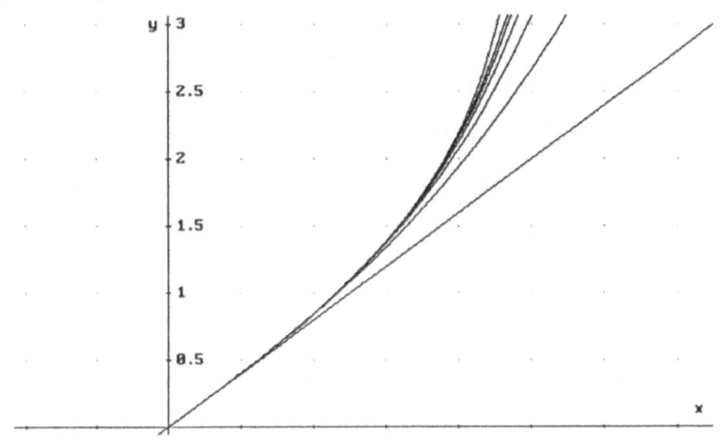

Abbildung 7.4 Die Partialsummen der Reihe (7.10)

7.11 *Leite die Formel (7.9) mit DERIVE her. Deklariere hierzu t als reelle Variable im Intervall* $(0, \pi/4)$. *Da DERIVEs numerische Approximation von* $\pi/4$ *eventuell*[5] *geringfügig größer als* $\pi/4$ *ist, muß die obere Grenze dieser Deklaration entsprechend geringfügig (sagen wir um* 10^{-6}*) verkleinert werden.*

7.5 Die Exponentialreihe

In diesem Abschnitt leiten wir mit einer ähnlichen Methode die *Exponentialreihe*

$$e^x = 1 + x + \frac{x^2}{2} + \frac{x^3}{3!} + \dots$$

her.

Übung 7.7 Betrachte die Integrale

$$\int_0^x t^n \, e^{-t} \, dt$$

für $n = 0, \dots, 5$. Welche Struktur kann man sehen? Erkennst Du den einzelnen Summanden, der jeweils auftritt?

[5] Abhängig von der Version.

Die Integralliste `VECTOR(INT(t^n)*EXP(-t),t,0,x),n,0,5)` entspricht den Integralen

$$\left[\int_0^x e^{-t}\,dt, \int_0^x t\,e^{-t}\,dt, \int_0^x t^2\,e^{-t}\,dt, \int_0^x t^3\,e^{-t}\,dt, \int_0^x t^4\,e^{-t}\,dt, \int_0^x t^4\,e^{-t}\,dt\right]$$

und liefert nach Vereinfachung das Resultat

$$\left[1-\hat{e}^{-x}, 1-\hat{e}^{-x}\,(x+1), 2-\hat{e}^{-x}\,(x^2+2x+2), 6-\hat{e}^{-x}\,(x^3+3x^2+6x+6), 24-\ldots\right].$$

Man erkennt, daß diese Terme den Summanden $n! = 1\cdot 2\cdots n$ enthalten, was wegen

$$\int_0^\infty t^n\,e^{-t}\,dt = n!$$

nicht sonderlich überraschend ist. Diese Beziehung wurde in Übung 6.3 bewiesen.

Die restlichen Resultatterme sind jeweils negativ, also vereinfachen wir als nächstes die Integrale

$$n! - \int_0^x t^n\,e^{-t}\,dt\ ,$$

d. h. den Ausdruck `VECTOR(n!-INT(t^n)*EXP(-t),t,0,x),n,0,5)` mit dem Ergebnis

$$\left[\hat{e}^{-x}, \hat{e}^{-x}\,(x+1), \hat{e}^{-x}\,(x^2+2x+2), \hat{e}^{-x}\,(x^3+3x^2+6x+6), \hat{e}^{-x}\,(x^4+\ldots)\right].$$

Nun ist e^{-x} offenbar ein gemeinsamer Faktor der berechneten Integrale, so daß wir den zu untersuchenden Term mit e^x multiplizieren. Zur Normierung des Restterms in der Weise, daß das Absolutglied 1 wird, dividieren wir noch durch $n!$. Vereinfachen wir nun `VECTOR((n!-INT(t^n)*EXP(-t),t,0,x))*EXP(x)/n!,n,0,5)` mit **Expand**, erhalten wir das Resultat

$$\left[1, x+1, \frac{x^2}{2}+x+1, \frac{x^3}{6}+\frac{x^2}{2}+x+1, \frac{x^4}{24}+\frac{x^3}{6}+\frac{x^2}{2}+x+1, \frac{x^5}{120}+\frac{x^4}{24}+\frac{x^3}{6}+\frac{x^2}{2}+x+1\right].$$

Diese Darstellung führt zu der Vermutung

$$e^x\left(1-\int_0^x \frac{t^n}{n!}\,e^{-t}\,dt\right) = 1+x+\frac{x^2}{2}+\cdots+\frac{x^n}{n!}\ , \tag{7.11}$$

welche wir nun beweisen wollen. Ein zweiter Beweis wird in Aufgabe 7.12 behandelt.

Zu zeigen ist, daß die Funktion

$$F_n(x) := \left(1-\int_0^x \frac{t^n}{n!}\,e^{-t}\,dt\right) - e^{-x}\left(1+x+\frac{x^2}{2}+\cdots+\frac{x^n}{n!}\right)$$

identisch Null ist. Wir leiten $F_n(x)$ ab und erhalten mit der Produktregel und dem Hauptsatz der Differential- und Integralrechnung

$$\begin{aligned} F_n'(x) &= -\frac{x^n}{n!}e^{-x} + e^{-x}\left(1 + x + \frac{x^2}{2} + \cdots + \frac{x^n}{n!}\right) \\ &\quad -e^{-x}\left(1 + x + \frac{x^2}{2} + \cdots + \frac{x^{n-1}}{(n-1)!}\right) = 0 , \end{aligned}$$

also ist $F_n(x)$ konstant. Wegen $F_n(0) = 0$ ist folglich $F_n(x) \equiv 0$.

Übung 7.8 Schreibe die Identität (7.11) mit dem Summenzeichen und gib diese Formel in DERIVE ein. Führe den Grenzübergang $n \to \infty$ mit DERIVE durch. Was ergibt sich?

Während es wieder relativ einfach war, eine Integralformel für die Partialsumme

$$1 + x + \frac{x^2}{2} + \cdots + \frac{x^n}{n!}$$

zu finden und zu beweisen, ist es diesmal nicht so einfach, den Grenzübergang $n \to \infty$ durchzuführen. Dazu müssen wir nämlich wieder zeigen, daß der betrachtete Integrand

$$f_n(t) := \frac{t^n}{n!}\,e^{-t} ,$$

s. Abbildung 7.5, in $[0, x]$ für $n \to \infty$ gegen Null konvergiert.

Übung 7.9 Stelle die Funktionen $f_n(t) = \frac{t^n}{n!}\,e^{-t}$ für $n = 0, \ldots, 10$ graphisch dar. Berechne $f_n(0)$ sowie $\lim\limits_{t\to\infty} f_n(t)$, und bestimme durch Ableiten den größten Wert von $f_n(t)$ im Intervall $(0, \infty)$.

Wir untersuchen zuerst, für welches positive T die Funktion f_n ihren größten Wert hat. Da f_n keine negativen Werte annimmt und da $f_n(0) = 0$ und $\lim\limits_{t\to\infty} f_n(t) = 0$ sind, gibt es eine solche Stelle. Aus

$$f_n'(T) = e^{-T}\left(\frac{T^{n-1}}{(n-1)!} - \frac{T^n}{n!}\right) = e^{-T}\frac{T^{n-1}}{(n-1)!}(T - n) = 0$$

folgt $T = n$, es gilt also

$$f_n(t) \le f_n(n) \le \frac{n^n}{n!}\,e^{-n}$$

für alle $t \in [0, \infty)$.

Es ist nun absolut nicht trivial, daß $f_n(n)$ für $n \to \infty$ gegen Null konvergiert. Hier kommt die *Stirlingsche Formel* ins Spiel (s. [6], 0.4, S. 15)

$$n! \sim \sqrt{2\pi n}\left(\frac{n}{e}\right)^n ,$$

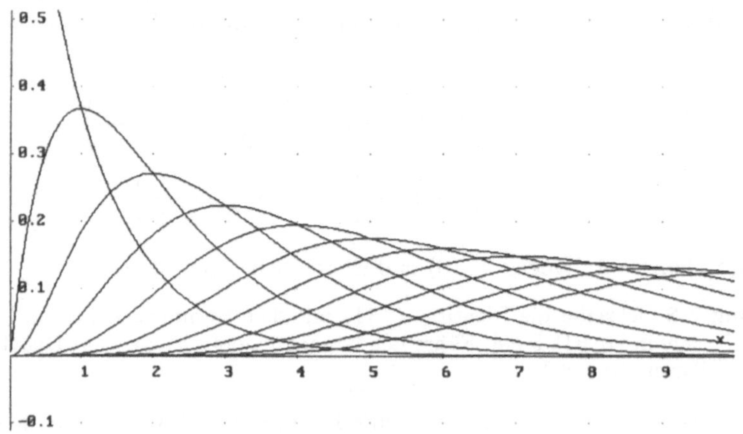

Abbildung 7.5 Die Funktionen $f_n(t) = \frac{t^n}{n!}\, e^{-t}$ $(n = 0, \ldots, 10)$

aus der u. a. für eine Konstante $C > 0$ und alle großen $n \in \mathbb{N}$ die Beziehung

$$n! \geq C\sqrt{n}\left(\frac{n}{e}\right)^n$$

folgt. Für diese $n \in \mathbb{N}$ gilt dann

$$\int_0^x f_n(t)\, dt \leq \int_0^x \frac{n^n}{n!}\, e^{-n}\, dt \leq \frac{x}{C\sqrt{n}} \,,$$

und insbesondere

$$\lim_{n\to\infty} \int_0^x f_n(t)\, dt = 0 \,.$$

Hiermit folgt aber aus (7.11) die Reihendarstellung

$$e^x = 1 + x + \frac{x^2}{2} + \frac{x^3}{3!} + \ldots \tag{7.12}$$

der Exponentialfunktion für alle $x \geq 0$. Diese Reihe heißt *Exponentialreihe*. Ihre Partialsummen sind in Abbildung 7.6 zu sehen.

Übung 7.10 Gib die Exponentialreihe in DERIVE mit Hilfe des Summenzeichens ein und vereinfache. Was geschieht?

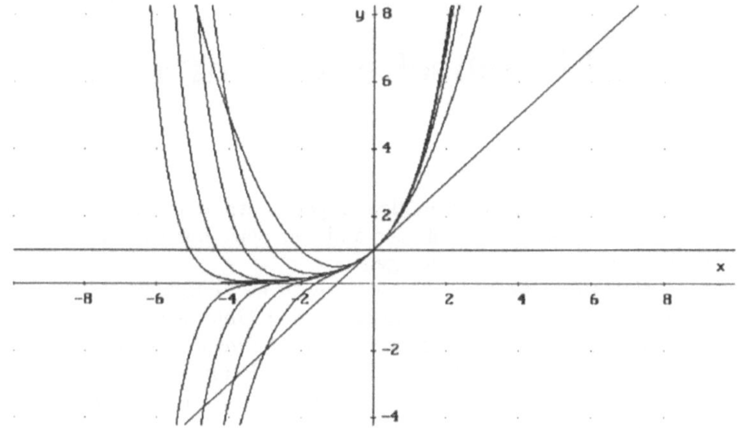

Abbildung 7.6 Die Partialsummen der Exponentialreihe

Aufgaben

7.12 *Zeige* (7.11) *durch Herleitung der Rekursionsformel*

$$G_{n+1}(x) = G_n(x) + \frac{x^{n+1}}{(n+1)!}$$

für

$$G_n(x) := e^x \left(1 - \int_0^x \frac{t^n}{n!} e^{-t}\, dt\right)$$

mittels partieller Integration.

7.13 *Zeige, daß die Exponentialreihe* (7.12) *für alle* $x \in \mathbb{R}$ *gültig ist.*

7.14 *Wir haben gesehen, daß*

$$\lim_{n\to\infty} \int_0^x \frac{t^n}{n!} e^{-t}\, dt = 0$$

ist. Zeige, daß auf der anderen Seite

$$\lim_{n\to\infty} \int_0^\infty \frac{t^n}{n!} e^{-t}\, dt = 1$$

ist. Erkläre!

8 Die Goldbachsche Vermutung

Die *Goldbachsche Vermutung* gehört zu denjenigen mathematischen Sachverhalten, die sich sehr einfach formulieren lassen. Auf der anderen Seite hat sich diese Vermutung bis heute einem mathematischen Beweis entzogen.

Die Vermutung entstammt dem Briefwechsel zwischen Goldbach und Euler. In seinem Brief an Euler, datiert am 7. Juni 1742 in Moskau, sprach Goldbach die Vermutung aus, jede natürliche Zahl größer als 2 lasse sich als Summe dreier Primzahlen darstellen. Insbesondere sollte sich also jede gerade Zahl als die Summe zweier Primzahlen darstellen lassen. (Zu Goldbachs Zeiten zählte die Zahl 1 noch als Primzahl, so daß die Goldbachsche Vermutung heutzutage eine etwas stärkere Aussage darstellt.)

Man kann DERIVE dazu verwenden, die Anzahl der Goldbachzerlegungen einer geraden Zahl zu berechnen, um sich von der Plausibilität der Vermutung zu überzeugen.

8.1 Goldbachzerlegungen

g	Zerlegungen				Anzahl $A(g)$
2					0
4	2+2				1
6	3+3				1
8	3+5				1
10	3+7	5+5			2
12	5+7				1
14	3+11	7+7			2
16	3+13	5+11			2
18	5+13	7+11			2
20	3+17	7+13			2
22	3+19	5+17	11+11		3
24	5+19	7+17	11+13		3
26	3+23	7+19	13+13		3
28	5+23	11+17			2
30	7+23	11+19	13+17		3
32	3+29	13+19			2
34	3+31	5+29	11+23	17+17	4
36	5+31	7+29	13+23	17+19	4
38	7+31	19+19			2
40	3+37	11+29	17+23		3

Tabelle 8.1 Liste der ersten Goldbachzerlegungen

Tabelle 8.1 ist eine Liste der geraden Zahlen bis 40 zusammen mit ihren Goldbachzerlegungen als Summe zweier Primzahlen.

Übung 8.1 Setze Tabelle 8.1 bis zur geraden Zahl $g = 100$ fort.

Da sich die Berechnung der Goldbachzerlegungen als recht aufwendig erweist, wollen wir zur weiteren Untersuchung DERIVE einsetzen. Die DERIVE-Funktion `GOLDBACH_ZERLEGUNGEN(g)` der Datei `GOLDBACH.MTH` berechnet die zu der geraden Zahl gehörigen Goldbachzerlegungen und gibt sie in der Form eines Vektors `[g,zerlegungen,anzahl]` aus, während die Funktion `GOLDBACH_ANZAHL(g)` lediglich die zu der geraden Zahl gehörige Anzahl von Goldbachzerlegungen ausgibt.

Übung 8.2 Berechne die Anzahlen der Goldbachzerlegungen der geraden Zahlen bis 40 mit DERIVE. Wie kann man mit DERIVE eine zu Tabelle 8.1 äquivalente Tabelle erzeugen? Berechne die Anzahl der Goldbachzerlegungen einiger geraden Zahlen zwischen 100 und 1000. Wie plausibel ist die Goldbachsche Vermutung auf Grund der Berechnungen?

Die Tabelle legt zwar den Verdacht nahe, daß es „im Durchschnitt" immer mehr Goldbachzerlegungen gibt, je größer g ist, aber weitere Struktur läßt sich leider (noch) nicht entdecken.

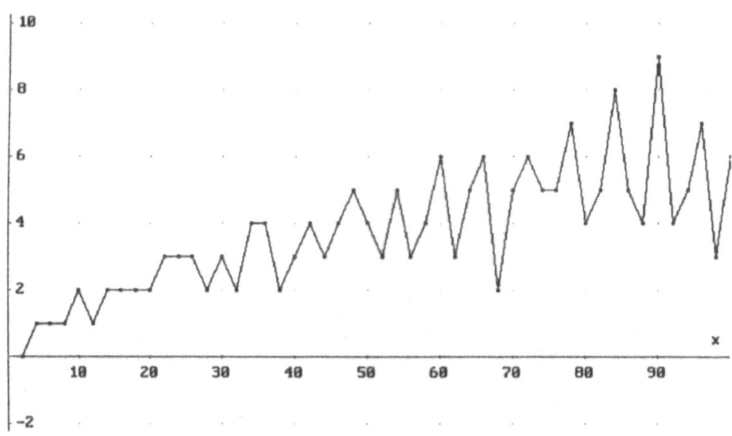

Abbildung 8.1 Anzahl von Goldbachzerlegungen

Aufgaben

8.1 *Wie wurde Abbildung* 8.1 *erzeugt? Konstruiere eine analoge Abbildung für alle* $g \leq 200$.

8.2 *Berechne die Anzahl der Goldbachzerlegungen für* $g = 100, 200, \ldots, 1000$.

8.2 Asymptotische Betrachtungen

Eine wenig Struktur kann man dem Problem glücklicherweise doch entlocken.

Sei eine gerade Zahl g gegeben. Wir wollen die Anzahl $A(g)$ von Goldbachzerlegungen von $g = p_1 + p_2$ als Summe zweier Primzahlen p_1 und p_2 abschätzen.

Mit P bezeichnen wir die Menge der Primzahlen, und p_k sei die $k$te Primzahl. Mit

$$P_g := \{p \in P \mid p^2 \leq g\}$$

sei ferner die Menge derjenigen Primzahlen bezeichnet, die kleiner oder gleich $\sqrt{g}$ sind. Die Anzahl der Elemente von P_g sei m_g. Die Bedeutung der Menge P_g liegt darin, daß alle zusammengesetzten Zahlen $n \leq g$ einen Primfaktor in P_g besitzen, siehe Aufgabe 8.3.

Wir suchen nach natürlichen Zahlen x_g, die eine Goldbachzerlegung von g als Summe $g = x_g + (g - x_g)$ mit $x_g, g - x_g \in P$ erzeugen. Dabei betrachten wir der Einfachheit nur solche Zerlegungen, bei denen weder x_g noch $g - x_g$ in P_g liegen, d. h., beide Summanden seien größer als $\sqrt{g}$. Eine solche Darstellung nennen wir eine *starke Goldbachzerlegung*.

Für alle Primzahlen $p_k \in P_g$ gelten die folgenden Überlegungen. Die Zahlen der arithmetischen Folge $n\,p_k$ ($n \in \mathbb{N}, n \geq 2$) sind keine Kandidaten x_g für eine Goldbachzerlegung, da sie nicht prim sind: sie sind ja Vielfache von p_k. Eine weitere arithmetische Folge $n\,p_k + \hat{g}_k$ ($n \in \mathbb{N}, n \geq 2$) kann von der Betrachtung ausgeschlossen werden, da in diesem Fall $g - x_g$ durch p_k teilbar ist: Man hat nämlich dann für ein $m \in \mathbb{N}$

$$g - x_g = m\,p_k$$

oder

$$x_g = g - m\,p_k = n\,p_k + \hat{g}_k$$

mit $\hat{g}_k = g$ modulo p_k. Das heißt also, daß $\hat{g}_k$ der Divisionsrest der Division von g durch p_k ist. Eine wichtige Beobachtung in diesem Zusammenhang ist, daß diese beiden arithmetischen Folgen zusammenfallen, falls g durch p_k teilbar ist. Hierauf kommen wir später zurück.

Höchstens zwei der p_k arithmetischen Folgen

$$\{x = n\,p_k + j \in \mathbb{N} \mid x \leq g, n \in \mathbb{N}\} \qquad (j = 0, \ldots, p_k - 1) \tag{8.1}$$

kommen somit als Summanden x_g einer starken Goldbachzerlegung nicht in Betracht. Die übrigen $p_k - 2$ arithmetischen Folgen (8.1) enthalten nur Zahlen x, für die weder x noch $g - x$ durch p_k teilbar ist.

Mögliche Zahlen zur Darstellung einer starken Goldbachzerlegung von g sind zunächst die Zahlen $x \in M_0 := [\sqrt{g}, g/2]$. Dies gibt wenigstens $A_0 = [\frac{g}{2} - \sqrt{g}]$ mögliche Goldbachsummanden.[1]

[1] Hierbei ist $[x]$ die größte ganze Zahl $\leq x$.

Im ersten Schritt eliminieren wir alle Zahlen x, die durch $p_1 = 2$ teilbar sind – damit ist auch $g - x$ durch 2 teilbar – und es verbleiben $A_1 = A_0/2$ mögliche Goldbachsummanden. Im nächsten Schritt eliminieren wir alle Zahlen, die durch $p_2 = 3$ teilbar sind. Damit fallen also 2 der drei arithmetischen Folgen (8.1) weg, und es verbleiben ungefähr $A_2 = A_1/3 = A_0/6$ mögliche Goldbachsummanden.

Schließlich durchlaufen wir iterativ die Menge P_g, da diese Zahlen ja alle zusammengesetzten Zahlen in M_0 erzeugen. Mit dieser Prozedur eliminieren wir alle zusammengesetzten Zahlen, und nur die Goldbachsummanden bleiben übrig. Dies ergibt Tabelle 8.2.

k	p_k	Eliminationsschritte	A_k
1	2	nur ungerade Zahlen (sonst ist 2 Teiler)	$\frac{A_0}{2}$
2	3	nur jede dritte Zahl (sonst ist 3 Teiler)	$\frac{1}{3}\frac{A_0}{2}$
3	5	nur 3/5 der Zahlen (sonst ist 5 Teiler)	$\frac{3}{5}\frac{1}{3}\frac{A_0}{2}$
$\vdots$	$\vdots$	...	...
m_g	p_{m_g}	nur $(p_{m_g}-2)/p_{m_g}$ der Zahlen (sonst ist p_{m_g} Teiler)	$\frac{p_{m_g}-2}{p_{m_g}} \cdots \frac{3}{5}\frac{1}{3}\frac{A_0}{2}$

Tabelle 8.2 Abschätzung der starken Goldbachzerlegungen

Leider ist diese Tabelle nur „fast korrekt" (sonst hätten wir an dieser Stelle auch bereits die Goldbachvermutung gelöst, wie wir gleich sehen werden), da wir ja die Tatsache völlig außer Acht ließen, daß die in den Zwischenschritten erzeugten Mengen möglicher Goldbachsummanden völlig unregelmäßig zusammengesetzt sind. Daher stimmt es nur *im Durchschnitt*, daß der $(p_k-2)/p_k$te Teil der Darstellungen den $k$ten Eliminationsschritt „überleben".

Ist aber g groß, so ist es ziemlich plausibel, daß unsere Abschätzungen nicht gar zu abwegig sind. Benutzen wir nun die Daten von Tabelle 8.2, so bekommen wir die asymptotische Abschätzung

$$\begin{aligned} A(g) &\geq \frac{p_{m_g}-2}{p_{m_g}} \cdot \frac{p_{m_g-1}-2}{p_{m_g-1}} \cdot \frac{p_{m_g-2}-2}{p_{m_g-2}} \cdots \frac{3}{5}\frac{1}{3}\frac{A_0}{2} \\ &\geq \frac{p_{m_g}-2}{p_{m_g}} \cdot \frac{p_{m_g}-4}{p_{m_g}-2} \cdot \frac{p_{m_g}-6}{p_{m_g}-4} \cdots \frac{3}{5}\frac{1}{3}\frac{A_0}{2} \\ &= \frac{A_0}{2\,p_{m_g}} \geq \frac{A_0}{2\sqrt{g}} = \frac{\left[\frac{g}{2} - \sqrt{g}\right]}{2\sqrt{g}} \approx \frac{\sqrt{g}}{4} - \frac{1}{2}\,. \end{aligned}$$

Die entstandene Ungleichung

$$A(g) \geq \frac{\sqrt{g}}{4} - \frac{1}{2} \tag{8.2}$$

deutet an, daß die Anzahl der Goldbachzerlegungen wahrscheinlich nicht nur größer als Null ist (dies wäre die Goldbachvermutung), sondern sogar mit wachsendem g ständig anwächst.

AUFGABEN

8.3 *Warum hat jede natürliche Zahl $n \leq g$ mindestens eine Primzahl $p \leq \sqrt{g}$ als Teiler?*

8.4 *Berücksichtige, daß 9 keine Primzahl ist und verbessere die Abschätzung* (8.2). *Für welche g gilt die verbesserte Ungleichung?*

8.3 Goldbachzerlegungen großer ganzer Zahlen

In der Praxis scheint die erhaltene Abschätzung noch viel zu schwach zu sein. Um sie zu erhalten, hatten wir der Einfachheit halber das Produkt aller ungeraden Zahlen anstatt des Produkts über alle Primzahlen genommen. Dies macht die Schranke offenbar zu klein. Hat g zudem viele Primfaktoren, dann fällt jeweils nur eine anstatt zweier arithmetischer Folgen der Elimination zum Opfer, wie wir ja im letzten Abschnitt bemerkten. In diesem Fall sollte es also besonders viele Goldbachzerlegungen geben. Dies trifft insbesondere auf die *Primfakultäten* $2 \cdot 3 \cdot 5 \cdots p_k$ zu, welche besonders viele Primfaktoren besitzen.

Auf der anderen Seite gibt es besonders wenige Goldbachzerlegungen, falls g nur wenige Primfaktoren hat. Dies trifft auf die Potenzen von 2 in besonderem Maße zu, da diese lediglich den Primfaktor 2 besitzen.

Übung 8.3 Berechne die Anzahl der Goldbachzerlegungen der ersten 6 Primfakultäten sowie der ersten 15 Zweierpotenzen. Bestätigen sich unsere Vorhersagen?

g	$2 \cdot 3 \cdot 5 = 30$	$2 \cdot 3 \cdot 5 \cdot 7 = 210$	$2 \cdot 3 \cdot 5 \cdot 7 \cdot 11 = 2\,310$	$2 \cdot 3 \cdot 5 \cdot 7 \cdot 11 \cdot 13 = 30\,030$
Anzahl	3	19	114	905
$\left[\frac{\sqrt{g}}{4} - \frac{1}{2}\right]$	0	3	11	42

Tabelle 8.3 Goldbachzerlegungen der Primfakultäten

g	16	32	64	128	256	512	1 024	2 048	4 096	8 192	16 384	32 768
Anzahl	2	2	5	3	8	11	22	25	53	76	151	244
$\left[\frac{\sqrt{g}}{4} - \frac{1}{2}\right]$	0	0	1	2	3	5	7	10	15	22	31	44

Tabelle 8.4 Goldbachzerlegungen der Zweierpotenzen

Die Tabellen 8.3 und 8.4 zeigen die Anzahl der Goldbachzerlegungen der ersten Primfakultäten sowie der ersten Zweierpotenzen, welche unsere Ergebnisse untermauern.

Übung 8.4 Teste, ob es vor $g = 30$, $g = 210$ bzw. vor $g = 2310$ gerade Zahlen gibt, die mehr Goldbachzerlegungen als g aufweisen, vgl. Abbildung 8.2.

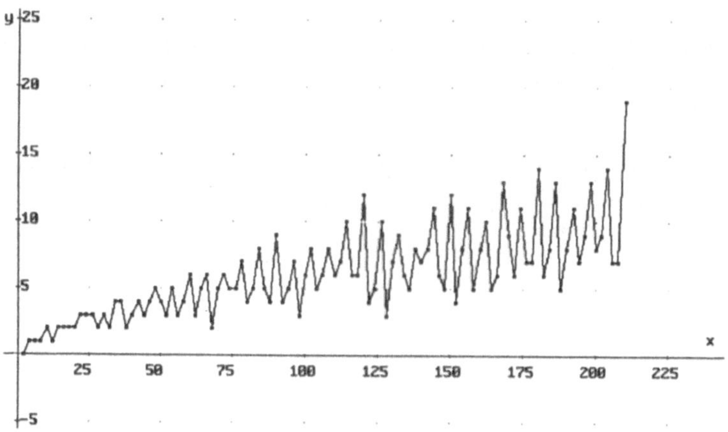

Abbildung 8.2 Goldbachzerlegungen bis $g = 210$

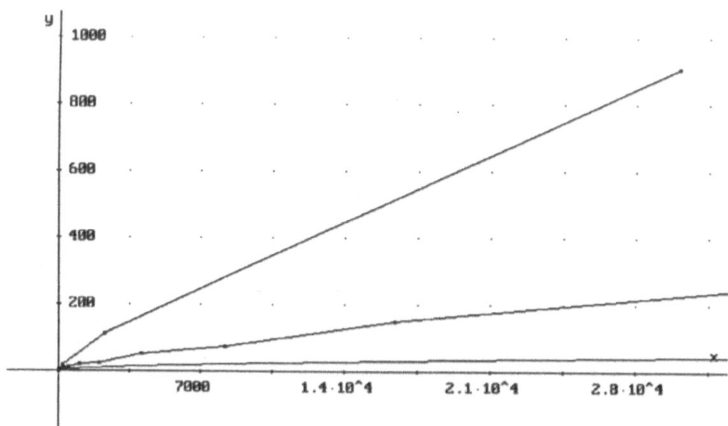

Abbildung 8.3 Goldbachzerlegungen der Primfakultäten und der Zweierpotenzen

Das Beispiel $g = 128$ zeigt, daß im Einzelfall unsere Schranke (für kleines g) doch nicht viel zu klein ist. Je größer g allerdings ist, desto weiter entfernt sich unsere Abschätzung von der wahren Anzahl.

In Abbildung 8.3 sind die Tabellen 8.3 und 8.4 zusammen mit der Abschätzungsfunktion $\left[\frac{\sqrt{g}}{4}-\frac{1}{2}\right]$ graphisch dargestellt.

Aufgaben

8.5 *Führe die Berechnungen für die Primfakultäten und Zweierpotenzen durch und erzeuge Abbildung 8.3.*

8.6 *Berechne die Anzahl der Goldbachzerlegungen der ersten Sechserpotenzen sowie der ersten Fakultäten $n!$. Deute Deine Ergebnisse! Zeichne die Ergebnisse in Abbildung 8.3 ein!*

8.7 *Teste, ab welcher Größenordnung der Eingabezahl g DERIVE bei Deinem Rechner länger als 1 Minute (10 Minuten) braucht, um die Anzahl der Goldbachzerlegungen von g zu berechnen.*

9 Lineare Gleichungssysteme und Matrizen

In diesem Kapitel benutzen wir DERIVE dazu, um lineare Gleichungssysteme zu lösen. Wir verwenden einerseits die eingebaute Lösungsfunktionalität, andererseits führen wir die Elimination auch im „Handmodus" selbst durch. Wiederum treffen wir auch auf schlecht konditionierte Probleme. In der Folge betrachten wir Matrizen zur Lösung linearer Gleichungssysteme und untersuchen deren Kondition. Als Beispiele werden die Hilbertmatrizen untersucht.

9.1 Lineare Gleichungssysteme

Viele praktischen Probleme führen auf lineare Gleichungssysteme.

> **Übung 9.1** Aus dem Kaltwasserhahn strömt Wasser von 18°C, aus dem Warmwasserhahn solches von 50°C. Wieviel kaltes und wieviel warmes Wasser benötigst Du, um 300 l Badewasser von 40°C zu erhalten?

Nennen wir die Wassermenge aus dem Kaltwasserhahn x und die Menge aus dem Warmwasserhahn y, so haben wir zunächst die *Mengenbeziehung*

$$x + y = 300\,\mathrm{l}\,,$$

da insgesamt 300 l Wasser benötigt wird.

Der Anteil kalten Wassers beträgt $\frac{x}{300\,\mathrm{l}}$ und der Anteil warmen Wassers ist $\frac{y}{300\,\mathrm{l}}$. Diese Anteile tragen mit ihrer jeweiligen Temperatur zur Badetemperatur bei. Also gilt die *Temperaturbeziehung*

$$\frac{x}{300\,\mathrm{l}}\,18°\mathrm{C} + \frac{y}{300\,\mathrm{l}}\,50°\mathrm{C} = 40°\mathrm{C}\,.$$

Wir haben somit zwei lineare Gleichungen. DERIVE kann lineare Gleichungssysteme lösen. Lösen des Systems `[x+y=300,x/300*18+y/300*50=40]` mit `Löse` und `Simplify` bzw. `approX` liefert den Lösungsvektor

$$\left[x = \frac{375}{4}, y = \frac{825}{4}\right] \qquad \text{bzw.} \qquad \left[x = 93.75, y = 206.25\right]\,.$$

Es werden also 93.75 l kaltes und 206.25 l warmes Wasser benötigt. Du brauchst somit $\frac{206.25}{93.75} = 2.2$ Mal soviel warmes wie kaltes Wasser. Entsprechend weniger darfst Du den Kaltwasserhahn aufdrehen!

Als nächstes betrachten wir ein kleines Rätsel:

Übung 9.2 Ein Paket Waschpulver kostet doppelt so viel wie eine Dose Bohnen und eine Packung Milch zusammen. Die Bohnen sind 50 Pfennig teurer als die Milch. Insgesamt gebe ich 9,90 DM aus.

Was kostet das Paket Waschpulver? Wieviel habe ich für Bohnen und Milch bezahlt?

Bezeichen wir mit w, b und m den Preis für Waschpulver, Bohnen und Milch, so liefern die Angaben aus dieser Textaufgabe die Beziehungen

$$w = 2(b+m), \qquad b = 0,50 \text{ DM} + m, \qquad w + b + m = 9,90 \text{ DM} .$$

Lösen des Gleichungssystems `[w=2*(b+m),b=0.50+m,w+b+m=9.90]` mit `Löse` liefert den Lösungsvektor

$$[\, b = 1.90 \,, \qquad m = 1.40 \,, \qquad w = 6.60 \,] \,,$$

also hat das Waschpulver 6,60 DM gekostet, und für Bohnen und Milch habe ich 1,90 DM bzw. 1,40 DM bezahlt.

Das erste Problem wurde durch 2 lineare Gleichungen mit 2 Unbekannten beschrieben, das zweite durch 3 lineare Gleichungen mit 3 Unbekannten. Beide hatten genau eine Lösung. In nicht-entarteten Fällen haben n lineare Gleichungen in n Unbekannten genau eine Lösung. Daher betrachten wir diesen Fall.

Zunächst nehmen wir uns den allgemeinen Fall zweier linearer Gleichungen mit zwei Unbekannten vor. Seien $a, b, c, d, e, f \in \mathbb{R}$ gegebene reelle Zahlen. Wir betrachten dann das lineare Gleichungssystem

$$\begin{array}{ccccc} a\,x & + & b\,y & = & c \\ d\,x & + & e\,y & = & f \end{array} , \tag{9.1}$$

wobei wir annehmen, daß $(a, b) \neq (0, 0)$ und $(c, d) \neq (0, 0)$ sind.

Wie können wir vorgehen, um dieses System im allgemeinen Fall zu lösen? Nun, wir versuchen aus den beiden Gleichungen eine der beiden Variablen zu eliminieren. Dazu multiplizieren wir beispielsweise die erste Gleichung mit e und die zweite Gleichung mit b

$$\begin{array}{ccccc} a\,e\,x & + & b\,e\,y & = & c\,e \\ b\,d\,x & + & b\,e\,y & = & b\,f \end{array}$$

und subtrahieren dann. Dies ergibt

$$(a\,e - b\,d)\,x = c\,e - b\,f \,. \tag{9.2}$$

Also haben wir schließlich nach Division durch $a\,e - b\,d$

$$x = \frac{c\,e - b\,f}{a\,e - b\,d} \,. \tag{9.3}$$

Dieser letzte Schritt kann natürlich nur vollzogen werden, falls $a\,e - b\,d \neq 0$ ist. Analog erhält man für y

$$y = \frac{a\,f - c\,d}{a\,e - b\,d} \,. \tag{9.4}$$

Den gemeinsamen Nenner von (9.3)–(9.4) nennt man die *Determinante* des Gleichungssystems (9.1). Sie hängt offenbar nicht von den rechten Seiten der Gleichungen ab, sondern nur von den Koeffizienten des quadratischen Schemas

$$M = \begin{pmatrix} a & b \\ d & e \end{pmatrix} \tag{9.5}$$

und heißt daher die Determinante von M. Eine Anordnung wie M nennt man eine *2×2-Matrix.* Das Gleichungssystem hat also exakt eine Lösung, gegeben durch (9.3)–(9.4), falls die zugehörige Determinante

$$\det M = \det \begin{pmatrix} a & b \\ d & e \end{pmatrix} = a\,e - b\,d \tag{9.6}$$

nicht den Wert Null hat.

Übung 9.3 Gib in DERIVE die beiden Gleichungen `a x+b y=c` und `d x+e y=f` ein. Multipliziere dann die erste mit `e` (`<F4>*e`)[1] und die zweite mit `b` (`<F4>*b`) und ziehe die beiden resultierenden Gleichungen dann voneinander ab (`<F4>-<F4>`)[2]. Vereinfachung liefert (9.2). Nach Division durch $(a\,e - b\,d)$ bekommst Du schließlich (9.3). Bestimme nun auch y, indem Du die Lösung für x in eine der ursprünglichen Gleichungen einsetzst.

Wie wir schon gesehen haben, kann DERIVE das Gleichungssystem auch ohne Hilfe lösen. Dazu werden die Gleichungen zu einem Vektor zusammengefaßt `[a x+b y=c,d x+e y=f]`[3] und man ruft `Löse` auf. Ebenso kann der Befehl `SOLVE` verwendet werden: `SOLVE([a x+b y=c,d x+e y=f],[x,y])`.

Löse auf ähnliche Art das Gleichungssystem

$$\begin{array}{ccccccc} a\,x & + & b\,y & + & c\,z & = & d \\ e\,x & + & f\,y & + & g\,z & = & h \\ i\,x & + & j\,y & + & k\,z & = & l \end{array} \tag{9.7}$$

nach den Variablen x, y und z auf. Welcher gemeinsame Nenner tritt in diesem Fall auf?

Die DERIVE-Funktion `DET(M)` berechnet die Determinante einer Matrix. Gib dazu die Matrix (9.5) entweder mit `Def Matrix` oder durch die Deklaration `M:=[[a,b],[d,e]]` ein.

Bestimme die Determinante der zu dem System (9.7) mit drei Variablen gehörigen 3×3-Matrix

[1] Hierzu muß natürlich die erste Gleichung hervorgehoben sein.

[2] Hebe jeweils die richtige Gleichung hervor! Um vom Editiermodus in den Fenstermodus umzuschalten, mußt Du gegebenenfalls `<F6>` verwenden.

[3] Verwende sooft es geht `<F4>` oder die Zeilennummer `#n`.

$$M := \begin{pmatrix} a & b & c \\ e & f & g \\ i & j & k \end{pmatrix} .$$

Als nächstes veranschaulichen wir uns die Lösung eines linearen Gleichungssystems in 2 Variablen geometrisch. Wir stellen zunächst fest, daß jede lineare Gleichung

$$a\,x + b\,y = c\,, \tag{9.8}$$

bei der entweder a oder b von Null verschieden ist, im xy-Koordinatensystem eine Gerade darstellt. Hat man also zwei Gleichungen in den zwei Variablen x und y, so erwartet man genau ein Lösungspaar (x, y), nämlich den Schnittpunkt $(x_0|y_0)$ der beiden zugehörigen Geraden, es sei denn, die beiden Geraden sind parallel. Da die Steigung der durch (9.8) gegebenen Geraden den Wert $-a/b$ hat (löse nach y auf!), sind die beiden durch (9.1) gegebenen Geraden genau dann parallel, wenn $-a/b = -d/e$ ist, wenn also die Determinante des Gleichungssystems gleich Null ist. Im Falle der Parallelität gibt es zwei Möglichkeiten: Entweder die beiden Gleichungen beschreiben dieselbe Gerade, dann hat das System unendlich viele Lösungen, nämlich alle Punkte der Geraden, oder die Geraden haben keine gemeinsamen Punkte, d. h., es gibt keinen Schnittpunkt bzw. keine Lösung.

Wir betrachten nun das spezielle Gleichungssystem

$$\begin{array}{rcrcr} 780\,x & + & 563\,y & = & 217 \\ 913\,x & - & 659\,y & = & 254 \end{array} . \tag{9.9}$$

Übung 9.4 Löse das Gleichungssystem (9.9) mit DERIVE

- mit `Vereinfache`,
- mit `approX`.

Stelle die beiden zugehörigen Geraden graphisch dar und kontrolliere das Resultat geometrisch. Warum hättest Du die Lösung nicht erraten können?

Ersetze den Koeffizienten 780 durch 781 und ändere damit das Beispiel geringfügig ab. Berechne die Lösung des geänderten Systems und bestimme den Abstand der beiden Lösungspunkte. Entspricht dieser Abstand der ausgegebenen Lösungen dem „Abstand" der eingegebenen Gleichungssysteme?

Mit (9.3)–(9.4) erhalten wir die Lösung

$$x = \frac{-217 \cdot 659 - 563 \cdot 254}{-780 \cdot 659 - 563 \cdot 913} = \frac{286\,005}{1\,028\,039}$$

und

$$y = \frac{780 \cdot 254 - 217 \cdot 913}{780 \cdot 659 - 563 \cdot 913} = \frac{1}{1\,028\,039} .$$

Das Beispiel zeigt, daß das rational exakte Rechnen uns auch dann immer noch ein exaktes Resultat liefert, wenn große Zähler oder Nenner auftreten. Auf der anderen Seite ist die numerische Approximation (verwende `Löse` im Modus `Einstellung Genauigkeit Approximate`)

$$[x = 0.278204,\ y = 9.85357 \cdot 10^{-7}]$$

hinreichend exakt. Beachte aber, daß die exakte Lösung die Näherung

$$[x = 0.278204,\ y = 9.72725 \cdot 10^{-7}]$$

liefert: Je näher ein numerisches Resultat bei Null liegt, desto schwerer läßt sich sein Wert bestimmen.

Beim nächsten Beispiel werden wir sehen, daß es noch wesentlich schlimmer kommen kann. Zunächst wollen wir allerdings untersuchen, ob die Aufgabe numerisch stabil ist, d. h., wir wollen wissen, ob die Lösung bei einer kleinen Änderung der Eingabe auch nur eine kleine Änderung der Ausgabe nach sich zieht.

Dazu betrachten wir als Eingabe das geringfügig geänderte Gleichungssystem

$$\begin{array}{rcrcr} 781\,x & + & 563\,y & = & 217 \\ 913\,x & - & 659\,y & = & 254 \end{array} .$$

Wir haben also einen der 6 auftretenden Koeffizienten um knapp 1 Promille abgeändert. Welche Folge hat dies für die Lösung? Die Lösung des geänderten Systems hat die exakten Koordinaten

$$\overline{x} = \frac{12\,435}{44\,726} \qquad \text{und} \qquad \overline{y} = -\frac{1}{4\,066} .$$

Auffällig ist zunächst, daß der y-Wert das Vorzeichen geändert hat! Insbesondere stimmt keine der berechneten Dezimalen überein.

Aber der Abstand der geänderten Lösung $(\overline{x}|\overline{y})$ von der ursprünglichen Lösung $(x|y)$ ergibt sich zu $3.04529 \cdot 10^{-4}$, hat also dieselbe Größenordnung wie der Eingabefehler (ist sogar etwas kleiner). Das zeigt eine zufriedenstellende Stabilität.

In der Folge betrachten wir das Gleichungssystem

$$\begin{array}{rcrcr} 780\,x & + & 563\,y & = & 217 \\ 913\,x & + & 659\,y & = & 254 \end{array} . \qquad (9.10)$$

Übung 9.5 Löse das Gleichungssystem (9.10) mit DERIVE

- mit `Vereinfache`,
- mit `approX` mit sechsstelliger Genauigkeit,
- mit `approX` mit fünfstelliger Genauigkeit,
- mit `approX` mit vierstelliger Genauigkeit.

Stelle die beiden zugehörigen Geraden graphisch dar und deute die Resultate!

Ersetze den Koeffizienten 780 durch 781 und ändere damit das Beispiel geringfügig ab. Berechne die Lösung des geänderten Systems und bestimme den Abstand der beiden Lösungspunkte. Entspricht dieser Abstand der ausgegebenen Lösungen dem „Abstand" der eingegebenen Gleichungssysteme?

Mit (9.3)–(9.4) erhalten wir die Lösung

$$x = \frac{217 \cdot 659 - 563 \cdot 254}{780 \cdot 659 - 563 \cdot 913} = 1 \quad \text{und} \quad y = \frac{780 \cdot 254 - 217 \cdot 913}{780 \cdot 659 - 563 \cdot 913} = -1 \, .$$

Bei diesem Beispiel ist zwar das exakte Ergebnis ausgesprochen einfach, dafür aber versagt die Numerik völlig! Das geringfügig geänderte Gleichungssystem

$$\begin{array}{rcrcl} 781\,x & + & 563\,y & = & 217 \\ 913\,x & + & 659\,y & = & 254 \end{array}$$

hat die exakte Lösung

$$\overline{x} = \frac{1}{660} \qquad \text{und} \qquad \overline{y} = \frac{23}{60} \, ,$$

und der Abstand zur ursprünglichen Lösung (1|1) ist 1.70604, also tausend Mal größer als der Eingabefehler, der ja nur 1 Promille beträgt. Die beiden *exakt berechneten* Lösungen haben überhaupt nichts mehr miteinander zu tun!

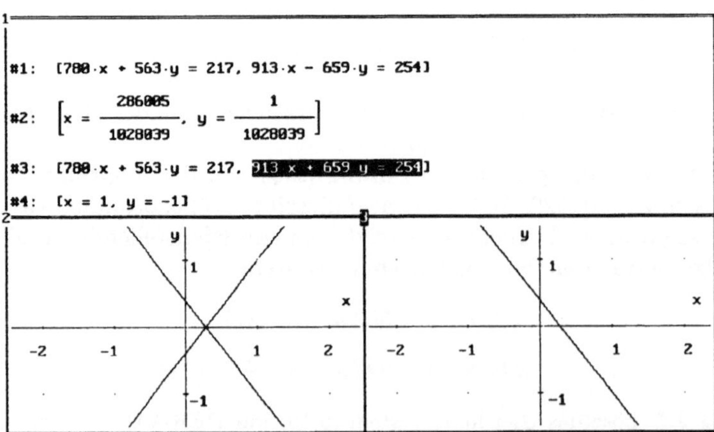

Abbildung 9.1 Geometrische Deutung der linearen Gleichungssysteme

Woran liegt dieses instabile numerische Verhalten? Abbildung 9.1 gibt uns hier die geometrische Antwort: Während sich in unserem ersten Beispiel (links) die beiden zugehörigen Geraden ungefähr senkrecht schneiden und damit einen klar bestimmten Schnittpunkt haben, sind die beiden zugehörigen Geraden des zweiten Beispiels (rechts) fast deckungsgleich (für unser Auge sogar völlig deckungsgleich!) und haben damit keinen klar lokalisierbaren Schnittpunkt. Entsprechend schwierig ist dieser zu bestimmen! Wir nennen ein derartiges Problem daher *schlecht konditioniert.*

Wir hatten bereits ausgerechnet, daß die relative Eingabeänderung von ungefähr einem Tausendstel zu einer Änderung der Ausgabe in der Größenordnung von 1 führte, also um den Faktor 1 000 *verstärkt* wurde. Der im schlimmsten Fall auftretende relative *Verstärkungsfaktor* wird die *Kondition* des Problems genannt.

Die schlechte, d. h. zahlenmäßig große Kondition äußert sich u. a. darin, daß DERIVE bei einer Approximation des ursprünglichen Systems mit einer Genauigkeit von nur 4 Dezimalen die numerische Lösung

$$[x = @1, \ y = 0.001517\,(254 - 913\,@1)]$$

ausgibt[4], was der ganzen Geraden entspricht: Bei einer Genauigkeit von 4 Dezimalen sind die beiden Geraden ununterscheidbar! Entsprechend wenig Vertrauen darf man daher bei schlecht konditionierten Problemen auch den Näherungswerten der numerischen Lösung bei größerer Genauigkeit schenken.

AUFGABEN

9.1 *Löse das Badebeispiel aus Übung* 9.1, *wenn das kalte Wasser* $16°C$ *und das warme Wasser* $60°C$ *hat. Löse das Beispiel allgemein, falls das kalte Wasser die Temperatur* T_1 *und das warme Wasser die Temperatur* T_2 *hat und falls die gesamte Wassermenge* M *ist.*

9.2 *Das kalte Wasser habe die Temperatur* T_k. *Wie groß muß die Temperatur* T_w *des warmen Wassers sein, um eine Badetemperatur* T_B *zu bekommen, wenn gleichviel kaltes und warmes Wasser zugeführt wird? Hättest Du das Ergebnis erraten können?*

9.3 *Zeige, daß die Temperaturbeziehung des Beispiels aus Übung* 9.1 *durch die folgende ersetzt werden kann: Die Menge der vom warmen Wasser aufgenommenen Wärmemenge ist genauso groß wie die Menge der vom kalten Wasser abgegebenen Wärmemenge. Diese Wärmemengen sind proportional zur jeweiligen Temperaturdifferenz.*

9.4 *Gib die genaue Bedingung dafür an, daß das Gleichungssystem* (9.1) *keine Lösung (unendlich viele Lösungen) hat.*

9.5 *Zeige, daß das Gleichungssystem*

[4] DERIVE bezeichnet mit @1 einen freien Parameter der Lösung.

$$\begin{aligned} x + 2y - 3z &= -1 \\ 3x - y + 2z &= 7 \\ 5x + 3y - 4z &= 2 \end{aligned}$$

keine Lösung hat. Aus welchem Grund gibt es keine Lösung? Ändere die rechte Seite der letzten Gleichung so ab, daß eine Lösung existiert. Wie sieht die Lösung dann aus?

9.6 *Bestimme die Werte von a, für die das Gleichungssystem*

$$\begin{aligned} x + y - z &= 1 \\ 2x + 3y + az &= 3 \\ x + ay + 3z &= 2 \end{aligned}$$

(a) *keine Lösung,*

(b) *mehr als eine Lösung,*

(c) *genau eine Lösung*

hat.

9.7 *Versuche, das allgemeine lineare Gleichungssystem mit vier (fünf) Gleichungen und vier (fünf) Unbekannten mit DERIVE zu lösen. Beschreibe!*

9.8 *Löse das Gleichungssystem*

$$\begin{array}{ccccccccccc} x & + & \frac{1}{2}y & + & \frac{1}{3}z & + & \cdots & + & \frac{1}{n+1}w & = & 1 \\ \frac{1}{2}x & + & \frac{1}{3}y & + & \frac{1}{4}z & + & \cdots & + & \frac{1}{n+2}w & = & 1 \\ \vdots & + & \vdots & + & \vdots & + & \ddots & + & \vdots & = & 1 \\ \frac{1}{n+1}x & + & \frac{1}{n+2}y & + & \frac{1}{n+3}z & + & \cdots & + & \frac{1}{2n+1}w & = & 1 \end{array}$$

für $n = 2, 3, 4, 5$ nach $x, y, z, \ldots, w$ auf. Ist das Gleichungssystem gut oder schlecht konditioniert? Warum?

9.2 Matrizen und Kondition

Wie kann man nun feststellen, ob ein lineares Gleichungssystem gut oder schlecht konditioniert ist? Zur Untersuchung dieser Frage bringen wir das Gleichungssystem zunächst in Matrixform. Hierzu schreibt man

$$\begin{aligned} ax &+ by &= c \\ dx &+ ey &= f \end{aligned}$$

in der symbolischen Schreibweise

$$M \cdot \begin{pmatrix} x \\ y \end{pmatrix} = \begin{pmatrix} c \\ f \end{pmatrix}$$

mit

$$M = \begin{pmatrix} a & b \\ d & e \end{pmatrix} .$$

Im Falle, daß das Gleichungssystem

$$\begin{pmatrix} c \\ f \end{pmatrix} = M \cdot \begin{pmatrix} x \\ y \end{pmatrix} \tag{9.11}$$

eine Lösung

$$\begin{pmatrix} x \\ y \end{pmatrix} = \begin{pmatrix} \alpha & \beta \\ \gamma & \delta \end{pmatrix} \cdot \begin{pmatrix} c \\ f \end{pmatrix} = M^{-1} \cdot \begin{pmatrix} c \\ f \end{pmatrix} \tag{9.12}$$

hat, sich also nach (x, y) auflösen läßt, nennen wir die Matrix M^{-1} die *Inverse* von M.

> **Übung 9.6** Löse das allgemeine lineare Gleichungssystem (9.11) nach (x, y) auf und lies von der Lösung die Inverse M^{-1} gemäß (9.12) ab. Unter welcher Bedingung existiert die Inverse?
>
> DERIVE kann die Inverse einer Matrix selbst bestimmen. Verwende die Potenz `M^(-1)` zur Bestimmung der Inversen von M und vergleiche. Bestimme ferner die Inversen der zu den linearen Gleichungssystemen (9.9) sowie (9.10) gehörigen Matrizen. Was fällt Dir auf?

Die Inverse einer 2×2-Matrix existiert offenbar genau dann, wenn die zugehörige Determinante (9.6) verschieden von Null ist.

Ganz analog zum Fall mit zwei Variablen kann man ein Gleichungssystem (9.7) mit drei Gleichungen in drei Variablen durch eine 3×3-Matrix

$$M := \begin{pmatrix} a & b & c \\ e & f & g \\ i & j & k \end{pmatrix}$$

beschreiben:

$$M \cdot \begin{pmatrix} x \\ y \\ z \end{pmatrix} = \begin{pmatrix} d \\ h \\ l \end{pmatrix} .$$

Sind n Gleichungen in n Variablen gegeben, so bezeichnet man diese nicht mehr mit $x, y, z, \ldots$, sondern man verwendet die Variablennamen $x_1, x_2, x_3, \ldots$. Genauso verwendet man für die Werte auf der rechten Seite nicht die Variablen $d, h, l, \ldots$, sondern die Variablennamen $b_1, b_2, b_3, \ldots$.

Ein Gleichungssystem mit n Gleichungen in n Variablen können wir dann durch eine $n \times n$-Matrix

$$M := (a_{jk}) = \begin{pmatrix} a_{11} & a_{12} & \cdots & a_{1n} \\ a_{21} & a_{22} & \cdots & a_{2n} \\ \vdots & \vdots & \ddots & \vdots \\ a_{n1} & a_{n2} & \cdots & a_{nn} \end{pmatrix}$$

beschreiben:

$$M \cdot \begin{pmatrix} x_1 \\ x_2 \\ \vdots \\ x_n \end{pmatrix} = \begin{pmatrix} b_1 \\ b_2 \\ \vdots \\ b_n \end{pmatrix} .$$

Es zeigt sich nun, daß die Kondition einer Matrix M schlecht ist, wenn entweder die Beträge der Eintragungen von M oder die Beträge der Eintragungen von M^{-1} groß sind. Als Maß für die absolute Größe der Eintragungen einer Matrix M kann man das Betragsmaximum wählen

$$\operatorname{norm} M := \max\{|a_{jk}|\} .$$

Man nennt dies die *Maximumnorm* von M. Sie wird von der DERIVE-Funktion

```
NORM(M):=MAX(MAX(VECTOR(VECTOR(ABS(M SUB j_ SUB k_),
                          j_,1,DIMENSION(M)),
                k_,1,DIMENSION(M)))
```

berechnet, die von der Datei `MATRIX.MTH` geladen werden kann. Die *Matrixkondition* wird als Produkt der Normen von M und M^{-1}

$$\operatorname{kond} M := \operatorname{norm} M \cdot \operatorname{norm} M^{-1}$$

erklärt, da dies genau dann einen großen Wert liefert, wenn entweder die Eintragungen von M oder die von M^{-1} groß sind. Die Kondition einer Matrix M wird von der DERIVE-Funktion

```
KONDITION(M):=IF(DET(M)=0,inf,NORM(M)*NORM(M^(-1)))
```

berechnet. Es stellt sich heraus, daß die so definierte Matrixkondition wirklich ein Maß für den relativen Verstärkungsfaktor von Eingabeänderungen darstellt, und ihre Stellenzahl somit häufig ungefähr übereinstimmt mit der Anzahl der Stellen, die bei der numerischen Rechnung auf Grund der schlechten Kondition verloren gehen.

Übung 9.7 Berechne die Kondition der Gleichungssysteme (9.9) und (9.10) und interpretiere die Ergebnisse.

Die Berechnung der jeweiligen Kondition der Gleichungssysteme (9.9) und (9.10) liefert nun im Nachhinein eine Begründung, warum deren Stabilitätsverhalten so unterschiedlich ist. Es ergibt sich

$$\operatorname{kond}\begin{pmatrix} 780 & 563 \\ 913 & -659 \end{pmatrix} = \frac{833\,569}{1\,028\,039} = 0.810834$$

und

$$\operatorname{kond}\begin{pmatrix} 780 & 563 \\ 913 & 659 \end{pmatrix} = 833\,569\,.$$

Aufgaben

9.9 *Bestimme die Kondition der Matrizen*

(a) $\begin{pmatrix} 1 & 1 \\ 1 & -1 \end{pmatrix}$, (b) $\begin{pmatrix} 1 & 2 \\ 3 & 4 \end{pmatrix}$, (c) $\begin{pmatrix} 1 & 2 \\ 10 & 21 \end{pmatrix}$,

(d) $\begin{pmatrix} 1 & 1 \\ 2 & 2 \end{pmatrix}$, (e) $\begin{pmatrix} 1 & 2 \\ 1\,000 & 2\,001 \end{pmatrix}$, (f) $\begin{pmatrix} 1 & 2 \\ 10\,000 & 20\,001 \end{pmatrix}$,

(g) $\begin{pmatrix} 1 & 2 & 3 \\ 4 & 5 & 6 \\ 7 & 8 & 9 \end{pmatrix}$, (h) $\begin{pmatrix} 1 & 2 & 3 \\ 4 & 5 & 6 \\ 7 & 8 & 10 \end{pmatrix}$, (i) $\begin{pmatrix} 1 & 2 & 3 \\ 4 & 5 & 6 \\ 7 & 8 & 900 \end{pmatrix}$.

9.3 Die Hilbertmatrix

Ein berühmtes Beispiel einer schlecht konditionierten Matrix ist die *Hilbertmatrix*

$$H_n := \begin{pmatrix} 1 & \frac{1}{2} & \frac{1}{3} & \cdots & \frac{1}{n} \\ \frac{1}{2} & \frac{1}{3} & \frac{1}{4} & \cdots & \frac{1}{n+1} \\ \vdots & \vdots & \vdots & \frac{1}{j+k-1} & \vdots \\ \frac{1}{n} & \frac{1}{n+1} & \frac{1}{n+2} & \cdots & \frac{1}{2n-1} \end{pmatrix}.$$

Sie wird durch die DERIVE-Funktion

```
HILBERT(n):=VECTOR(VECTOR(1/(j_+k_-1),j_,1,n),k_,1,n)
```

berechnet, welche mit `MATRIX.MTH` geladen werden kann.

Übung 9.8 Berechne die Inverse der Hilbert-Matrix sowie ihre Norm

- mit `approX`,
- mit `Vereinfache`

für $n = 1, \ldots, 20$. Teste die Genauigkeit der Näherungswerte. Was ist der Grund für die falschen Resultate, die man mit `approX` bekommt?

Berechnet man nun mit `approX` die Kondition der ersten 20 Hilbertmatrizen `VECTOR(COND(HILBERT(n)),n,1,20)`, so bekommt man die Werte

$$[1, 12, 192, 6480, 1.792 \cdot 10^5, 4.41 \cdot 10^6, 1.33402 \cdot 10^8, 4.25180 \cdot 10^9, 1.27470 \cdot 10^{10}$$

$$6.19417 \cdot 10^{10}, 6.58486 \cdot 10^{10}, 7.34160 \cdot 10^{10}, 2.22089 \cdot 10^{11}, 5.23931 \cdot 10^{11}, 1.20211 \cdot 10^{10},$$

$$2.80244 \cdot 10^{10}, 2.43921 \cdot 10^{10}, 1.95063 \cdot 10^{10}, 2.40912 \cdot 10^{10}, 2.54206 \cdot 10^{10}] \; .$$

Diese Resultate suggerieren, daß diese Kondition niemals schlechter als 10^{11} ist. Dies ist aber weder plausibel noch wahr.

Der Grund für die fehlerhaften Werte liegt auf der Hand: Wegen der schlechten Kondition ist die Bestimmung der inversen Matrix extrem ungenau, entsprechend wenig verläßlich ist der berechnete Wert der Kondition!

Eine *exakte* Rechnung liefert beispielsweise

$$\text{kond}\, H_{20} = 3\,613\,560\,329\,006\,048\,768\,624\,640\,000 = 3.61356 \cdot 10^{27} \; .$$

Die Möglichkeit, mit DERIVE rational exakte Berechnungen durchzuführen, macht sich nun bezahlt! Wende `Vereinfache` auf `VECTOR(COND(HILBERT(n)),n,1,20)` an, dann erhältst Du riesige ganzzahlige Resultate. Vereinfacht man die exakten Resultate dann schließlich mit `approX`, so erhält man die korrekten Konditionszahlen

$$[1, 12, 192, 6480, 179200, 4.41000 \cdot 10^6, 1.33402 \cdot 10^8, 4.24994 \cdot 10^9, 1.22367 \cdot 10^{11},$$

$$3.48067 \cdot 10^{12}, 1.17643 \cdot 10^{14}, 3.65944 \cdot 10^{15}, 1.06518 \cdot 10^{17}, 3.52176 \cdot 10^{18}, 1.14708 \cdot 10^{20},$$

$$3.52527 \cdot 10^{21}, 1.10552 \cdot 10^{23}, 3.71252 \cdot 10^{24}, 1.18439 \cdot 10^{26}, 3.61356 \cdot 10^{27}] \; .$$

Bereits die Konditionszahl der dreizehnten Hilbertmatrix ist größer als 10^{16}, so daß bei der Berechnung der Inversen mit sechzehnstelliger Genauigkeit, die man üblicherweise hardwaremäßig antrifft und mit der in Programmiersprachen wie Pascal gerechnet wird, keine einzige Dezimalstelle mehr garantiert werden kann!

Zur Demonstration berechnen wir bei einer 6-stelligen Genauigkeit das *Matrizenprodukt*[5] `HILBERT(10) . HILBERT(10)^(-1)`:[6]

$$\begin{pmatrix} 0.995822 & -0.0111111 & 0 & 0 & 0 & 0 & 0 & 0 & 0 & 0 \\ 0 & 2.6 & 1 & 1 & -1 & -1 & 2 & 0 & -2 & 1 \\ 0.00201612 & 1.33333 & 3 & 3 & -2 & -1 & 1 & 0 & -3 & -2 \\ -0.00322061 & 0.128205 & 2 & 3 & -4 & 0 & 1 & 0 & -2 & -1 \\ 0.00208986 & 0.412087 & 2 & 3 & 0 & 0 & 1 & -2 & -3 & -2 \\ -0.00133689 & -0.647619 & 2 & 1 & -2 & 1 & 3 & -2 & 0 & -1 \\ -0.00497347 & 0.533333 & 0 & 3 & -1 & 1 & 2 & 0 & -1 & -2 \\ 0 & 0.691176 & 1 & 3 & -2 & 1 & 0 & 0 & -1 & -2 \\ -2.60264 \cdot 10^{-4} & 1.24369 & 0 & 0 & -3 & 3 & -3 & 1 & -1 & -1 \\ -0.00121580 & 2.12865 & 1 & 1 & -1 & 2 & -2 & -3 & -1 & 0 \end{pmatrix}$$

Das Ergebnis sollte eigentlich die *Einheitsmatrix*

$$\begin{pmatrix} 1 & 0 & 0 & 0 & 0 & 0 & 0 & 0 & 0 & 0 \\ 0 & 1 & 0 & 0 & 0 & 0 & 0 & 0 & 0 & 0 \\ 0 & 0 & 1 & 0 & 0 & 0 & 0 & 0 & 0 & 0 \\ 0 & 0 & 0 & 1 & 0 & 0 & 0 & 0 & 0 & 0 \\ 0 & 0 & 0 & 0 & 1 & 0 & 0 & 0 & 0 & 0 \\ 0 & 0 & 0 & 0 & 0 & 1 & 0 & 0 & 0 & 0 \\ 0 & 0 & 0 & 0 & 0 & 0 & 1 & 0 & 0 & 0 \\ 0 & 0 & 0 & 0 & 0 & 0 & 0 & 1 & 0 & 0 \\ 0 & 0 & 0 & 0 & 0 & 0 & 0 & 0 & 1 & 0 \\ 0 & 0 & 0 & 0 & 0 & 0 & 0 & 0 & 0 & 1 \end{pmatrix}$$

sein! `Vereinfache` liefert selbstverständlich das korrekte Resultat, da beim rational exakten Rechnen rationale Ergebnisse immer exakt sind.

Aufgaben

9.10 *Berechne für $n = 15$ ($n = 20$) die Inverse der Hilbertmatrix mit* `approX`. *Dies liefert eine Näherung $\tilde{H}_n^{-1}$ der echten Inversen H_n^{-1}. Die maximale Abweichung von der wirklichen Inversen wird durch*

$$\text{norm}\left(H_n^{-1} - \tilde{H}_n^{-1}\right)$$

gemessen. Da die Norm von H_n für jedes $n \in \mathbb{N}_0$ immer gleich eins ist, entspricht dies dem maximalen relativen Verstärkungsfaktor der linearen Abbildung. Vergleiche mit der berechneten Kondition von H_n!

[5] Ich will hier nicht näher auf das Matrizenprodukt eingehen. Wer es nicht kennt, fasse DERIVE's Möglichkeit, Matrizenprodukte zu berechnen, als *schwarze Box* auf, genauso, wie man sich beim Taschenrechner ja auch nicht darum kümmert, wie die Quadratwurzeltaste funktioniert. Als Multiplikationszeichen bei der Matrizenmultiplikation wird bei DERIVE der Punkt . und nicht der Malpunkt * benutzt!

[6] Wendet man `approX` zuerst auf den ersten Faktor an, ist das Resultat noch schlechter. Warum?

10 Einfache Differentialgleichungen

In diesem Kapitel benutzen wir DERIVE dazu, um einfache Differentialgleichungen zu lösen. Wir behandeln die Methode der Trennung der Variablen sowie lineare Differentialgleichungen erster Ordnung. Schließlich wird die Schwingungsgleichung eingehend untersucht.

10.1 Warum Differentialgleichungen?

Was ist eine Differentialgleichung? Wozu betrachtet man Differentialgleichungen? Wo treten diese auf?

Unter einer *Differentialgleichung* versteht man eine Gleichung, in der eine Funktion $y(x)$ in Zusammenhang gebracht wird mit ihren Ableitungen $y'(x), y''(x), \ldots$. Die höchste auftretende Ableitungsordnung heißt die *Ordnung* der Differentialgleichung.

Als Beispiel betrachten wir die folgende Situation: In einer Nährlösung wächst eine Bakterienkultur heran. Man ist interessiert an der Anzahl $y(x)$ der Bakterien zum Zeitpunkt x. Am liebsten hätte man eine Formel für $y(x)$. Was weiß man über die Bakterienkultur? Man weiß, daß unter idealen Wachstumsbedingungen eine Verdopplung der Anzahl der Bakterien $y(x)$ auch eine Verdopplung des Zuwachses $\Delta y(x)$ im (kleinen) Zeitintervall Δx mit sich bringt, da die doppelte Bakterienzahl den doppelten Nachwuchs produziert. Ferner wird in einem doppelt so langen Zeitintervall Δx ebenfalls doppelt soviel Nachwuchs produziert. Also ist $\Delta y(x)$ sowohl zu $y(x)$ als auch zu Δx proportional, folglich gilt $\Delta y(x) = k\, y(x)\, \Delta x$ oder

$$\frac{\Delta y(x)}{\Delta x} = k\, y(x) \; .$$

Im Grenzübergang für $\Delta x \to 0$ bekommt man die Differentialgleichung

$$y'(x) = k\, y(x) \tag{10.1}$$

für die gesuchte Funktion $y(x)$. Dies ist die Differentialgleichung des *unbegrenzten Wachstums*. Im nächsten Abschnitt werden wir uns diese Differentialgleichung und ihre Lösung genauer ansehen.

Ändert man das Modell, ändert sich auch die Beschreibung. In Wirklichkeit können die Bakterien nicht unbegrenzt wachsen. Sie wachsen in einer endlich großen Schale heran. Ist G die größtmögliche Bakterienzahl, die in der Kulturschale Platz finden kann, so ist eine weitere Proportionalität zwischen $\Delta y(x)$ und $G - y(x)$ plausibel, und man kann die *logistische Differentialgleichung*

$$y'(x) = k\,y(x)\,(G - y(x)) \tag{10.2}$$

betrachten. Wieder andere Wachstumsprozesse führen auf die Differentialgleichung

$$y'(x) = k\,(G - y(x)) \tag{10.3}$$

des *begrenzten Wachstums.*

Diese Beispiele zeigen, woher Differentialgleichungen kommen, und warum es sich lohnt, sich mit ihnen näher zu beschäftigen.

10.2 Trennung der Variablen

In diesem Abschnitt behandeln wir Differentialgleichungen erster Ordnung, die sich nach $y'(x)$ auflösen lassen. Sie haben die Form

$$y' = F(x, y)\ . \tag{10.4}$$

Übung 10.1 Eine Funktion f (eine Funktion g) habe die Eigenschaft, daß die Steigung an der Stelle (x, y) ihres Graphen genau ihrem x-Wert (y-Wert) dort entspricht. Durch welche Gleichungen werden die Funktionen f bzw. g beschrieben? Kannst Du die Funktionen finden unter der Voraussetzung, daß der Wert $f(0) = 1$ bzw. $g(0) = 1$ vorgegeben ist?

Weiß man von einer Funktion $y(x)$, daß die Steigung an der Stelle (x, y) ihres Graphen genau ihrem x-Wert dort entspricht, so gilt offenbar die Gleichung

$$y'(x) = x\ .$$

Nach dem Hauptsatz der Differential- und Integralrechnung können wir $y(x)$ durch Integration finden:

$$y(x) = \int x\,dx = \frac{x^2}{2} + C\ .$$

Unter der zusätzlichen Bedingung, daß $y(0) = 1$ ist, folgt weiter

$$1 = y(0) = C\ ,$$

also schließlich

$$y(x) = \frac{x^2}{2} + 1\ .$$

Überprüfen wir, ob die gefundene Funktion wirklich die angegebenen Eigenschaften hat: Tatsächlich ist $y(0) = 1$ sowie

$$y'(x) = \left(\frac{x^2}{2} + 1\right)' = x\ .$$

Wir wandeln das Problem ab: Weiß man von einer Funktion $y(x)$, daß die Steigung an der Stelle (x, y) ihres Graphen genau ihrem y-Wert dort entspricht, so gilt die Gleichung

$$y'(x) = y(x) . \tag{10.5}$$

Nun ist es nicht mehr ganz so einfach, das Problem zu lösen. Um diese Gleichung zu lösen, bringen wir alles, was von y abhängt, auf die linke Seite und erhalten

$$\frac{y'(x)}{y(x)} = 1 .$$

Wir integrieren auf beiden Seiten bzgl. x und verwenden hierbei auf der linken Seite die Substitution $y = y(x)$

$$\int \frac{y'(x)}{y(x)}\, dx = \int \frac{1}{y}\, dy \Big|_{y=y(x)} = \int 1\, dx .$$

Folglich ist[1]

$$\ln y(x) = x + C \qquad \text{oder} \qquad y(x) = e^{x+C} .$$

Mit der Bedingung $y(0) = 1$ kann die Integrationskonstante bestimmt werden:

$$1 = y(0) = e^C \qquad \text{oder} \qquad C = 0 .$$

Wir haben also schließlich die Lösung

$$y(x) = e^x .$$

Man sieht sofort, daß dies eine Lösung von (10.5) mit $y(0) = 1$ ist.

Mit Hilfe der Differentialquotientennotation läßt sich unser Lösungsweg etwas abkürzen. Die Differentialgleichung lautet dann

$$\frac{dy}{dx} = y .$$

Wir „multiplizieren" mit dx, dividieren durch y (für $y \neq 0$) und bekommen also

$$\frac{dy}{y} = dx .$$

Diese Gleichung kann man nun integrieren und erhält

$$\int \frac{dy}{y} = \int dx = x + C ,$$

genau wie oben.

Noch eine Bemerkung ist angebracht: Zur Herleitung der Lösung mußten wir annehmen, daß $y \neq 0$ ist. Insofern spielt es auch keine Rolle, ob man (wie DERIVE) die Stammfunktion

[1] oder $\ln |y(x)| = x + C$, siehe dazu die Bemerkung am Ende der Seite.

$$\int \frac{1}{y}\,dy = \ln y$$

verwendet oder (wie viele andere Lehrbücher)

$$\int \frac{1}{y}\,dy = \ln |y|$$

setzt.[2] Wichtig ist, daß die gefundene Lösung als Exponentialfunktion die Bedingung $y \neq 0$ überall erfüllt. Also erweist sich die Herleitung im Nachhinein als uneingeschränkt korrekt.

Als nächstes wollen wir eine geometrische Interpretation einer Differentialgleichung der Form (10.4) geben. Diese Gleichung liefert für jeden Punkt (x, y) die Richtung der Tangente an den Graphen einer möglichen Lösung. Man nennt dies ein *Richtungsfeld*.

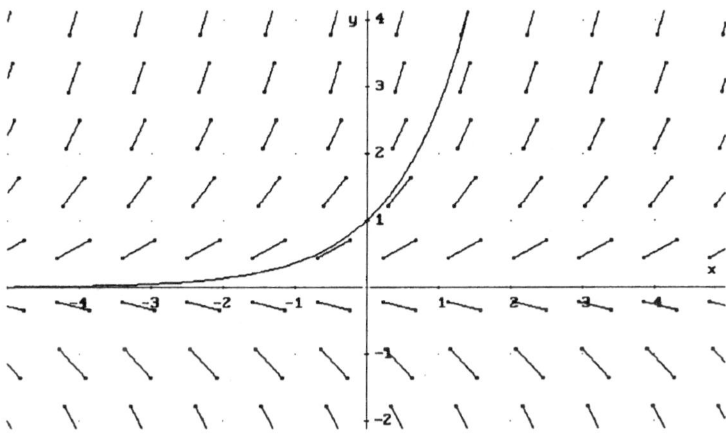

Abbildung 10.1 Richtungsfeld der Differentialgleichung $y' = y$

Übung 10.2 Die Funktion `DIRECTION_FIELD(f,x,x0,xm,m,y,y0,yn,n)` der Datei `ODE_APPR.MTH`, die mit `Übertrage Laden Zusatzdatei` geladen werden kann, berechnet das von der Funktion F für die Differentialgleichung $y' = F(x, y)$ erzeugte Richtungsfeld zwischen den x-Werten x_0 und x_m und den y-Werten y_0 bis y_m bei einer arithmetischen Unterteilung von $[x_0, x_m]$ in m und von $[y_0, y_n]$ in n Teile. Den berechneten Vektor kann man mit `Graphik` bei einer Einstellung `Einstellungen Modus Connected` graphisch darstellen. Zum Beispiel liefert die gemeinsame graphische Darstellung von `DIRECTION_FIELD(y,x,-5,5,11,y,-2,4,7)` (verwende `approX`) zusammen mit der Lösung `EXP(x)` der entsprechenden Differentialgleichung $y' = y$ mit dem Anfangswert $y(0) = 1$ Abbildung 10.1. Man sieht sehr schön, wie sich die Lösung an das Richtungsfeld anschmiegt. Wie sehen die Lösungen für andere Anfangswerte $y(0) = y_0$ aus? Was geschieht für $y_0 = 0$?

---

[2] Die beiden Ansätze unterscheiden sich für negative y um eine Integrationskonstante.

Den obigen Lösungsweg kann man immer einschlagen, falls sich die Variablen trennen lassen, d. h., falls man die Differentialgleichung in die Form

$$y' = f(x)\,h(y) \tag{10.6}$$

bringen kann, wobei sich die rechte Seite als Produkt einer Funktion $f(x)$, die nur von x abhängt, und einer Funktion $h(y)$, die nur von y abhängt, schreiben läßt.

Übung 10.3 Wende obige Lösungsmethode auf die generische Differentialgleichung (10.6) an und zeige, daß dies zu der Gleichung

$$\int \frac{1}{h(y)}\,dy = \int f(x)\,dx$$

führt. Falls man zusätzlich fordert, daß die Lösungsfunktion die Bedingung $y(x_0) = y_0$ erfüllt, so gilt die Gleichung

$$\int_{y_0}^{y} \frac{1}{h(u)}\,du = \int_{x_0}^{x} f(t)\,dt\,. \tag{10.7}$$

Diese Methode der *Trennung der Variablen* ist in DERIVE verfügbar. Die DERIVE-Funktion

```
SEPARABLE(f,h,x,y,x0,y0):=INT(1/h,y,y0,y)=INT(f,x,x0,x)
```

die mit `Übertrage Laden Zusatzdatei` `ODE1.MTH` geladen werden kann, erzeugt Gleichung (10.7). Mit `Löse` kannst Du diese Gleichung dann gegebenenfalls nach y auflösen. Wende die beschriebene Methode auf unsere obigen Beispiele an!

Mit der DERIVE-Funktion `SEPARABLE(f,h,x,y,x0,y0)` kann man die Lösungsgleichung (10.7) in einem Schritt erzeugen, sofern DERIVE die betreffenden Integrale finden kann. Beispielsweise liefert eine Vereinfachung des Aufrufs `SEPARABLE(1,y,x,y,0,1)` zur Lösung der Differentialgleichung $y' = y$ mit der Anfangsbedingung $y(0) = 1$ zunächst die Gleichung

$$\ln y = x\,.$$

Mit `Löse` erhalten wir schließlich

$$y = e^x\,.$$

Aufgaben

10.1 *Löse die Differentialgleichung* (10.1) *des unbegrenzten Wachstums, die logistische Differentialgleichung* (10.2) *sowie die Differentialgleichung* (10.3) *des begrenzten Wachstums. Stelle die Lösungen (für geeignete Werte k und G) graphisch dar und vergleiche sie!*

10.2 *Steuert man unbegrenztem Wachstum so entgegen, daß die Änderungsrate $\Delta y(x)$ zu einer vom Zeitpunkt x abhängigen Funktion $k(x)$ proportional ist, erhält man die Differentialgleichung*

$$y'(x) = k(x)\, y(x) \; . \tag{10.8}$$

Bei einer Bakterienkultur kann dies z. B. durch die kontinuierliche Zuführung eines Antibiotikums geschehen, und man hat dann gegebenenfalls $k(x) = k - a\,x$ für ein $a > 0$.

Löse (10.8) für eine beliebig gegebene (stetige) Funktion $k(x)$. Wie sieht insbesondere die Lösung für $k(x) = k - a\,x$ aus? Wie unterscheidet sich diese Lösung vom unbegrenzten Wachstum?

10.3 *Löse die folgenden Differentialgleichungen mit den angegebenen Anfangsbedingungen mit der Methode der Trennung der Variablen. Stelle das Richtungsfeld der Differentialgleichungen gemeinsam mit der Lösungsfunktion graphisch dar.*

(a) $y' = x\,y\,, \quad y(0) = 1\,,$ (b) $y' = \dfrac{y \ln y}{\sin x}\,, \quad y\left(\dfrac{\pi}{2}\right) = e\,,$

(c) $y' = \dfrac{\cos x}{\cos^2 y}\,, \quad y(\pi) = 0\,,$ (d) $y' = \dfrac{e^{-y^2}}{y\,(2x + x^2)}\,, \quad y(2) = 0\,,$

(e) $y' = -y,\,, \quad y(0) = 1\,,$ (f) $y' = \sin x \sin y\,, \quad y(0) = 1\,,$

(g) $y' = \dfrac{1}{2\,y}\,, \quad y(1) = 1\,,$ (h) $y' = x^3 \cdot y\,, \quad y(0) = 1\,,$

(i) $y' = \sqrt{1 - y^2}\,, \quad y\left(\dfrac{2\,\pi}{3}\right) = \dfrac{1}{2}\,,$ (j) $y' = 1 + y^2\,, \quad y(0) = 0\,.$

10.4 *Löse die folgenden Anfangswertprobleme durch Trennung der Variablen.*

(a) $y' = y^2\,, \quad y(0) = y_0\,,$ (b) $y' = y^3\,, \quad y(0) = y_0\,,$

(c) $y' = \cos x\, e^y\,, \quad y(x_0) = y_0\,,$ (d) $y' = \dfrac{\sqrt{1 - y^2}}{y}\,, \quad y(x_0) = 1\,,$

(e) $y' = 1 - y^2\,, \quad y(0) = y_0\,,$ (f) $y' = (a^2 + x^2)\,(b^2 + y^2)\,, \; y(x_0) = y_0\,,$

(g) $y' = \dfrac{\alpha\, y}{1 + x}\,, \quad y(0) = 1\,,$ (h) $y' = \dfrac{2\,\alpha\, y}{1 - x^2}\,, \quad y(0) = 1\,.$

10.3 Orthogonaltrajektorien

Gegeben sei die implizite Geradenschar $\mathcal{G}$

$$a\,x + b\,y = 0 \qquad (a, b \in \mathbb{R}, \;\; (a,b) \neq (0,0)) \; . \tag{10.9}$$

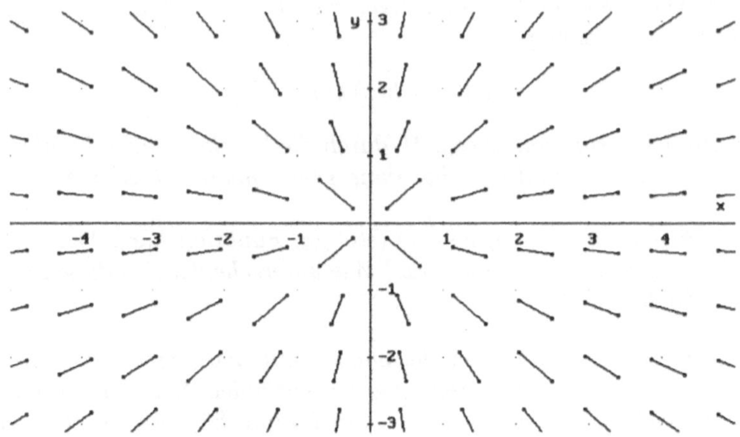

Abbildung 10.2 Richtungsfeld einer Geradenschar

von Geraden durch den Ursprung, deren Richtungsfeld in Abbildung 10.2 zu sehen ist. Wir suchen diejenigen reellen Funktionen, deren Graphen jede Gerade unserer Schar rechtwinklig schneiden. Diese heißen die *Orthogonaltrajektorien* der ursprünglichen Schar $\mathcal{G}$.

Übung 10.4 Bestimme die gesuchten Orthogonaltrajektorien mit elementargeometrischen Überlegungen!

Zunächst bestimmen wir eine Differentialgleichung, die jedes Element $g \in \mathcal{G}$ erfüllt. Falls $b \neq 0$ ist, können wir (10.9) nach y auflösen:

$$y(x) = -\frac{a}{b}\,x\,.$$

Also ist

$$y'(x) = -\frac{a}{b}\,,$$

und setzt man nun $a = -\frac{by}{x}$ gemäß (10.9) ein, erhält man weiter

$$y'(x) = \frac{y}{x}\,. \tag{10.10}$$

Dies ist eine Differentialgleichung, die für alle Funktionen unseres Geradenbüschels (bis auf die Gerade $x = 0$) gültig ist.

Steht eine Gerade senkrecht auf einer Gerade, welche die Steigung m besitzt, so hat sie bekanntlich die Steigung $-\frac{1}{m}$. Also müssen Funktionen, die an jeder Stelle ihres Graphen senkrecht auf unserem Geradenbüschel $\mathcal{G}$ stehen sollen, gemäß (10.10) an der Stelle (x, y) eine Steigung

$$y'(x) = -\frac{x}{y} \tag{10.11}$$

besitzen. Dies ist die Differentialgleichung für die gesuchten Orthogonaltrajektorien. Das Richtungsfeld der Orthogonaltrajektorien ist in Abbildung 10.3 abgebildet.

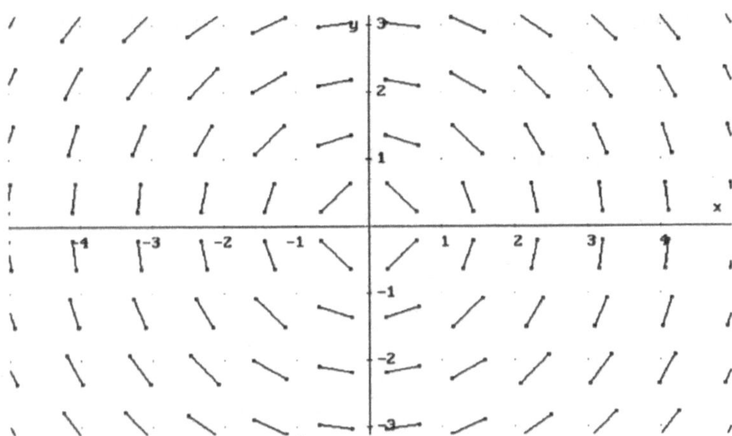

Abbildung 10.3 Richtungsfeld der Orthogonaltrajektorien

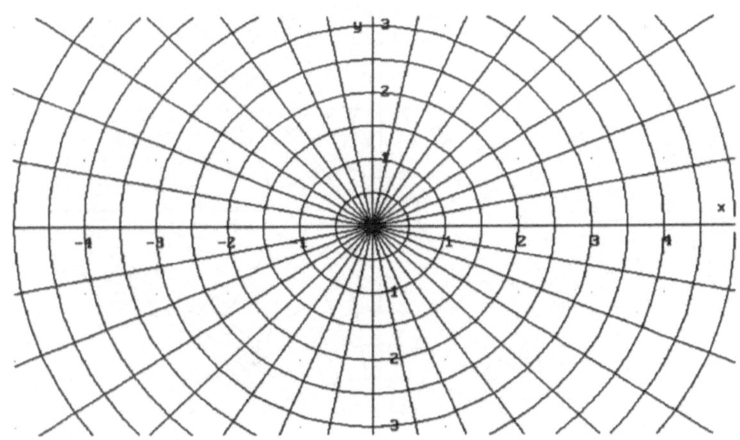

Abbildung 10.4 $\mathcal{G}$ und ihre Orthogonaltrajektorien

Diese Differentialgleichung lösen wir nun. Wir bekommen durch Trennung der Variablen zunächst $y\,dy = -x\,dx$ und durch Integration

$$\int y\,dy = -\int x\,dx \qquad \text{bzw.} \qquad \frac{y^2}{2} = -\frac{x^2}{2} + C$$

mit einer Integrationskonstanten $C \in \mathbb{R}$. Also haben wir

$$x^2 + y^2 = 2C = r^2 \qquad (r \in \mathbb{R}) .$$

Hierbei kommt rechts nur eine positive Konstante r^2 in Frage, da $x^2 + y^2 \geq 0$ ist. Die Orthogonaltrajektorien von $\mathcal{G}$ sind also die konzentrischen Kreislinien um den Ursprung, s. Abbildung 10.4. Elementargeometrisch war dies natürlich von vornherein klar.

Aufgaben

10.5 *Löse die Differentialgleichung* (10.10).

10.6 *Bestimme die Orthogonaltrajektorien der Hyperbelschar*

$$y^2 - x^2 = r^2 \qquad (r \in \mathbb{R}) ,$$

s. Abbildung 10.5, *und stelle beide Scharen graphisch dar. Wie sehen die Orthogonaltrajektorien der zweiten Hyperbelschar*

$$x^2 - y^2 = r^2 \qquad (r \in \mathbb{R})$$

aus?

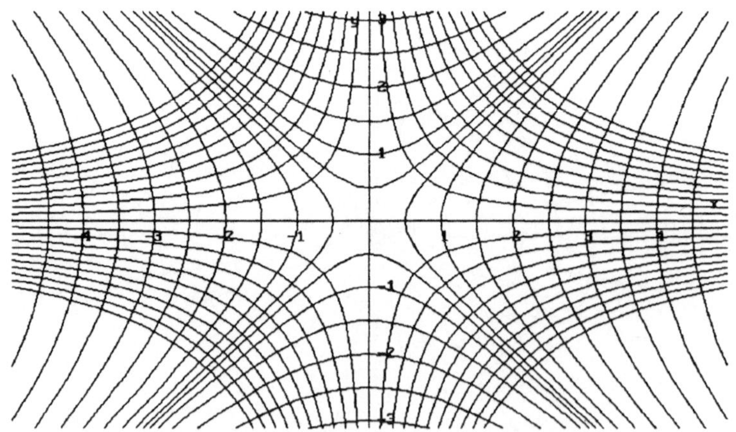

Abbildung 10.5 Hyperbelschar mit Orthogonaltrajektorien

10.7 *Bestimme die Orthogonaltrajektorien der Parabelschar (s. Abbildung 10.6)*

$$y(x) = (x - C)^2 .$$

Zeichne.

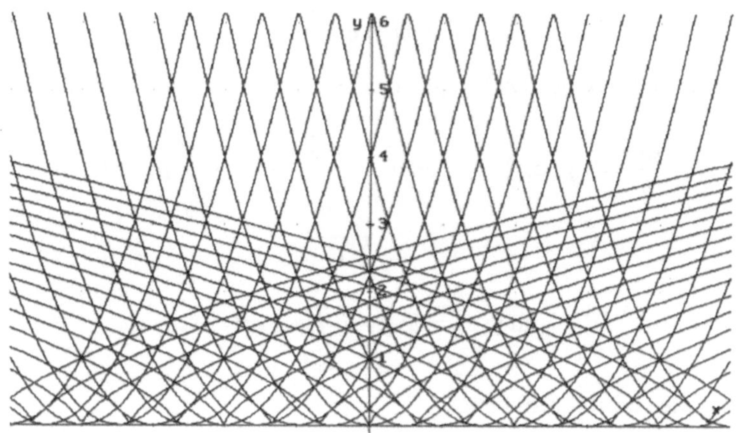

Abbildung 10.6 Parabelschar mit Orthogonaltrajektorien

10.4 Lineare Differentialgleichungen erster Ordnung

Eine Differentialgleichung erster Ordnung heißt *linear*, falls sowohl y als auch y' linear darin vorkommen:

$$y' + p(x)\,y = q(x)\ .$$

Das Produkt $y\,y'$ darf hierbei also nicht auftreten. Wir nehmen hierbei an, daß $p(x)$ und $q(x)$ gegebene stetige Funktionen seien.

Wir behandeln zuerst den Fall der *homogenen Gleichung*, bei der $q(x) = 0$ ist. Dieser Fall kann durch Trennung der Variablen gelöst werden.

Übung 10.5 Verwende `SEPARABLE` zur Lösung der homogenen linearen Differentialgleichung

$$y' + p(x)\,y = 0$$

mit der Anfangsbedingung $y(x_0) = y_0$. Verwende die Deklaration[3] der willkürlichen Funktion `P(x)`.

Die DERIVE-Funktion `LINEAR1(p,q,x,y,x0,y0)`, die ebenfalls mit `ODE1.MTH` geladen wird, berechnet die Lösung der linearen Differentialgleichung

$$y' + p(x)\,y = q(x)$$

mit der Anfangsbedingung $y(x_0) = y_0$. Wende diese auf den homogenen Fall an und vergleiche mit Deinem Resultat!

[3]mit `Def Funktion` oder mit `P(x):=`.

Wir führen die Lösung der homogenen linearen Differentialgleichung

$$y' + p(x)\, y = 0$$

mit der Anfangsbedingung $y(x_0) = y_0$ vor: Trennung der Variablen liefert

$$\frac{dy}{y} = -p(x)\, dx \qquad \text{oder} \qquad \int_{y_0}^{y} \frac{du}{u} = -\int_{x_0}^{x} p(t)\, dt$$

d. h.

$$\ln y(x) = \ln y_0 - \int_{x_0}^{x} p(t)\, dt$$

und nach Exponentiation schließlich

$$y(x) = y_0 \cdot e^{-\int_{x_0}^{x} p(t)\, dt} . \tag{10.12}$$

Diese Ausgabe wird nach Deklaration der willkürlichen Funktion `P(x)` auch vom Aufruf `LINEAR1(P(x),0,x,y,x0,y0)` erzeugt.

Übung 10.6 Deklariere die willkürlichen Funktionen `P(x)` sowie `Q(x)`. Verwende `LINEAR1` zur Berechnung der Lösung der Differentialgleichung

$$y' + p(x)\, y = q(x) .$$

Schreibe die berechnete Lösung auf, setze sie in die Differentialgleichung ein und teste das Resultat!

Um eine Lösung der betrachteten Differentialgleichung zu finden, macht man den Ansatz

$$y(x) = z(x) \cdot e^{-\int_{x_0}^{x} p(t)\, dt}$$

mit einer zu bestimmenden Funktion $z(x)$. Dieses Verfahren heißt *Variation der Konstanten*, weil man in der Lösung (10.12) des zugehörigen homogenen Problems die Konstante y_0 durch eine Funktion ersetzt.

Suche eine Differentialgleichung, die $z(x)$ erfüllt, und löse sie! Findest Du diese Lösung in der von DERIVE erzeugten wieder?

Aufgaben

10.8 *Für eine lineare Differentialgleichung gilt: Jedes Vielfache einer Lösung ist ebenfalls eine Lösung, und mit je zwei Lösungen ist auch deren Summe eine Lösung.*

10.9 *Löse die folgenden Anfangswertprobleme und stelle die Lösungen zusammen mit dem Richtungsfeld graphisch dar.*

(a) $y' = (\sin x)\, y + \sin(2x), \quad y(0) = 1$,

(b) $y' + (n \tan x)\, y = 1, \quad y(0) = 0 \quad (n = 1, \ldots, 4)$.

10.10 *Löse das Anfangswertproblem*

$$y' = f(y/x) \qquad \textit{mit der Anfangsbedingung} \qquad y(x_0) = y_0 \ ,$$

bei dem die rechte Seite also nur von dem Quotienten y/x abhängt, durch Trennung der Variablen unter Zuhilfenahme der Substitution $u := y/x$.

Löse mit der erhaltenen Lösungsformel dann die Anfangswertprobleme

(a) $y' = \frac{y}{x} - \frac{x^2}{y^2}, \ y(1) = 1 \ ,$ (b) $y' = \frac{y - x}{y + x}, \ y(1) = 0 \ .$

10.11 *Löse die folgenden Anfangswertprobleme mit Hilfe der Substitution $u := x + y$.*

(a) $y' = (x + y)^2, \ y(x_0) = y_0 \ ,$ (b) $y' = (x + y)^3, \ y(x_0) = y_0 \ .$

10.12 *Die DERIVE-Funktion* `LINEAR1_GEN(p,q,x,y,c)` *bestimmt die generische (allgemeine) Lösung der Differentialgleichung unter Verwendung der Integrationskonstanten c. Bestimme die allgemeine Lösung der Differentialgleichungen*

(a) $x\,y' + y = \sin x \ ,$ (b) $y' = \tan x\, y + e^x \ ,$

(c) $\sin x\, y' + \cos x\, y = e^x \ ,$ (d) $y' = y + e^x\, f(x) \ ,$

wobei $f(x)$ irgendeine integrierbare Funktion sei.

10.5 Die Schwingungsgleichung

In der Physik trifft man häufig auf eine Differentialgleichung der Form

$$a\,y''(x) + b\,y'(x) + c\,y(x) = 0 \ ,$$

wobei $a, b, c \in \mathbb{R}$ Konstanten sind. Dies ist eine lineare Differentialgleichung zweiter Ordnung mit konstanten Koeffizienten. Ist beispielsweise x die Zeit und bezeichnet $y(x)$ die Auslenkung eines an einer Feder hängenden Massepunkts von der Ruhelage, so gibt $y'(x)$ die *(Momentan-)Geschwindigkeit* des Massepunkts zum Zeitpunkt x an, und $y''(x)$ liefert die *(Momentan-)Beschleunigung* des Massepunkts zum Zeitpunkt x. Nach dem *Newtonschen Gesetz* gilt

$$\text{Kraft} = \text{Masse} \cdot \text{Beschleunigung} \ .$$

Nun hängt also alles davon ab, was für ein Kraftgesetz gültig ist. Im einfachsten Fall nimmt man an, daß die Kraft proportional zur Auslenkung $y(x)$ des Massepunkts von der Ruhelage der Feder ist (*Hookesches Gesetz*). Daher gilt in diesem *ungebremsten Fall* die Differentialgleichung

$$m\,y''(x) + k\,y(x) = 0 \ , \tag{10.13}$$

wobei $m > 0$ die Masse des betrachteten Massepunkts bezeichnet und $k > 0$ die Proportionalitätskonstante des Hookeschen Gesetzes, die sogenannte *Federkonstante*.

Übung 10.7 Löse die Differentialgleichung (10.13) mit dem Ansatz

$$y(x) = A\cos(\alpha x) + B\sin(\alpha x) \tag{10.14}$$

bzw. mit dem Ansatz[4]

$$y(x) = C\cos(\alpha x + \beta)\,. \tag{10.15}$$

Die Lösung der Differentialgleichung ist also eine *periodische Schwingung*. Bestimme die *Kreisfrequenz* $\alpha > 0$ dieser Schwingung. Die *Frequenz* $\frac{\alpha}{2\pi}$ gibt an, wie häufig sich die Schwingung in der Zeiteinheit wiederholt. Der größte Wert der Lösungsfunktion (10.15) ist $C > 0$ (zeige!). Dieser Wert wird daher die *Amplitude* der Schwingung genannt. Welche zusätzlichen Informationen braucht man, um die Amplitude C und die *Phasenverschiebung* β der Lösung zu bestimmen?

Setzt man in die Differentialgleichung (10.13) die Funktion $y(x) = \cos(\alpha x)$ ein, so erhält man

$$\left(k - m\,\alpha^2\right)\cos(\alpha x) = 0\,.$$

Diese Bedingung ist offenbar genau dann (für alle $x \in \mathbb{R}$) erfüllt, wenn die Beziehung

$$k - m\,\alpha^2 = 0$$

gilt. Genau dasselbe folgt für $y(x) = \sin(\alpha x)$ bzw. $y(x) = \cos(\alpha x + \beta)$. Die Lösung von (10.13) ist also eine Schwingung mit der Kreisfrequenz

$$\alpha = \sqrt{\frac{k}{m}}\,. \tag{10.16}$$

Die Frequenz ist also umso größer, je größer die Federkonstante k ist, und umso kleiner, je größer die Masse m ist.

Da die Differentialgleichung linear ist, ist auch jedes Vielfache einer Lösung wieder eine Lösung, und mit je zwei Lösungen ist auch deren Summe eine Lösung. Daher kann man die allgemeine Lösung entweder in der Form (10.14) (mit den Konstanten A und B) oder in der Form (10.15) (mit den Konstanten C und β) schreiben. Wir erwarten ja, daß die Lösung *zwei* Konstanten enthält, da die Differentialgleichung zweiter Ordnung ist. Dies entspricht der Möglichkeit, sowohl den anfangs gegebenen Ort $y(0)$ als auch die Anfangsgeschwindigkeit $y'(0)$ vorzugeben. Diese Konstanten nennt man *Integrationskonstanten*, da beim Lösen von Differentialgleichungen ja häufig Integrationen durchgeführt werden müssen.

Übung 10.8 Wie hängen die beiden Darstellungen (10.14) und (10.15) miteinander zusammen, d. h., wie ergibt sich Amplitude C und Phasenverschiebung β aus A und B bzw. umgekehrt?

[4] Zur Eingabe von α bzw. β kannst Du die Tastenkombinationen `<ALT>a` bzw. `<ALT>b` verwenden. Man kann aber auch `alpha` bzw. `beta` eintippen.

Setzt man die beiden Darstellungen (10.14) und (10.15) gleich, so erhält man (mit `zusaTz Trig.umformungen Expand`) die Identität

$$\left(B + C\sin\beta\right)\sin(\alpha\,x) + \left(A - C\cos\beta\right)\cos(\alpha\,x) = 0\,.$$

Dies ist nur dann identisch Null, wenn die Koeffizienten von $\cos(\alpha\,x)$ und $\sin(\alpha\,x)$ gleich Null sind, falls also die Beziehungen

$$B + C\sin\beta = 0 \qquad \text{und} \qquad A - C\cos\beta = 0$$

gelten. Daraus folgt unmittelbar

$$A = C\,\cos\beta \qquad \text{und} \qquad B = -C\sin\beta\,. \tag{10.17}$$

Zur Bestimmung von C aus A und B quadrieren wir und benutzen $\sin^2\beta + \cos^2\beta = 1$. Dies liefert

$$C^2 = A^2 + B^2 \qquad \text{oder} \qquad C = \sqrt{A^2 + B^2}\,. \tag{10.18}$$

Um β aus A und B zu erhalten, dividieren wir die Darstellungen für B und A durcheinander. Dies liefert

$$-\frac{B}{A} = \tan\beta \qquad \text{oder} \qquad \beta = -\arctan\frac{B}{A}\,. \tag{10.19}$$

Die Integrationskonstanten A und B bzw. C und β hängen nun wieder mit möglichen *Anfangsbedingungen* zusammen.

Übung 10.9 Eine Masse von 50 g hänge an einer Feder mit Federkonstanten $k = 10\frac{\text{kg}}{\text{s}^2}$. Sie werde um 20 cm aus der Ruhelage ausgelenkt und dann losgelassen. Wie wird sich der Massepunkt bewegen? Welche Kreisfrequenz/Frequenz und Amplitude hat die Schwingung?

Bei der gegebenen Aufgabe ergibt sich für die Kreisfrequenz aus (10.16)

$$\alpha = \sqrt{\frac{k}{m}} = \sqrt{\frac{10}{50}\,\frac{\text{kg}}{\text{g s}^2}} = \sqrt{\frac{10\,000}{50}\,\frac{\text{g}}{\text{g s}^2}} = \frac{\sqrt{200}}{\text{s}} \approx \frac{14.1421...}{\text{s}}\,.$$

Die Frequenz ist also

$$\frac{\alpha}{2\pi} \approx \frac{2.25078...}{\text{s}}\,.$$

Die Feder schwingt also ungefähr zweimal pro Sekunde hin und her. Um die Amplitude zu bestimmen, stellen wir fest, daß gemäß Aufgabenstellung zum Zeitpunkt $x = 0$ die Auslenkung $y(0) = 20$ cm und die Geschwindigkeit $y'(0) = 0$ gegeben sind. Mit (10.14) ergibt dies die zwei Bestimmungsgleichungen

$$y(0) = A\,\cos(0) = 20\text{ cm} \qquad \text{und} \qquad y'(0) = B\,\alpha\,\cos(0) = 0$$

für A und B mit den offensichtlichen Lösungen $A = 20$ cm und $B = 0$ cm. Dies liefert gemäß (10.18) die Amplitude

$$C = \sqrt{A^2 + B^2} = 20 \text{ cm} .$$

Das war natürlich zu erwarten (warum?).

In der Realität schwingt keine Feder unbegrenzt hin und her. Dies liegt daran, daß *Reibungskräfte* wirken. Im einfachsten Fall nimmt man an, daß die Reibungskraft proportional zur Momentangeschwindigkeit $y'(x)$ des Massepunkts ist. Man erhält dann die Differentialgleichung

$$m\,y''(x) + R\,y'(x) + k\,y(x) = 0 , \tag{10.20}$$

wobei $R > 0$ die *Reibungskonstante* ist. In der Praxis beobachtet man, daß Federn zwar schwingen, daß aber ihre Amplituden allmählich abklingen. Wir versuchen nun, solche Lösungen der Differentialgleichung (10.20) zu finden.

Übung 10.10 Mache den Ansatz[5]

$$y(x) = \cos(\alpha\, x)\, e^{-\theta\, x} \tag{10.21}$$

($\alpha > 0$) für eine Lösung der Differentialgleichung (10.20). Wie hängt die Kreisfrequenz α mit den Eingabeparametern m, k und R zusammen? Was ergibt sich für den *Abklingparameter* θ? Unter welchen Voraussetzungen gibt es eine solche Schwingung als Lösung? Welche Lösungen außer $y(x) = \cos(\alpha\, x)\, e^{-\theta\, x}$ gibt es noch?

Setzt man den Ansatz (10.21) in die Differentialgleichung (10.20) ein, erhält man die Identität

$$-e^{-\theta\, x}\left(\Big(m\,(\alpha^2 - \theta^2) + R\theta - k\Big)\,\cos(\alpha\, x) + \alpha\,(R - 2\,m\,\theta)\,\sin(\alpha\, x)\right) = 0 .$$

Diese Gleichung kann nur gelten, wenn die Koeffizienten von $\cos(\alpha\, x)$ und $\sin(\alpha\, x)$ beide gleich Null sind. Dies führt zu den Gleichungen

$$m\,(\alpha^2 - \theta^2) + R\,\theta - k = 0 \qquad \text{und} \qquad R - 2\,m\,\theta = 0 .$$

Die zweite Gleichung liefert sofort

$$\theta = \frac{R}{2m} . \tag{10.22}$$

In der Tat folgt hieraus also, daß $\theta > 0$ ist, daß also ein Abklingen und kein Anwachsen vorliegt. Wir sehen ferner, daß der Abklingparameter θ proportional zur Reibung und umgekehrt proportional zur Masse ist. Daß der Abklingvorgang umso langsamer vonstatten geht, je größer die Masse ist, hätte man vielleicht nicht unbedingt erwartet.

Setzt man (10.22) in die erste Gleichung ein, erhält man

$$\alpha = \frac{\sqrt{4mk - R^2}}{2m} . \tag{10.23}$$

[5]Zur Eingabe von θ kannst Du die Tastenkombinationen `<ALT>h` verwenden. Man kann aber auch `theta` eintippen.

Eine solche Lösung $\alpha > 0$ existiert also, falls die *Diskriminante*

$$4mk - R^2 > 0$$

ist. In diesem Fall liegt also eine Schwingung vor. Die Konstellation $4mk - R^2 = 0$ nennt man den *aperiodischen Grenzfall*. Es ist dann $\alpha = 0$, also $\cos(\alpha x) \equiv 1$. Der Massepunkt nähert sich in diesem Fall allmählich der Ruhelage, überschreitet diese aber nicht mehr.

Dieselben Rechnungen ergeben sich für den Lösungsansatz $y(x) = \sin(\alpha\, x)\, e^{-\theta\, x}$, so daß die allgemeine Lösung die Form

$$y(x) = A\, \cos(\alpha\, x)\, e^{-\theta\, x} + B\, \sin(\alpha\, x)\, e^{-\theta\, x} \tag{10.24}$$

hat.

Während wir also im Schwingungsfall die zwei Integrationskonstanten A und B haben, haben wir im aperiodischen Grenzfall bislang nur eine. Noch ist diese Lösung also nicht vollständig.

Übung 10.11 Mache für den aperiodischen Grenzfall den Ansatz

$$y(x) = (A + B\, x)\, e^{-\theta\, x}$$

und zeige, daß dies für θ gemäß (10.22) die allgemeine Lösung darstellt.

Was geschieht, falls $4mk - R^2 < 0$ ist? Je kleiner die Diskriminante ist, desto größer ist die Reibung und desto langsamer bewegt sich unser Massepunkt in Richtung Ruhelage.

Übung 10.12 Mache für $4mk - R^2 < 0$ den Ansatz

$$y(x) = e^{-\theta x}$$

einer rein abklingenden Funktion. Zeige, daß zwei Abklingkonstanten $\theta_{1,2} > 0$ in Frage kommen. Bestimme diese. Wie sieht demnach die allgemeine Lösung in diesem Fall aus?

Setzen wir die abklingende Funktion $y(x) = e^{-\theta x}$ in (10.20) ein, erhalten wir die Identität

$$e^{-\theta x} \left(m\theta^2 - R\theta + k \right) = 0 \,,$$

also

$$m\theta^2 - R\theta + k = 0 \qquad \text{oder} \qquad \theta_{1,2} = \frac{R \pm \sqrt{R^2 - 4\, mk}}{2\, m} \,.$$

Man bekommt somit zwei positive Werte $\theta_{1,2}$, für die die Differentialgleichung (10.20) jeweils erfüllt ist. Ihre allgemeine Lösung ist also gegeben als Linearkombination

$$y(x) = A\, e^{-\theta_1\, x} + B\, e^{-\theta_2\, x} \,.$$

Sie stellt somit im allgemeinen Fall eine Überlagerung zweier abklingender Exponentialfunktionen dar. In den Aufgaben soll der Zusammenhang der Integrationskonstanten A und B mit gegebenen Anfangswerten untersucht werden.

In Abbildung 10.7 ist der Übergang von einer Schwingung über den aperiodischen Grenzfall bis hin zum Abklingen dargestellt.

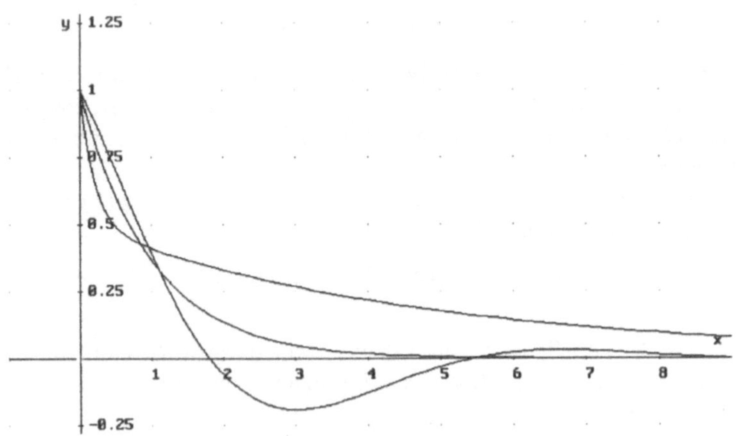

Abbildung 10.7 Schwingung, aperiodischer Grenzfall und Abklingen

AUFGABEN

10.13 *Zeige, daß der größte Wert der Lösungsfunktion* (10.15) C *ist.*

10.14 *Wie sehen die Bestimmungsgleichungen für die Amplitude* C *und die Phasenverschiebung* β *bei Übung* 10.9 *direkt aus? Löse! Was ergibt sich, wenn die Masse mit einer Anfangsgeschwindigkeit von* 10 cm/s *in Richtung auf die Ruhelage (bzw. in Gegenrichtung) ausgestattet wird? Welche Amplitude und Phasenverschiebung (in Grad) ergibt sich hieraus? Erläutere den Begriff Phasenverschiebung.*

10.15 *Die Beziehung*

$$\beta = -\arctan\frac{B}{A} \, ,$$

die wir in (10.19) *hergeleitet hatten, gilt nur für* $\beta \in (-\pi/2, \pi/2)$, *da die Arkustangensfunktion nur in diesem Intervall die Umkehrfunktion der Tangensfunktion ist, s. Abbildung* 10.8. *Zeige die Formel*

$$\beta = \frac{1}{2}\arctan\left(\frac{2\,A\,B}{B^2 - A^2}\right) \, ,$$

welche für $\beta \in (-\pi, \pi)$ *gültig ist.* Hinweis: *Verwende die Additionstheoreme, und stelle* $\cos(2\beta)$ *sowie* $\sin(2\beta)$ *mittels* (10.17) *dar.*

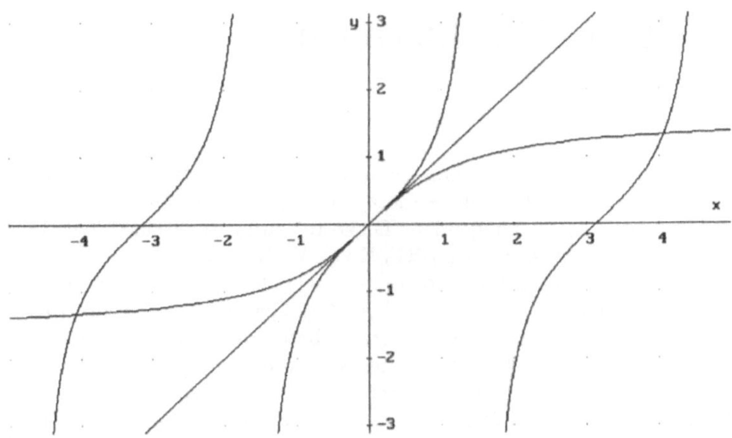

Abbildung 10.8 Tangens- und Arkustangensfunktion

10.16 *Gib die Lösung der Differentialgleichung* (10.20) *für* $4mk - R^2 > 0$ *in der Form*

$$y(x) = C\,\cos(\alpha\,x + \beta)\,e^{-\theta x}$$

an, d. h., berechne die Amplitude C *und die Phasenverschiebung* β *der abklingenden Schwingung. Vergleiche mit dem reibungsfreien Fall.*

10.17 *Bestimme im Schwingungsfall, im aperiodischen Grenzfall sowie im abklingenden Fall jeweils die Integrationskonstanten* A *und* B *bzw.* C *und* β *gemäß Aufgabe* 10.16 *in Abhängigkeit von den Anfangsbedingungen* $y(0) = y_0$ *und* $y'(0) = y_1$.

11 DERIVE-Funktionen

In diesem Kapitel sind die meisten Definitionen der in den einzelnen Kapiteln verwendeten DERIVE-Funktionen abgedruckt, sofern diese nicht zu kompliziert sind. Alle DERIVE-Funktionen stehen auf der beiliegenden Diskette zum unverzüglichen Laden durch `Übertrage Laden Zusatzdatei` in DERIVE zur Verfügung.

Ich empfehle, die Funktionen im Unterricht – wie andere DERIVE-Funktionen auch – erst einmal als schwarze Box zu verwenden. Auf Grund ihrer Kompliziertheit lassen sich ohnehin nicht alle Funktionen im Unterricht behandeln. Bei einigen allerdings wird es sich durchaus lohnen, die Definition gemeinsam mit den Schülerinnen und Schülern durchzusprechen, nachdem diese mit ihrer Benutzung bereits vertraut sind.

Sind die Schülerinnen und Schüler erst einmal „DERIVE-Spezialisten", kann man im Einzelfall natürlich auch umgekehrt vorgehen und die Funktionsdefinition gemeinsam mit ihnen erarbeiten.

Will man die in diesem Buch verwendeten DERIVE-Funktionen im Unterricht besprechen, kann man entweder die in diesem Kapitel gegebenen Definitionen verwenden, oder aber man besieht sich die Funktionsdefinitionen direkt in DERIVE. Steht beispielsweise die Funktion `TRAPEZ` zur Berechnung der Trapezsumme eines Integrals durch Laden der Datei `INT.MTH` zur Verfügung und erklärt man dann $F(x)$ mit `Def Funktion` (oder durch `F(x):=`) als willkürliche Funktion, so vereinfacht DERIVE die Eingabe

```
TRAPEZ(F(x),x,a,b,n)
```

zu

$$\frac{(b-a)\left[F(a)+F(b)+2\sum_{k\_=1}^{n-1} F\left[\frac{k\_(b-a)}{n}+a\right]\right]}{2n}, \tag{11.1}$$

der allgemeinen Definition der Trapezsumme.

Diese Vorgehensweise bietet einige Vorteile: Zum ersten bleibt man beim Arbeiten (und Experimentieren) mit DERIVE weitgehend unabhängig vom Buch. Ferner umgeht man die beim Programmieren mit DERIVE leider unumgänglichen (aber lästigen) Substitutionsoperationen mittels der `LIM`-Funktion, welche die Programme oft schwer lesbar machen:

```
TRAPEZ(f,x,a,b,n):=(LIM(f,x,a)/2
                    +SUM(LIM(f,x,a+k_*(b-a)/n),k_,1,n-1)
                    +LIM(f,x,b)/2
                   )*(b-a)/n
```

Anders die DERIVE-Ausgabe (11.1): Hier werden die Grenzwerte (unter der Annahme der Stetigkeit der willkürlichen Funktion) durch die entsprechenden Funktionswerte ausgedrückt. Auf diese Weise sehen die erzeugten Formeln dann meist wieder so wie im Lehrbuch aus. Weiter lassen sich bei der interaktiven Arbeit mit DERIVE die gegebenen DERIVE-Funktionen eventuell geänderten Fragestellungen schnell anpassen.

11.1 DERIVE-Funktionen in Kapitel 1

Die DERIVE-Funktionen dieses Kapitels stehen in der DERIVE-Datei `GEO.MTH` zur Verfügung, die von der Diskette mit `Übertrage Laden Zusatzdatei` geladen werden kann.

Zum Zeichnen von Dreiecken verwendet man die Funktion

```
PlotDreieck(Dreieck):=APPEND(Dreieck,[Dreieck SUB 1])
```

welche aus dem Dreieck `[A,B,C]` den plotfähigen Vektor `[A,B,C,A]` erzeugt.[1] Hierbei wird angenommen, daß ein Dreieck `[A,B,C]` durch Angabe seiner drei Ecken `A`, `B` und `C` gegeben ist, welche ihrerseits als Vektoren mit Hilfe ihrer zwei Koordinaten definiert sind. Beispielsweise ist `Dreieck:=[[0,0],[1,0],[0,1]]` das Dreieck mit den Eckpunkten $A(0|0), B(1|0)$ und $C(0|1)$.

Die Funktionen `Inkreisradius(Dreieck)`, `Inkreismittelpunkt(Dreieck)`, `Umkreisradius(Dreieck)` sowie `Umkreismittelpunkt(Dreieck)` berechnen Inkreisradius, Inkreismittelpunkt, Umkreisradius sowie Umkreismittelpunkt des Dreiecks. Ihre Definitionen sind zu kompliziert, um hier wiedergegeben zu werden. Zum Zeichnen von In- und Umkreis gibt es die Funktionen

```
Inkreis(Dreieck,t):=
Inkreismittelpunkt(Dreieck)+Inkreisradius(Dreieck)*[COS(t),SIN(t)]
```

sowie

```
Umkreis(Dreieck,t):=
Umkreismittelpunkt(Dreieck)+Umkreisradius(Dreieck)*[COS(t),SIN(t)]
```

Die Kreise werden in Parameterdarstellung mit Hilfe des Parameters t dargestellt. Daher muß man auf die Frage nach den Grenzen des Parameters die `RETURN`-Taste drücken, um die voreingestellten Werte $-\pi \le t \le \pi$ zu bestätigen.

```
Seiten(Dreieck):=[ABS(Δ2-Δ3),ABS(Δ3-Δ1),ABS(Δ1-Δ2)]
```

liefert die Längen der drei Seiten eines Dreiecks. Hierbei sind Δ_1, Δ_2 und Δ_3 Abkürzungen für `Dreieck SUB 1`, `Dreieck SUB 2` bzw. `Dreieck SUB 3`.

```
Schwerpunkt(Dreieck):=(Δ1+Δ2+Δ3)/3
```

berechnet den Schwerpunkt des Dreiecks, d. h. den Schnittpunkt der drei Seitenhalbierenden. Die Seitenhalbierende von A nach $\overline{BC}$ kann man durch Berechnung von

```
Seitenhalbierende(A,B,C):=[A,(B+C)/2]
```

zeichnen. Ferner ergibt `Höhenfußpunkt(A,B,C)`, erklärt durch

```
senkrecht(A):=[-A SUB 2,A SUB 1]
```

[1] mit der Einstellung `Graphik Einstellungen Modus Connected`.

```
Höhenfußpunkt(A,B,C):=LIM(gerade(B,C,u_),u_,RHS(
(SOLVE(A+t_*senkrecht(B-C)=gerade(B,C,u_),[t_,u_])) SUB 1 SUB 2))
```

den Höhenfußpunkt von A auf $\overline{BC}$, und mit

```
Höhe(A,B,C):=[A,Höhenfußpunkt(A,B,C)]
```

läßt sich die entprechende Höhe zeichnen. Die Hilfsfunktion `senkrecht(A)` berechnet hierbei die Richtung senkrecht zur Richtung A. Eine weitere Hilfsfunktion ist

```
Gerade(A,B,t):=A+t*(B-A)
```

die die Parameterdarstellung der Verbindungsgeraden von A und B liefert. Schließlich berechnet die Funktion `Höhenschnittpunkt(Dreieck)` den Höhenschnittpunkt des Dreiecks.

11.2 DERIVE-Funktionen in Kapitel 2

Die DERIVE-Funktionen dieses Kapitels stehen in der Datei `QUADRIK.MTH` zur Verfügung. Mit

```
PLOT_QUADRIK(g,x,y):=g=0
```

kann die durch einen Ausdruck

$$g := A\,x^2 + B\,x\,y + C\,y^2 + D\,x + E\,y + F \tag{11.2}$$

in den Variablen `x` und `y` gegebene quadratische Funktion graphisch dargestellt werden. Diese Prozedur hängt einfach das für das implizite Plotten erforderliche „= 0" an.

```
TYPUS(g,x,y):=TYPUS_AUX(g,x,y,DISKRIMINANTE(g,x,y))
```

gibt den Typus der durch (11.2) gegebenen Quadrik aus. Diese Funktion verwendet die Hilfsfunktionen

```
P_C_(f,x,n):=1/n!*LIM(DIF(f,x,n),x,0)

DISKRIMINANTE(g,x,y):=P_C_(P_C_(g,x,1),y,1)^2/4-P_C_(g,x,2)*P_C_(g,y,2)

TYPUS_AUX(g,x,y,diskriminante):=
          IF(diskriminante<0,
             "Ellipse",
             IF(diskriminante=0,
                "Parabel",
                IF(diskriminante>0,
                   "Hyperbel",
                   "unentscheidbar")))
```

wobei P_C_(f,x,n) den Koeffizienten von x^n des Ausdrucks f berechnet.

Damit die Diskriminante nur einmal berechnet werden muß, obwohl sie viermal benötigt wird (entsprechend der Anzahl der Aufrufe von diskriminante in TYPUS_AUX), wurde hierzu die Hilfsfunktion TYPUS_AUX erklärt. Diese Konstruktion wird noch des öfteren Verwendung finden.

Die weiteren DERIVE-Funktionen dieses Kapitels sind recht kompliziert und ihre Definitionen werden hier nicht angegeben.

DREHWINKEL(g,x,y) berechnet den Winkel, um den die Quadrik gedreht werden muß, um in Normalform gebracht zu werden, und NORMALFORM(g,x,y) gibt die Gleichung der gedrehten Quadrik aus.

Die Funktion ZENTRUM(g,x,y) berechnet das Zentrum (Mittelpunkt bzw. Scheitel), ASYMPTOTEN(g,x,y) gibt die Gleichungen der Asymptoten aus, falls es sich um eine Hyperbel handelt, ACHSEN(g,x,y) berechnet die Gleichungen der Hauptachsen, ACHSENLÄNGEN(g,x,y) gibt für Ellipsen und Hyperbeln die Halbachsenlängen aus und EXZENTRITÄT(g,x,y) berechnet die numerische Exzentrität.

11.3 DERIVE-Funktionen in Kapitel 3

Die DERIVE-Funktionen dieses Kapitels stehen in der Datei ITER.MTH zur Verfügung.

Die Funktion FIXPUNKT_GRAPH wird mit Hilfe der folgenden Funktionen erklärt.

```
FIXPUNKT_FOLGE1(g,x,x0,n):=ITERATES(g,x,x0,n)

FIXPUNKT_FOLGE2(g,x,x0,n,aux):=VECTOR(
          IF(MOD(l_,2)=0,[aux SUB ((l_+2)/2),aux SUB ((l_+2)/2)],
                         [aux SUB ((l_+1)/2),aux SUB ((l_+3)/2)]),
          l_,0,2*DIMENSION(aux)-2)

FIXPUNKT_FOLGE(g,x,x0,n):=FIXPUNKT_FOLGE2(g,x,x0,n,FIXPUNKT_FOLGE1(g,x,x0,n))

FIXPUNKT_GRAPH(g,x,x0,n):=[x,g,FIXPUNKT_FOLGE(g,x,x0,n)]
```

Hierbei iteriert FIXPUNKT_FOLGE1(g,x,x0,n) die Anwendung der Funktion g und FIXPUNKT_FOLGE(g,x,x0,n) bildet hieraus den Vektor der Paare

$$\Big((x_0,x_0),(x_0,x_1),(x_1,x_1),(x_1,x_2),\dots\Big)\,.$$

Da DERIVE keine lokalen Variablen unterstützt, ist das letzte Zeichen von Variablen mit lokalem Charakter immer das Underscorezeichen _, z. B.bei der Iterationsvariablen l_ in der Definition von FIXPUNKT_FOLGE2, damit es keine Überschneidungen mit Benutzervariablen gibt. Dies ist eine generelle DERIVE-Philosophie, die in vielen MTH-Dateien Verwendung findet. Eine Erkenntnis hieraus sollte sein: Verwende niemals eigene Variablen, die mit einem Underscorezeichen aufhören.

Die Funktion FIXPUNKT_GRAPH(g,x,x0,n) bildet schließlich den Vektor bestehend aus den Termen x und g zur Darstellung deren Graphen sowie des Vektors FIXPUNKT_FOLGE(g,x,x0,n) zur graphischen Darstellung der Iteration.[2]

Die graphische Darstellung des Newtonverfahrens wird durch

```
NEWTONS(f,x,x0,n):=ITERATES(x-f/DIF(f,x),x,x0,n)

NEWTON_AUX(f,x,aux,n):=VECTOR(
        IF(MOD(l_,2)=0,[aux SUB ((l_+2)/2),0],
                    [aux SUB ((l_+1)/2),LIM(f,x,aux SUB ((l_+1)/2))]),
        l_,0,2*DIMENSION(aux)-2)

NEWTON_GRAPH(f,x,x0,n):=[f,NEWTON_AUX(f,x,NEWTONS(f,x,x0,n),n)]
```

programmiert. Hierbei berechnet die Funktion NEWTONS(f,x,x0,n) die Newtoniteration, NEWTON_AUX(f,x,aux,n) bildet wieder einen Vektor bestehend aus zu zeichnenden Streckensegmenten, und NEWTON_GRAPH(f,x,x0,n) fügt die für die graphische Darstellung nötigen Teile zusammen.

Bei NEWTON_AUX wird die Grenzwertoperation LIM(f,x,a) zur Berechnung des Funktionswerts $f(a)$ herangezogen, da DERIVE keine eingebaute Substitutionsfunktion besitzt. Derartige Definitionen werden vielfach verwendet.

Die graphische Darstellung des Bisektionsverfahrens ist gegeben durch

```
BISEKTIONEN_AUX(f,x,a,b,n):=ITERATES(
        IF(LIM(f,x,(g_ SUB 1+g_ SUB 2)/2)=0,
           [(g_ SUB 1+g_ SUB 2)/2,(g_ SUB 1+g_ SUB 2)/2],
           IF(LIM(f,x,(g_ SUB 1+g_ SUB 2)/2)*LIM(f,x,g_ SUB 1)<0,
              [g_ SUB 1,(g_ SUB 1+g_ SUB 2)/2],
              [(g_ SUB 1+g_ SUB 2)/2,g_ SUB 2])),g_,[a,b],n)

BISEKTIONEN(f,x,a,b,n):=IF(LIM(f,x,b)*LIM(f,x,a)<0,
                           BISEKTIONEN_AUX(f,x,a,b,n),
                           "Verfahren nicht anwendbar",
                           "Randbedingungen nicht verifizierbar")

BISEKTION_GRAPH_AUX(f,x,a,b,aux):=[CHI(a,x,b)*f,
        VECTOR([[aux SUB k_ SUB 1,1-(k_-1)/10],
                [aux SUB k_ SUB 2,1-(k_-1)/10]],k_,1,DIMENSION(aux))]

BISEKTION_GRAPH(f,x,a,b):=BISEKTION_GRAPH_AUX(f,x,a,b,BISEKTIONEN(f,x,a,b,10))
```

Die DERIVE-Funktion BISEKTIONEN(f,x,a,b,n) berechnet hierbei durch Aufruf von BISEKTIONEN_AUX(f,x,a,b,n) die numerische Approximation einer Lösung der Gleichung $f(x) = 0$ im Intervall $[a, b]$ mit dem Bisektionsverfahren unter der Voraussetzung, daß f an den Stellen a und b verschiedenes Vorzeichen hat. Die DERIVE-Funktion BISEKTION_GRAPH(f,x,a,b) gibt eine graphische Darstellung der ersten

[2] Bei dieser Funktion wie auch bei allen folgenden Funktionen zur graphischen Darstellung müssen die entsprechenden Ausdrücke erst vereinfacht werden, z. B. mit approX. Nur die vereinfachten Vektoren können graphisch dargestellt werden.

10 Iterationsschritte durch das Zeichnen von Streckensegmenten, die die entsprechden Intervalle kennzeichnen.

11.4 DERIVE-Funktionen in Kapitel 4

Die DERIVE-Funktionen dieses Kapitels stehen in der Datei LAGRANGE.MTH zur Verfügung. Die DERIVE-Funktion LAGRANGE(a,x), erklärt durch

```
LAGRANGE_AUX(a,x,k,n):=
   PRODUCT((x-a SUB j_ SUB 1)/(a SUB k SUB 1-a SUB j_ SUB 1),j_,1,k-1)*
   PRODUCT((x-a SUB j_ SUB 1)/(a SUB k SUB 1-a SUB j_ SUB 1),j_,k+1,n)

LAGRANGE(a,x):=
SUM(ELEMENT(a,k_,2)*LAGRANGE_AUX(a,x,k_,DIMENSION(a)),k_,1,DIMENSION(a))
```

berechnet das Lagrangesche Interpolationspolynom bzgl. der Variablen x. Hierbei ist a ein Vektor der Länge n, der die zu interpolierenden Daten (x_k, y_k) $(k = 1, \ldots, n)$ enthält. Die Hilfsfunktion LAGRANGE_AUX(a,x,k,n) berechnet die Lagrangepolynome $L_k(x)$.

Zur graphischen Darstellung der Interpolationspunkte und des Interpolationspolynoms verwende man

```
LAGRANGE_GRAPH(a,x):=[a,LAGRANGE(a,x)]
```

Die DERIVE-Funktion

```
POLYNOMINTERPOLATION(f,x,a):=
   LAGRANGE(VECTOR([a SUB k_,LIM(f,x,a SUB k_)],k_,1,DIMENSION(a)),x)
```

berechnet das durch die Interpolationsdaten $(x_j, f(x_j))$ $(j = 1, \ldots, n)$ des Stützstellensystems x_j $(j = 1, \ldots, n)$ gegebene Interpolationspolynom, wobei a hier für den zugehörigen Stützstellenvektor $(x_1, \ldots, x_n)$ steht, und

```
POLYNOMINTERPOLATION_GRAPH(f,x,a):=
   [f,VECTOR([a SUB k_,LIM(f,x,a SUB k_)],k_,1,DIMENSION(a)),
   POLYNOMINTERPOLATION(f,x,a)]
```

stellt diese Daten zu einer graphischen Darstellung zusammen.

11.5 DERIVE-Funktionen in Kapitel 5

Die DERIVE-Funktionen dieses Kapitels stehen in der Datei INT.MTH zur Verfügung. Die Funktionen

```
LINKS(f,x,a,b,n):=SUM(LIM(f,x,a+(k_-1)*(b-a)/n),k_,1,n)*(b-a)/n

RECHTS(f,x,a,b,n):=SUM(LIM(f,x,a+k_*(b-a)/n),k_,1,n)*(b-a)/n
```

berechnen die linke bzw. rechte Riemannsumme, während

```
LINKS_GEOM(f,x,a,b,n):=SUM(LIM(f,x,a*(b/a)^((k_-1)/n))*
                           (a*(b/a)^(k_/n)-a*(b/a)^((k_-1)/n)),
                           k_,1,n)

RECHTS_GEOM(f,x,a,b,n):=SUM(LIM(f,x,a*(b/a)^(k_/n))*
                            (a*(b/a)^(k_/n)-a*(b/a)^((k_-1)/n)),
                            k_,1,n)
```

den Riemannsummen bei einer geometrischen Zerlegung entsprechen. Da zur Anwendung einer geometrischen Zerlegung die Intervallgrenzen a und b dasselbe Vorzeichen haben müssen, muß man daran denken, eine entsprechende Deklaration vorzunehmen.

Die zugehörigen graphischen Darstellungen werden von den DERIVE-Funktionen

```
LINKS_GRAPH(f,x,a,b,n):=[f,VECTOR(
          [[a+(k_-1)*(b-a)/n,0],
           [a+(k_-1)*(b-a)/n,LIM(f,x,a+(k_-1)*(b-a)/n)],
           [a+k_*(b-a)/n,LIM(f,x,a+(k_-1)*(b-a)/n)],
           [a+k_*(b-a)/n,0],
           [a+(k_-1)*(b-a)/n,0]
          ],k_,1,n)]

RECHTS_GRAPH(f,x,a,b,n):=[f,VECTOR(
          [[a+(k_-1)*(b-a)/n,0],
           [a+(k_-1)*(b-a)/n,LIM(f,x,a+k_*(b-a)/n)],
           [a+k_*(b-a)/n,LIM(f,x,a+k_*(b-a)/n)],
           [a+k_*(b-a)/n,0],
           [a+(k_-1)*(b-a)/n,0]
          ],k_,1,n)]

LINKS_GEOM_GRAPH(f,x,a,b,n):=[f,VECTOR(
          [[a*(b/a)^((k_-1)/n))*(a*(b/a)^(k_/n)-a*(b/a)^((k_-1)/n)),0],
           [a*(b/a)^((k_-1)/n))*(a*(b/a)^(k_/n)-a*(b/a)^((k_-1)/n)),
            LIM(f,x,a*(b/a)^((k_-1)/n))*(a*(b/a)^(k_/n)-a*(b/a)^((k_-1)/n)))],
           [a*(b/a)^(k_/n))*(a*(b/a)^((k_+1)/n)-a*(b/a)^(k_/n)),
            LIM(f,x,a*(b/a)^((k_-1)/n))*(a*(b/a)^((k_+1)/n)-a*(b/a)^(k_/n)))],
           [a*(b/a)^((k_-1)/n))*(a*(b/a)^(k_/n)-a*(b/a)^((k_-1)/n)),0]
          ],k_,1,n)]
```

sowie

```
RECHTS_GEOM_GRAPH(f,x,a,b,n):=[f,VECTOR(
          [[a*(b/a)^((k_-1)/n))*(a*(b/a)^(k_/n)-a*(b/a)^((k_-1)/n)),0],
           [a*(b/a)^((k_-1)/n))*(a*(b/a)^(k_/n)-a*(b/a)^((k_-1)/n)),
            LIM(f,x,a*(b/a)^(k_/n))*(a*(b/a)^(k_/n)-a*(b/a)^((k_-1)/n)))],
           [a*(b/a)^(k_/n))*(a*(b/a)^((k_+1)/n)-a*(b/a)^(k_/n)),
            LIM(f,x,a*(b/a)^(k_/n))*(a*(b/a)^((k_+1)/n)-a*(b/a)^(k_/n)))],
           [a*(b/a)^((k_-1)/n))*(a*(b/a)^(k_/n)-a*(b/a)^((k_-1)/n)),0]
          ],k_,1,n)]
```

erzeugt. Die Trapezregel wird durch

```
TRAPEZ(f,x,a,b,n):=(LIM(f,x,a)/2
                     +SUM(LIM(f,x,a+k_*(b-a)/n),k_,1,n-1)
                     +LIM(f,x,b)/2
                    )*(b-a)/n
```

angewandt und mit

```
TRAPEZ_GRAPH(f,x,a,b,n):=[f,VECTOR(
          [[a+(k_-1)*(b-a)/n,0],
           [a+(k_-1)*(b-a)/n,LIM(f,x,a+(k_-1)*(b-a)/n)],
           [a+k_*(b-a)/n,LIM(f,x,a+k_*(b-a)/n)],
           [a+k_*(b-a)/n,0],
           [a+(k_-1)*(b-a)/n,0]
          ],k_,1,n)]
```

graphisch dargestellt, und auf die Simpsonregel kann durch

```
SIMPSON(f,x,a,b,n):=(LIM(f,x,a)/3
                      +2/3*SUM(LIM(f,x,a+2*k_*(b-a)/n),k_,1,n/2-1)
                      +4/3*SUM(LIM(f,x,a+(2*k_-1)*(b-a)/n),k_,1,n/2)
                      +LIM(f,x,b)/3
                     )*(b-a)/n
```

zugegriffen werden. Die graphische Darstellung der Simpsonregel wird durch `SIMPSON_GRAPH(f,x,a,b,n)` erzeugt.

Die DERIVE-Funktion

```
ROTATIONSVOLUMEN(f,x,a,b):=pi INT(f^2,x,a,b)
```

oder kurz

```
RV(f,x,a,b):=ROTATIONSVOLUMEN(f,x,a,b)
```

berechnet das Volumen des Rotationskörpers, den man erhält, wenn man den Graphen von f zwischen $x = a$ und $x = b$ um die x-Achse dreht. Analog berechnet die DERIVE-Funktion

```
ROTATIONSFLÄCHE(f,x,a,b):=2 pi INT(f SQRT(1+DIF(f,x)^2),x,a,b)

RF(f,x,a,b):=ROTATIONSFLÄCHE(f,x,a,b)
```

den Oberflächeninhalt dieses Rotationskörpers.

11.6 DERIVE-Funktionen in Kapitel 6

Die DERIVE-Funktionen dieses Kapitels stehen ebenfalls in der Datei INT.MTH zur Verfügung. Mit

```
INT_PARTIELL(ustrich,v,x):=v*INT(ustrich,x)-INT(INT(ustrich,x)*DIF(v,x),x)
```

kann die Regel der partiellen Integration

$$\int u'(x)\,v(x)\,dx = u(x)\,v(x) - \int v'(x)\,u(x)\,dx$$

angewendet werden, d. h. durch Angabe der Ausdrücke u' und v wird das Integral $\int u'(x)\,v(x)\,dx$ gemäß dieser Regel transformiert. Die entsprechende Regel für bestimmte Integrale

$$\int_a^b u'(x)v(x)\,dx = u(x)\cdot v(x)\Big|_a^b - \int_a^b v'(x)u(x)\,dx$$

wird durch

```
BEST_INT_PARTIELL(ustrich,v,x,a,b):=
                LIM(v*INT(ustrich,x),x,b,-1)-LIM(v*INT(ustrich,x),x,a,1)
                -INT(INT(ustrich,x)*DIF(v,x),x,a,b)
```

ausgeführt. Die DERIVE-Funktionen

```
INTX_N(f,x,n):=IF(n=0,INT(f,x),x^n*INT(f,x)-n*INTX_N(INT(f,x),x,n-1))
```

und

```
INT_N(f,x,n):=IF(n=0,x,f*INT_N(f,x,n-1)-INT(DIF(f,x)*INT_N(f,x,n-1),x))
```

berechnen die Integrale $\int x^n\,f(x)\,dx$ bzw. $\int (f(x))^n\,dx$ rekursiv mittels partieller Integration.

11.7 DERIVE-Funktionen in Kapitel 8

Die DERIVE-Funktionen dieses Kapitels stehen in der Datei GOLDBACH.MTH zur Verfügung. Die Hilfsfunktion

```
IS_PRIME(n):=IF(NEXT_PRIME(n-1)=n,1,0)
```

liefert den Wert 1 oder 0, je nachdem, ob n eine Primzahl ist oder nicht.

Unter Verwendung dieser Hilfsfunktion berechnet

```
GOLDBACH_ANZAHL(g):=IF(g=2,0,
                        IF(g=4,1,
                           (ITERATE([h_ SUB 1+2,
   IF(IS_PRIME(h_ SUB 1)=1 AND IS_PRIME(g-h_ SUB 1)=1,h_ SUB 2+1,h_ SUB 2)
                           ],h_,[3,0],FLOOR(g/4-1/2))) SUB 2)
                        )
```

die Anzahl der Goldbachzerlegungen der geraden Zahl g.

Die Iteration startet mit dem Vektor `h_:=[3,0]` ($k = 3$, Anzahl $= 0$), erhöht dabei das erste Element k immer um 2 und das zweite Element dann um 1, wenn sowohl k als auch $g - k$ Primzahlen sind. Dies wird solange fortgeführt, bis das erste Element den Wert $g/2$ erreicht hat. Hierbei zählt `FLOOR(g/4-1/2)` die Anzahl der Iterationen, die ja mit $k = 3$ beginnen oder bis $k = g/2$ gehen, falls $g/2$ ungerade ist, oder bis $k = g/2 - 1$, falls $g/2$ gerade ist.

Schließlich liefert

```
GOLDBACH_ZERLEGUNGEN(g):=IF(g=2,[],
                            IF(g=4,[[2,2]],
                               (ITERATE([h_ SUB 1+2,
   IF(IS_PRIME(h_ SUB 1)=1 AND IS_PRIME(g-h_ SUB 1)=1,
      APPEND(h_ SUB 2,[[h_ SUB 1,g-h_ SUB 1]]),h_ SUB 2)
                               ],h_,[3,[]],FLOOR(g/4-1/2))) SUB 2)
                            )
```

in ähnlicher Weise eine komplette Liste der Goldbachzerlegungen der geraden Zahl g.

11.8 DERIVE-Funktionen in Kapitel 9

Die DERIVE-Funktionen dieses Kapitels stehen in der Datei `MATRIX.MTH` zur Verfügung Hierbei berechnet

```
NORM(M):=MAX(MAX(VECTOR(VECTOR(ABS(M SUB j_ SUB k_),
                        j_,1,DIMENSION(M)),
                k_,1,DIMENSION(M)))
```

die Maximumnorm

$$\operatorname{norm} M := \max\{|a_{jk}|\}$$

einer Matrix M, und durch

```
KONDITION(M):=IF(DET(M)=0,inf,NORM(M)*NORM(M^(-1)))
```

wird die Matrixkondition

$$\operatorname{kond} M := \operatorname{norm} M \cdot \operatorname{norm} M^{-1}$$

von M erklärt. Dies sind jeweils direkte Übertragungen der Definition.

Genauso direkt wird die Hilbertmatrix

$$H_n := \begin{pmatrix} 1 & \frac{1}{2} & \frac{1}{3} & \cdots & \frac{1}{n} \\ \frac{1}{2} & \frac{1}{3} & \frac{1}{4} & \cdots & \frac{1}{n+1} \\ \vdots & \vdots & \vdots & \frac{1}{j+k-1} & \vdots \\ \frac{1}{n} & \frac{1}{n+1} & \frac{1}{n+2} & \cdots & \frac{1}{2n-1} \end{pmatrix}$$

durch

```
HILBERT(n):=VECTOR(VECTOR(1/(j_+k_-1),j_,1,n),k_,1,n)
```

in DERIVE definiert.

12 Quellennachweise

Hier gebe ich konkrete Quellenhinweise zu den einzelnen Kapiteln. Während das Material einiger Kapitel neu ist, stammt der Inhalt anderer Kapitel aus neueren Veröffentlichungen. Die in eckigen Klammern stehenden Zahlen beziehen sich auf die Literaturliste S. 177 ff. Stoff, der zum Standardumfang anderer Schulbücher gehört, erhält keine Quellenangabe.

1. Kapitel (Geometrie)

Arthur Engel hat in [9]–[10] den Beweis von Aussagen der Dreiecksgeometrie behandelt. Dieses Material ist teilweise in das vorliegende Kapitel aufgenommen und erweitert worden. Der elementare Beweis des Satzes von Euler in Abschnitt 1.3 wurde gemeinsam mit Dieter Schmersau entwickelt. Nach einigem Suchen haben wir einen Beweis dieses Satzes auch in [13] gefunden. Einige der Übungsaufgaben, die sich mit den Längen der Seitenhalbierenden befassen, stellen neue Resultate dar. Schließlich war die iterative Berechnung der Kreiszahl π aus Abschnitt 1.5 von Werner Neundorf in [25] betrachtet worden, s. auch [19].

3. Kapitel (Iterationsverfahren)

Das Material dieses Kapitels wurde teilweise in [17]–[18] veröffentlicht.

5. Kapitel (Flächenberechnung)

Das Material dieses Kapitels wurde in [20]–[21] sowie in [17]–[18] veröffentlicht. Der letzte Abschnitt stammt aus dem Lehrbuch [22].

6. Kapitel (Partielle Integration)

Abschnitt 6.4 wurde in [19] veröffentlicht.

7. Kapitel (Potenzreihen)

Das Material dieses Kapitels wurde in [14] veröffentlicht.

8. Kapitel (Die Goldbachsche Vermutung)

Das Material dieses Kapitels wurde in [15] veröffentlicht. Einiges zu diesem Thema kann auch in [7] nachgelesen werden.

9. Kapitel (Lineare Gleichungssysteme und Matrizen)

Das einführende Beispiel stammt von Christian Storbeck. Das Konditionsbeispiel aus Abschnitt 9.1 stammt von Werner Neundorf [25]. Der Rest des Kapitels wurde in [19] veröffentlicht bzw. besteht aus unveröffentlichtem Material.

10. Kapitel (Einfache Differentialgleichungen)

Das einführende Beispiel wurde in ähnlicher Form in [3] betrachtet, während andere Teile dieses Kapitels dem Lehrbuch [16] entnommen wurden.

Literaturverzeichnis

[1] Bell, E. T.: *Mathematics: Queen and Servant of Science*. McGraw-Hill, 1951.

[2] Berry, J., Graham, T. Watkins, T.: *Mathematik lernen mit DERIVE*. Birkhäuser, Basel, 1995, übersetzt von Josef Böhm.

[3] Bigalke, A., Köhler, N., Kuschnerow, H.: *Analysis Kursstufe*. Cornelsen Verlag, Berlin, 1995.

[4] Bronstein, I. N., Semendjajew, K. A., *Taschenbuch der Mathematik*. Verlag Harri Deutsch, Thun und Frankfurt (Main), 1981.

[5] Coxeter, H. S. M.: *Unvergängliche Geometrie*. Wissenschaft und Kultur **17**. Birkhäuser, Basel, 1963.

[6] Engel, A.: *Wahrscheinlichkeitsrechnung und Statistik, Band 2*. Klett Studienbücher Mathematik, Ernst Klett Verlag, Stuttgart, 1978.

[7] Engel, A.: *Mathematisches Experimentieren mit dem PC*. Ernst Klett Verlag, Stuttgart, 1991.

[8] Engel, A.: Eine Vorstellung von DERIVE. Didaktik der Mathematik **18**, 1990, 165–182.

[9] Engel, A.: Kann man mit DERIVE geometrische Sätze beweisen? MU, Der Mathematikunterricht **41**, Heft 4, 1995, 38–47.

[10] Engel, A.: Geometrische Beweise mit dem PC. In: Tagungsband der *Derive Days Düsseldorf*, 19.–21. April 1995. Herausgegeben von Bärbel Barzel, Landesmedienzentrum Rheinland-Pfalz, Düsseldorf, 1995, 27–36.

[11] Garcia, A., et al: *Mathematisches Praktikum mit DERIVE*. Addison-Wesley, Bonn, 1995, übersetzt von Leo Klingen.

[12] Glynn, J.: *Mathematik entdecken mit DERIVE – von der Algebra bis zur Differentialrechnung*. Birkhäuser, Basel, 1995.

[13] Kazarinoff, N. D.: *Geometric Inequalities*. The L. W. Singer Company, Stanford, California, 1961.

[14] Koepf, W.: Ein elementarer Zugang zu Potenzreihen. Didaktik der Mathematik **21**, 1993, 292–299.

[15] Koepf, W.: An asymptotic version of the Goldbach Conjecture. The International DERIVE Journal **1** (2), 1994, 115–123.

[16] Koepf, W.: *Höhere Analysis mit DERIVE.* Vieweg, Braunschweig/Wiesbaden, 1994, ISBN 3-528-06594-X.

[17] Koepf, W.: Workshop für Fortgeschrittene. Tagungsband der *Derive Days Düsseldorf*, 19.–21. April 1995. Herausgegeben von Bärbel Barzel, Landesmedienzentrum Rheinland-Pfalz, Düsseldorf, 1995, 191–201.

[18] Koepf, W.: Graphische Darstellungen im Analysisunterricht. Praxis der Mathematik, 1996.

[19] Koepf, W.: Numeric versus symbolic computation. Tagungsband der Tagung *Computeralgebra in MathEducation, Second International DERIVE Conference*, Bonn, 2.–6. Juli 1996, erscheint 1996.

[20] Koepf, W., Ben-Israel, A.: Integration mit DERIVE. Didaktik der Mathematik **21**, 1993, 40–50.

[21] Koepf, W., Ben-Israel, A.: The definite nature of indefinite integrals. The International DERIVE Journal **1** (1), 1994, 115–131.

[22] Koepf, W., Ben-Israel, A., Gilbert, R. P.: *Mathematik mit DERIVE.* Vieweg, Braunschweig/Wiesbaden, 1993, ISBN 3-528-06549-4.

[23] Kutzler, B.: *Mathematik unterrichten mit DERIVE.* Addison-Wesley, Bonn, 1995.

[24] Mauve, R., Moos, J. P.: *Mathematik mit DERIVE – Arbeitsblätter zur experimentellen Mathematik.* Dümmler-Verlag, Bonn, 1993.

[25] Neundorf, W.: Kondition eines Problems und angepaßte Lösungsmethoden. Vortrag bei der DMV-Tagung, Ulm, September 1995.

[26] Rich, A., Rich, J., Stoutemyer, D.: DERIVE *User Manual*, Soft Warehouse, Inc., 3660 Waialae Avenue, Suite 304, Honolulu, Hawaii, 96816-3236.

[27] Scheu, G.: *DERIVE im Mathematik- und Physikunterricht.* Dümmler-Verlag, Bonn, 1992.

[28] Scheu, G.: *Arbeitsbuch Computer-Algebra mit DERIVE.* Dümmler-Verlag, Bonn, 1993.

Das DERIVE-Menü

In diesem Abschnitt geben wir eine Liste der in diesem Buch erwähnten DERIVE-Menüs und -Kommandos und die entsprechenden Menü- und Kommandonamen der englischen Originalversion von DERIVE. Die jeweils großgeschriebenen Buchstaben sind die „Hotkeys", mit denen der Menüpunkt aufgerufen werden kann. Diese Hotkeys sind also in der deutschen und englischen Version von DERIVE verschieden.

Analysis Integriere ↔ Calculus Integrate
Analysis Taylor ↔ Calculus Taylor
Def Funktion ↔ Declare Function
Def Matrix ↔ Declare Matrix
Def Variable ↔ Declare Variable
Einstellung Genauigkeit ↔ Options Precision
faKt ↔ Factor
Graphik ↔ Plot
Graphik Einstellungen Genauigkeit ↔ Plot Options Precision
Graphik Einstellungen Modus ↔ Plot Options State
Graphik Kreuzkoordinaten ↔ Plot Move
Graphik Zeichne ↔ Plot Plot
Graphik zenTriere ↔ Plot Center
Löse ↔ soLve
Mult ↔ Expand
Übertrage Laden Zusatzdatei ↔ Transfer Load Utility
Übertrage Speichern ↔ Transfer Save
Vereinfache ↔ Simplify
zusaTz Substituiere ↔ Manage Substitute
zusaTz Trig.umformungen ↔ Manage Trigonometry
zusaTz Wurzel ↔ Manage Branch

DERIVE Stichwortverzeichnis

Stichwortverzeichnis

vieweg